油气生产实例分析系列丛书

采油生产常见故障诊断与处理

车太杰　主编

石油工业出版社

内容提要

本书从一个普通采油工的角度出发，简单直观地介绍了在采油生产过程中，注采井站及所用设备常见的故障诊断与处理方法。具体包括抽油机井生产故障诊断与处理、电动潜油泵井生产故障诊断与处理、螺杆泵井生产故障诊断与处理、注水井生产故障诊断与处理、采油生产其他故障诊断与处理等五个方面。

本书适合于采油工作人员、技术人员参考使用。

图书在版编目（CIP）数据

采油生产常见故障诊断与处理 / 车太杰主编．
北京：石油工业出版社，2010.1
油气生产实例分析系列丛书
ISBN 978-7-5021-7442-2

Ⅰ．采⋯

Ⅱ．车⋯

Ⅲ．石油开采–机械设备–故障修复

Ⅳ．TE93

中国版本图书馆 CIP 数据核字（2009）第 183706 号

出版发行：石油工业出版社
（北京安定门外安华里 2 区 1 号　100011）
网　　址：www.petropub.com
编辑部：(010)64523580　图书营销中心：(010)64523633
经　　销：全国新华书店
印　　刷：北京中石油彩色印刷有限责任公司

2010 年 1 月第 1 版　2023 年 7 月第 5 次印刷
787×960 毫米　开本：1/16　印张：16.75
字数：326 千字

定价：38.00 元
（如出现印装质量问题，我社图书营销中心负责调换）
版权所有，翻印必究

出版者的话

2005年以来，我社根据基层企业的实际需要，组织了一大批岗位工人的培训教材，内容涉及技术培训、技能培训、技师培训、技能专家教诀窍、技术问答等等，受到基层员工的广泛欢迎。

2006年，我们听到这样一个案例：有一条油气管线发生破损，油气有些许泄漏。当班员工看到仪表上显示压力下降时，没有正确分析判断，直接重新启动泵，从而导致油品大量泄漏，造成严重的经济损失和环境污染。这个案例给了我们很多启示：一个员工如果没有把所学的知识和技能转化成处理实际工作的能力，那么这个学习过程是没有完成的。此后，我们进行了大量的调研工作，广泛听取了培训机构和基层员工的意见，策划了这套《油气生产实例分析丛书》。

《油气生产实例分析丛书》的定位就是通过理论上提供技术方法，给员工指出分析判断生产常见问题的具体路径；目的就是通过学习，能使员工掌握一些实用的技巧，能够正确判断日常工作中常见的生产问题，并排除故障，保障生产的正常进行；特点是实例多，实用性强。本套丛书既是现场解决生产问题的实用手册，也是岗位员工提高能力的图书，基层企业的技术人员、相关院校的学生也可以从中受益。

为保证本套丛书的写作质量，我们从基层精心组织了一批理论水平高超、现场经验丰富的作者队伍，车太杰就是其中之一。《采油生产常见故障诊断与处理》是本套丛书的第一本。为落实出版思路，他与出版社编辑反复沟通，讨论本书的大纲、写作方式，写出样章并不断修改。经过艰苦的工作，终于完成该书的写作。在此对他表示衷心的感谢。

石油工业出版社作为石油石化行业的专业出版社，肩负着传播石油科技知识、培养石油人才队伍的历史重任。我们在培训教材出版方面所做的一切工作，归根结底，就是要为广大石油员工提供提高自身能力的读物，为集团公司三支人才队伍建设提供物质支持，希望本套丛书的出版，能够达到我们的初衷。

2009 年 12 月

前 言

机械采油是我国主要的采油方式，在采油生产过程中任何一个环节发生事故与故障都会直接影响注采井的正常生产。因此，采油基层员工必须掌握注采井故障分析与诊断方法，通过分析与诊断找出故障的原因，采取相应的措施，以恢复注采井的正常生产，提高注采井的管理水平。

为了进一步提高采油基层员工注采井的管理水平，满足油田采油生产安全的实际需要，特组织编写本书。

本书突出了先进性、实用性和综合性等特点，在进行理论阐述的同时，从采油生产中出现的各类疑难问题、事故和故障中选出了大量的典型案例进行全面地剖析，依据主要特征分析疑难问题、事故和故障的产生过程和原因，通过科学的诊断方法，提出切实可行的处理及预防措施。

本书由车太杰担任主编，梁秀娟和白宏基担任副主编，王海波、孙福友、向庆峰、张晓惠、冯恒柱、王立臣、王月霞、牛云超等同志参加了各章节的编写。

在本书的编写过程中，得到了大庆技师学院和大庆油田有限责任公司第一采油厂、第六采油厂、第九采油厂等单位的大力协助，同时也得到了大庆油田采油工程研究院专家的关注和指导，在此一并表示感谢。

由于编者的经验和水平有限，书中难免会有不当之处，敬请广大读者批评指正。

编 者
2009 年 8 月

目 录

第一章 抽油机井生产故障诊断与处理 ………………………………………… 1
  第一节 基础知识 …………………………………………………………… 1
  第二节 案例 ………………………………………………………………… 96
第二章 电动潜油泵井生产故障诊断与处理 …………………………………… 125
  第一节 基础知识 …………………………………………………………… 125
  第二节 案例 ………………………………………………………………… 150
第三章 螺杆泵井生产故障诊断与处理 ………………………………………… 169
  第一节 基础知识 …………………………………………………………… 169
  第二节 案例 ………………………………………………………………… 192
第四章 注水井生产故障诊断与处理 …………………………………………… 200
  第一节 基础知识 …………………………………………………………… 200
  第二节 案例 ………………………………………………………………… 234
第五章 采油生产其他故障诊断与处理 ………………………………………… 248
参考文献 …………………………………………………………………………… 261

第一章 抽油机井生产故障诊断与处理

第一节 基础知识

抽油机井在生产过程中经常发生一些故障，采油工作人员要根据生产动态资料进行生产状况分析，及时发现问题、分析判明原因并采取相应的措施。故障排除后，要及时观察效果，总结经验，以保证抽油机井的正常生产。

一、利用诊断技术诊断抽油机井泵况与故障处理

（一）抽油机井液面诊断法

1. 静液面

静液面是油井关井后油套管环形空间中的液面恢复到静止时的液面。如图 1-1 所示，从井口到静液面的距离 L_s 称为静液面深度；从油层中部到静液面的距离 H_s 称为静液面高度，与它相对应的井底压力，即是油层压力（静压）。若井口压力为零时，静压 p_e 与静液面的关系为：

$$p_e = \rho_o g H_s = \rho_o g (H - L_s)$$

式中 ρ_o——原油密度，kg/m^3；
        g——重力加速度，N/kg；
        H——油层中部深度，m。

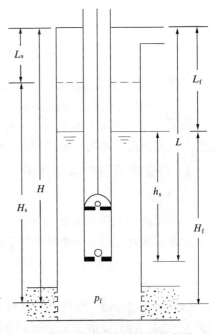

图 1-1 静液面与动液面的位置

2. 动液面

动液面是油井生产期间油套管环形空间的液面。动液面深度 L_f 表示井口到动液面的距离，动液面高度 H_f 表示油层中部到动液面的距离，井底流压 p_f 与动液面的关系为：

$$p_f = \rho_o g H_f = \rho_o g (H - L_f)$$

h_s 称为沉没度，它表示泵的吸入口沉没在动液面以下的深度，其大小应根据气油比的高低、原油进泵所需要的压头的大小来确定。

3. 采油指数

油井的采油指数为：

$$J = \frac{Q}{p_e - p_f} = \frac{Q}{\rho_o g (H_s - H_f)} = \frac{Q}{\rho_o g (L_f - L_s)}$$

令

$$K = J \rho_o g = \frac{Q}{H_s - H_f} = \frac{Q}{L_f - L_s}$$

则油井的流动方程可表达为：

$$Q = K(H_s - H_f) = K(L_f - L_s)$$

式中　Q——油井产量，t/d；

　　　K——称为米采油指数，t/(d·m)。

米采油指数 K 和采油指数 J 一样，也表示单位生产压差下的日产油量，只是这时的生产压差是用液柱高度差或液面深度差表示。

4. 液面声波反射曲线分析

1) 原理

先利用液面测试仪器测量声波从井口传播到液面再返回到井口所用的时间 t，再求出声波在油套环形空间中传播的速度 v，则液面深度可表示为：

$$L = v \frac{t}{2}$$

声波的传播速度主要与气体介质的密度有关。不同的油井，油套环形空间内气体的密度不同，所以声波的传播速度也不同。为了方便确定每口井的声速，有的井在动液面以上的油管接箍处安装回音标,根据回音标的反射波计算声速;无回音标的井,声波经过每一根油管接箍都会产生反射波,根据油管接箍波计算声速(一般要求靠近井口20根油管等长)。

2) 有回音标井液面声波反射曲线

声波在油套环形空间传播的过程中,一部分声波从回音标处反射回来,另一部分声波传到动液面才反射回来。这样,回声仪便记录了两个反射波的传播时间。可以根据已知音标深度和传播时间,求出动液面深度。一般要求每次至少测两条声波曲线(必须有音标声波反射曲线),如图1-2所示。

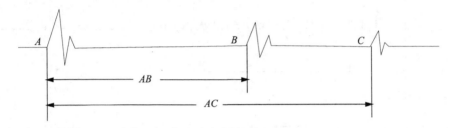

图1-2 有音标井声波反射曲线

A点—井口声响发生器发响的记录点;B点—声波从音标反射到达井口时的记录点;C点—声波从液面反射到达井口时的记录点;A波是井口波,B波是音标波,C波是液面波。

一般对液面声波曲线的要求如下:
(1) 波形清楚、连贯,易分辨;
(2) 两条曲线上的井口波、音标波(未下回音标时无)及液面波应分别对应重合;
(3) 波峰幅度不小于10mm;
(4) 每条曲线上必须标井号、仪器号、油套压和测试日期。
由以上液面声波反射曲线可计算动液面深度L_f:

$$L_f = \frac{AC}{AB} L_b$$

式中 L_b——回音标的下入深度,m;
AB——声波反射曲线上井口波到回音标波的距离,mm;
AC——声波反射曲线上井口波到液面波的距离,mm。

3) 无回音标井液面声波反射曲线

对于没有安装回音标的井,或回音标被淹没的井,也可根据液面声波反射曲线计算,如图1-3所示。A波是井口波,C波是液面波,n是油管接箍的个数(即油管的根数)。一根油管一个波峰,n根油管就有n个波峰。

由以上液面声波反射曲线可计算动液面深度L_f:

$$L_f = \frac{S_{液}}{S_{箍}} n\overline{L}$$

式中　$S_{液}$——声波反射曲线上井口波到液面波的距离，mm；
　　　$S_{箍}$——声波反射曲线上井口波到第 n 根油管接箍波的距离，mm；
　　　n——油管接箍数；
　　　$\overline{L}$——每根油管的平均长度，m。

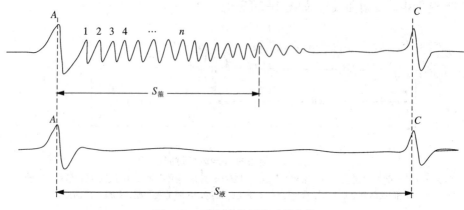

图1-3　无音标井声波反射曲线

在测动液面时，如果井口的套压不等于零，则测得的动液面不能真实地反映井底流压，而且在不同流压下测得的液面深度也无法反映油井能量的变化。在这种情况下，要计算折算动液面，即套压等于零时的动液面。

$$L_{fc} = L_f - \frac{p_c}{\rho_o g} \times 10^6$$

式中　L_{fc}——折算动液面深度，m；
　　　L_f——在套压 p_c 时测得的动液面深度，m；
　　　p_c——套压，MPa；
　　　ρ_o——井液密度，kg/m³；
　　　g——重力加速度，m/s²。

在抽油机井的生产中，一般用动液面的高低来表示油井能量的大小，所以要求定期测量动液面深度。根据动液面的变化，判断油井的工作制度与地层能量的匹配情况，并结合示功图和油井生产资料，分析抽油泵的工作状况，以便于及时发现问题，采取措施。

5．动液面（沉没度）变化原因及其分析

1）原因

（1）油层供液条件的变化。如果油层压力上升，供液能力增加，则动液面上升；如果油层压力下降，供液能力降低，则动液面下降。

（2）工作参数选择不合理。

（3）泵况变差。

2）分析

（1）动液面上升：

①当抽油泵工作正常，相连通的注水井的注水量增加时，动液面上升。

②当油井采取压裂、酸化等改造措施时，动液面上升。

③当油井工作状况不好或井下管柱漏失时，动液面上升。

④当抽油泵和抽油机工作参数偏小时，动液面上升。

⑤当油井套压由高到低变化时，动液面上升。

（2）动液面稳定：

当与油井相连通注水井的注水量稳定，油井无压裂、酸化等改造措施，抽油泵和井下管柱正常时，抽油泵和抽油机工作参数合理时，油井套压平稳，动液面趋于稳定。

（3）动液面下降：

①当相连通注水井的注水量减少，注采不平衡时，动液面下降。

②当邻近油井有提液措施时，导致平面矛盾，动液面下降。

③当油井本身有堵水、调参、换泵、检泵等措施时，动液面下降。

④当油井套压由低到高变化时，动液面下降。

（二）抽油机井示功图诊断法

分析示功图是了解井下抽油设备工作状况和油井动态的一个重要手段。通过示功图分析，可以知道抽油机驴头悬点载荷变化情况，判断抽油装置各参数的配合是否合理，了解抽油设备性能的好坏和砂、蜡、水、气、稠等井况的变化，把示功图与液面资料结合起来分析，还可以了解油层的供液能力。

在分析示功图时，必须结合在平时油井管理中积累的资料，如油井产量、动液面、砂面、含砂情况以及抽油机运转中电流的变化和井下设备工作期限等。

1．理论示功图及解释

1）相关概念

（1）理论示功图：在理想状况下，只考虑抽油机驴头悬点所承受的静载荷及由于

静载荷引起的杆管弹性变形，而不考虑其他因素的影响，所绘制的示功图。

（2）实测示功图：在抽油机—抽油泵装置工作时，由测试仪器绘出的一条封闭曲线叫实测示功图。曲线围成的面积表示抽油泵在一个冲程中所做的功。

（3）减程比：光杆冲程在图上的长度与实际冲程长度之比，用 a 表示，单位为 mm。

$$a = \frac{S_{\text{图}}}{S_{\text{实}}}$$

（4）力比：实际悬点载荷与其在图上的长度之比，用 b 表示，单位为 kN/mm。

$$b = \frac{W_{\text{实}}}{W_{\text{图}}}$$

绘制理论示功图的目的在于与实测示功图相比较，找出载荷变化的差异，从而判断抽油泵的工作状况及杆、管和油层情况。

2）绘制理论示功图时的理想条件

（1）抽油泵和油管没有漏失，泵工作正常。
（2）油层供液能力充足，泵能完全充满。
（3）不考虑动载荷的影响，力的传递是瞬间的。
（4）不考虑油井受砂、蜡、水、气、稠油及腐蚀性物质的影响。
（5）不考虑油井连喷带抽。
（6）进入泵内的液体是不可压缩的，阀是瞬时开闭的。

3）理论示功图的绘制方法

（1）以冲程长度为横坐标，以悬点载荷为纵坐标，建立直角坐标系。
（2）计算光杆静载荷在纵坐标上的高度。

上行程时悬点所承受的最大静载荷 $W_{\max} = W_r' + W_L'$

下行程时悬点所承受的最小静载荷 $W_{\min} = W_r'$

$$W_r' = W_r \frac{\rho_G - \rho_{ow}}{\rho_G}; \quad W_L' = A_p L \rho_{ow} g$$

最大载荷在图上的高度 $OB' = \dfrac{W_{\max}}{b}$

最小载荷在图上的高度 $OA = \dfrac{W_{\min}}{b}$

式中　　$W_{\max}$——驴头悬点最大载荷，N；

　　　　W_r'——抽油杆柱在液体中的重力，N；

W_L'——柱塞以上相当于柱塞截面积的液体柱重力，N；

W_{min}——驴头悬点最小载荷，N；

F_s——抽油杆柱在液体中所受到的浮力，N；

W_r——抽油杆柱的重力，N；

ρ_G——抽油杆材料的密度，kg/m³；（通常取 ρ_G=7850kg/m³）；

ρ_{ow}——混合液柱的密度，kg/m³；

A_p——泵的柱塞截面积，m²；

L——抽油杆柱总长度（或下泵深度），m；

g——重力加速度，9.8N/kg。

(3) 计算光杆冲程、冲程损失及柱塞冲程在横坐标上的长度：

光杆冲程在图上的长度 $B'C = a \times S$

冲程损失在图上的长度 $B'B = a \times \lambda$

柱塞冲程在图上的长度 $S_p = S - \lambda$

其中，单级抽油杆柱与油管柱的变形如下：

$$\lambda = \frac{W_L' L}{E}\left(\frac{1}{A_G} + \frac{1}{A_t}\right) = \frac{A_p \rho_{ow} g L^2}{E}\left(\frac{1}{A_G} + \frac{1}{A_t}\right)$$

多级抽油杆柱与油管柱的变形（以二级为例）如下：

$$\lambda = \frac{W_L'}{E}\left(\frac{L_1}{A_{G1}} + \frac{L_2}{A_{G2}} + \frac{L}{A_t}\right)$$

式中 S——光杆冲程，mm；

S_p——柱塞行程，mm；

λ——冲程损失，mm；

E——钢的弹性模数，2.1×10^5 MPa；

A_G——抽油杆柱截面积，m²；

A_t——油管金属截面积，m²；

L——抽油杆柱总长度（或下泵深度），m；

L_1，L_2——每级抽油杆柱的长度，m；

A_{G1}，A_{G2}——每级抽油杆柱截面积，m²。

(4) 绘制理论示功图并标注。

4) 理论示功图中点、线、面的意义

图1-4 (a) 表示抽油杆柱完全是刚性的，从光杆到柱塞的传递运动中没有时间滞后的理论示功图。A 点处为上冲程开始，游动阀关闭，抽油杆柱瞬时增载完毕（从

A 点到 B 点），固定阀打开，从 B 点到 C 点载荷保持最大不变，直到 C 点（上死点）为止。C 点处下冲程开始，游动阀打开，固定阀关闭，抽油杆柱瞬时卸载完毕（从 C 点到 D 点），从 D 点到 A 点载荷保持最小不变，直到 A 点（下死点）为止。在 A 点处，又重复循环。

图 1-4（b）表示一个弹性系统的理论示功图，实际上抽油杆柱不是刚性的，从光杆到柱塞的传递运动中存在滞后现象。

（1）A 点——驴头在下死点位置，此时游动阀由开转关，光杆只承受杆在液体中的重力 W'_r。

（2）B 点——上行程弹性变形完毕，柱塞开始上行，固定阀由关转开，为增载终止点。

（3）C 点——驴头在上死点位置，此时固定阀由开转关，光杆只承受杆在液体中的重力和相当于柱塞截面积以上的液柱重力 $W'_r + W'_L$。

（4）D 点——下行程弹性变形完毕，柱塞开始下行，游动阀由关转开，为卸载终止点。

（5）AB 线——悬点载荷增加的过程，叫增载线，游动阀和固定阀均关闭。

（6）BB' 线——驴头悬点向上移动但柱塞并未移动的距离，为冲程损失的距离 λ。

（7）BC 线——从长度上说，表示柱塞上行程移动的距离 S_p，为泵的吸入过程，故叫吸入过程线；从高度上说，BC 线与横坐标的距离，表示上行程时驴头悬点承受的载荷，又叫最大载荷线（上载荷线）。

（8）CD 线——悬点载荷减少的过程，叫卸载线，游动阀和固定阀均关闭。

（9）$B'C$，$D'A$ 线——驴头悬点向下移动但柱塞并未移动的距离，为冲程损失 λ。

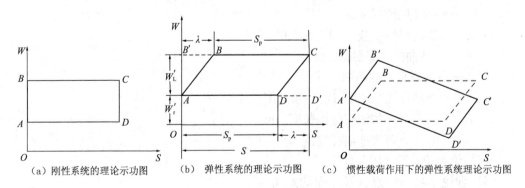

(a) 刚性系统的理论示功图　　(b) 弹性系统的理论示功图　　(c) 惯性载荷作用下的弹性系统理论示功图

图 1-4　理论示功图

(10) DA 线——从长度上说，表示柱塞下行程移动的距离 S_p，为泵的排出过程，故叫排出过程线；从高度上说，DA 线与横坐标的距离，表示下行程时驴头悬点承受的载荷，又叫最小载荷线（下载荷线）；

(11) ABC 线——驴头悬点由下死点移动到上死点的过程，叫上行程线；

(12) CDA 线——驴头悬点由上死点移动到下死点的过程，叫下行程线。

(13) $B'C$，$D'A$ 线——驴头悬点在上、下冲程中所移动的距离，为光杆冲程 S。

(14) ABCD 面积——抽油泵在一个冲程中所做的功。

由此可以看出，示功图上的点、线既表明了驴头悬点载荷与位置的关系，也表明了泵的工作状况与位置的关系。

图 1-4（c）是把惯性载荷叠加到静载荷上，忽略弹性变形对惯性载荷的影响的理论示功图。作用在悬点的惯性载荷的变化规律与悬点加速度的变化规律是一致的，即在上冲程前半冲程使悬点载荷增加，后半冲程使悬点载荷减小；在下冲程前半冲程使悬点载荷减小，后半冲程使悬点载荷增加。因此，受惯性载荷影响的理论示功图是一个扭歪了的平行四边形 $A'B'C'D'$。

惯性载荷会使柱塞冲程增大。因为在下死点时有一个向下的最大惯性力使抽油杆柱伸长，表现在上冲程时吸入过程线延长；在上死点时有一个向上的最大惯性力使抽油杆柱缩短，表现在下冲程时排出过程线伸长。

2. 水驱实测示功图分析

理论示功图是很规则的平行四边形。而实测示功图，经常因同时有各种因素起作用而使示功图形状变得复杂化，有些图形相似而影响因素不同。因此，要准确分析示功图，就必须全面地掌握油井动、静态资料，设备和仪器的状况。既要根据示功图和油井的各种资料作全面分析，又要找出影响示功图的主要因素，有针对性地采取措施。

在进行实测示功图分析时，常采用对比相面法，即将实测示功图与理论示功图相比较，观察实测示功图各部分的缺失情况，用经验判断泵况。

1) 泵工作正常时的示功图

(1) 分析：图 1-5（a）所示的示功图图形与理论示功图相近，上下载荷线在理论上下载荷线附近，四角不缺失，有明显的增载和卸载线；上、下载荷线有较大的波动起伏状，说明该井冲次较高或下泵深度较深，振动大。

图 1-5（b）所示的示功图图形四角不缺失，有明显的增载和卸载线，上、下载荷线有波动起伏，示功图呈左高右低的扭曲状，抽油泵工作正常。

(2) 措施：加强油井管理，采取长冲程、小冲数的组合法，减小振动和惯性。

2) 气体影响的示功图

(1) 分析：气体影响的示功图如图 1-6 所示。上行程时，气体随油进入泵内，气

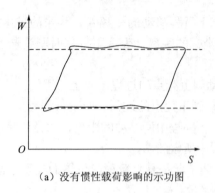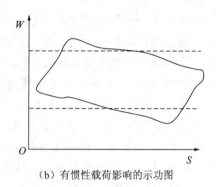

(a) 没有惯性载荷影响的示功图　　　　(b) 有惯性载荷影响的示功图

图 1-5　泵工作正常时的示功图

体体积膨胀使泵内压力不能很快降低，造成增载缓慢，固定阀推迟打开。泵内气体越多，增载越缓慢，固定阀打开的越滞后，进入泵内的液体越少，泵效越低，严重时会出现固定阀打不开的现象，即气锁现象。下行程时，泵内气体被压缩，使泵内压力增加缓慢，游动阀推迟打开，卸载缓慢，排出过程线变短，示功图呈"刀把形"，泵内气体越多，游动阀打开越迟缓，卸载越缓慢，严重时游动阀打不开，出现气锁现象。游动阀在何时打开，取决于进入泵筒内的气体数量，示功图上 D' 点决定了泵内进入的液体的体积，利用示功图可估算泵的充满系数。

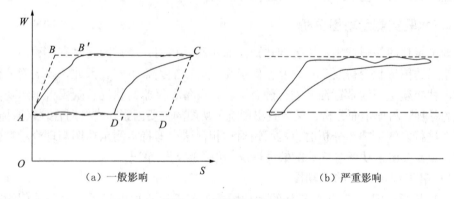

(a) 一般影响　　　　　　　　　　(b) 严重影响

图 1-6　气体影响示功图

(2) 措施：放套管气；安装井下油气分离器（气锚）；加深泵挂；气体影响严重时，井下安装高效油气分离器与井口套管放气阀配合。

3) 油层供液不足的示功图

(1) 分析：一般供液不足的示功图如图 1-7 (a) 所示。上行程时，示功图正常，只是泵筒未充满。下行程时，由于泵筒液面低，开始悬点载荷不降低，只有当柱塞碰到液面时才开始卸载，卸载线基本上与理论示功图的卸载线平行，示功图出现"刀把"现象，充满程度越差，刀把越长。当 S、W 大，柱塞下行速度快，碰到液面时会发生振动,产生较大的冲击载荷,使卸载线变陡。

油层严重供液不足时的示功图如图1-7(b)所示。其排出过程线趋于零,泵抽空,泵效为零。

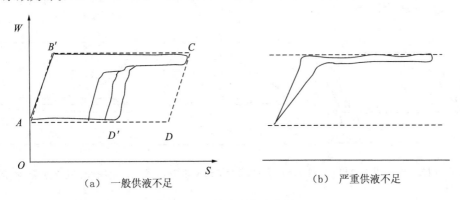

(a) 一般供液不足　　　　　　　(b) 严重供液不足

图1-7　供液不足示功图

利用示功图可估算泵的充满系数 β、泵效 η 和由于泵充不满而降低的泵效 η'。

$$\beta = \frac{AD'}{AD}; \quad \eta = \frac{AD'}{S}; \quad \eta' = \frac{DD'}{S}$$

(2) 措施:在油井上采取间歇抽油,调小参数,作业换泵;在油层上采取加强注水,进行油层改造。

应该注意,在分析油井供液不足的示功图时,要结合动液面资料和气油比等资料,以便与气体影响的示功图相区别。油层供液不足的示功图,增载正常,卸载速度快,卸载线与增载线相互平行。气体影响的示功图,增载缓慢,卸载速度慢,卸载线与增载线相互不平行,卸载线变成向下弯曲的弧线。

4) **泵排出部分漏失的示功图**

(1) 分析:泵排出部分漏失的示功图如图1-8所示。由于泵排出部分漏失,柱塞上面油管内的液体就会漏在柱塞下面的泵筒内。当柱塞上行程开始时,由于漏失,泵内压力下降缓慢,固定阀推迟打开,导致悬点增载缓慢。当柱塞移动速度大于漏失速度时,载荷达到最大值(B'点),当上行程快结束时柱塞上行速度减慢,当漏失速度大于柱塞移动速度时,又出现漏失液体对柱塞的"顶推"作用,使光杆提前卸载,如图中的 C'。当到达上死点时,悬点载荷已降到 C'',柱塞的有效冲程为 $B'C'$。

漏失后的泵效为:

$$\eta = \frac{B'C'}{S}$$

漏失程度不同，有效冲程 $B'C'$ 不同，漏失越严重，有效冲程 $B'C'$ 越短。

当排出部分严重漏失时，$B'C'=0$，固定阀不能打开，柱塞的上下运动起不到改变泵内压力的作用，示功图呈细长条形，在下理论载荷线附近，泵的排量为零，如图1-8（c）所示。

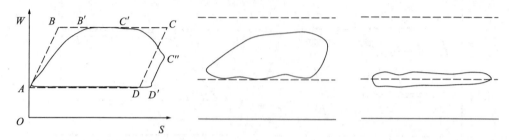

（a）泵排出部分漏失的理想示功图　（b）泵排出部分漏失的实测示功图　（c）泵排出部分严重漏失的示功图

图1-8　排出部分漏失示功图

（2）措施：热洗，碰泵，无效后检泵。

5）泵吸入部分漏失的示功图

（1）分析：泵吸入部分漏失的示功图如图1-9所示。下冲程开始时，由于吸入部分漏失，使泵内压力上升缓慢，悬点卸载缓慢，当柱塞下行速度大于漏失速度时，悬点卸载结束，游动阀打开，固定阀关闭（D'）。下冲程快结束时，漏失速度大于柱塞运行速度时，泵内压力降低，使游动阀提前关闭（A'），悬点提前加载。当到达下死点时，悬点载荷已经增加到 A''。其有效冲程为 $D'A'$。

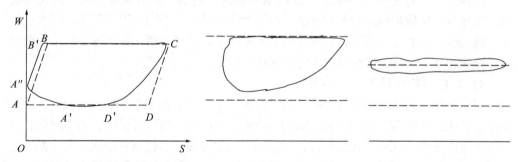

（a）泵吸入部分漏失的理想示功图　（b）泵吸入部分漏失的实测示功图　（c）泵吸入部分严重漏失示功图

图1-9　吸入部分漏失的示功图

漏失后的泵效为：

$$\eta = \frac{D'A'}{S}$$

漏失程度不同,有效冲程 $D'A'$ 不同,漏失越严重,有效冲程 $D'A'$ 越短。

当吸入部分严重漏失时,有效冲程 $D'A'=0$,排出阀一直不能打开,短时间内,示功图呈细长条形,在上理论载荷线附近,如图 1-9（c）所示。但是时间久了以后,由于柱塞与衬套间隙漏失,使细长条逐渐下移,最后停留在下理论载荷线附近,如图 1-8（c）所示。

（2）措施：热洗,碰泵,无效后检泵。

6）双阀漏失时的示功图

（1）分析：双阀漏失时的示功图为排出部分漏失和吸入部分漏失示功图的叠加,示功图呈近似的椭圆形,如图 1-10 所示。上冲程以游动阀漏失为主,下冲程以固定阀漏失为主。

（2）措施：热洗,碰泵,无效后检泵。

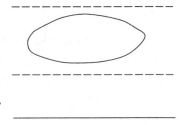

图 1-10 双阀漏失的示功图

7）油井出砂的示功图

（1）分析：图 1-11（a）为柱塞砂阻的示功图。光杆在很短时间内发生剧烈变化,载荷线上显示出不规则的锯齿状尖峰。上冲程时,出砂引起的附加阻力,使光杆载荷急剧增加,而下冲程时,使光杆载荷急剧下降,因而在示功图上形成某些异常的高峰。

图 1-11（b）为砂子使固定阀和游动阀都失灵,油井不出油的示功图。油井中的大量细砂随着油流进入泵内,不但使泵筒、柱塞、固定阀和游动阀同时都受到冲刷、磨损,造成漏失,而且可能使阀球起、落失灵,油井不出油。上冲程时,光杆载荷不能增加到最大理论值,下冲程时,光杆载荷又不能降低到最小理论值,整个图形位于两条理论载荷线之间。这种示功图与一般情况下的阀坐不严和油井带有自喷力的示功图的区别在于图形有锯齿尖峰状。

图 1-11（c）为固定阀被砂卡死在阀座上,油井不出油的示功图。在上行程时,游动阀关闭,固定阀不能打开,井液不能被吸入泵筒；在下行程时,由于泵筒内无液柱,游动阀打不开,光杆不能卸载,故下载荷线接近于最大理论值。同时,因为油中的细砂阻碍柱塞的运动,所以,在下载荷线上出现了锯齿状尖峰,整个图形位于最大理论载荷线附近。

图 1-11（d）为固定阀被砂卡死在阀罩上且碰泵的示功图。在油井大量出砂的情况下,砂子沉积在固定阀球与阀座之间,将阀球卡死在阀罩内。在上行程时,由于柱塞运动受到砂子阻碍,光杆载荷忽大忽小,变化频繁,甚至光杆载荷普遍超过最大理论载荷线；在下行程时,由于固定阀球卡死在阀罩上,失去密封作用,造成严重漏失,光杆不能卸载,直到柱塞行至接近下死点,撞击了沉积的砂子或固定阀罩时,光杆才突然卸载。由于撞击、振动,在图形的左下角产生了一个"尾巴"。

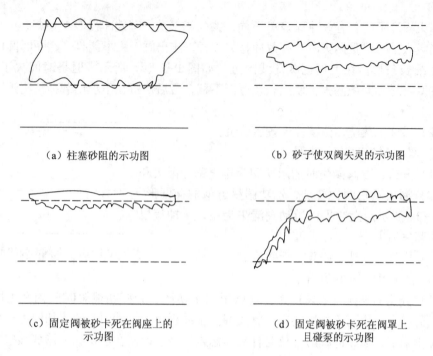

(a) 柱塞砂阻的示功图　　　　　　(b) 砂子使双阀失灵的示功图

(c) 固定阀被砂卡死在阀座上的示功图　　　(d) 固定阀被砂卡死在阀罩上且碰泵的示功图

图1-11　油井出砂的示功图

(2) 措施：①柱塞砂阻和双阀失灵——安装砂锚，建立合理的油井工作制度（减小生产压差），循环抽油，下防砂泵。②砂卡——套管加压法解卡，冲洗循环法解卡，无效作业。

8) 稠油井的示功图

(1) 分析：图1-12 (a) 为稠油井正常示功图。由于稠油阻力大，使上冲程载荷增大，下冲程载荷减小，上载荷线高于最大理论载荷线，下载荷线低于最小理论载荷线，示功图图形肥胖。同时，油稠使得阀开关比正常时滞后，阀和阀座配合不严密，造成较大的漏失，示功图图形四个角圆滑。

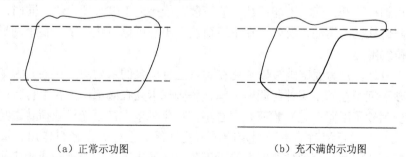

(a) 正常示功图　　　　　　(b) 充不满的示功图

图1-12　稠油井的示功图

图 1-12（b）为稠油井充不满的示功图，是充不满示功图与稠油井正常示功图的叠加。

(2) 措施：井口加药、热流体循环等。

9) 结蜡井的示功图

(1) 分析：图 1-13（a）为油管、抽油杆结蜡的示功图。油管、抽油杆结蜡会缩小油流通道，增大油流阻力。光杆上行程时，由于结蜡所引起的附加阻力，使载荷在整个上行程中都超过了最大理论载荷值；光杆下行程时，又由于结蜡阻碍，使载荷在整个下行程中都低于最小理论载荷值，载荷线有不规则的波动，示功图图形肥胖。

图 1-13（b）为泵阀结蜡的示功图。由于游动阀和固定阀同时都受到蜡的影响，不能灵活及时地开关，引起漏失。并且由于油管和抽油杆结蜡，增大油流阻力，所以，当柱塞上行时，光杆载荷增加，超过了最大理论载荷值；下行时，光杆载荷不稳定，在图形上呈现出波浪起伏的变化。

图 1-13（c）为固定阀被蜡卡死的示功图。在上冲程时，由于固定阀被蜡卡死，井中有结蜡影响，使抽油杆的运动受到阻碍，使上载荷线高于最大理论载荷线，并有波浪式的变化。在下冲程时，由于柱塞接触不到泵筒内的液面，游动阀打不开，光杆不能立即卸载，直到运动到 E 点时，才接触液面，开始卸载。

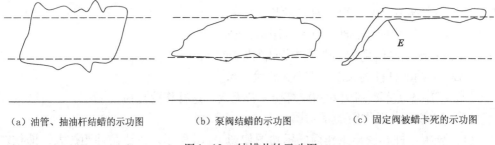

(a) 油管、抽油杆结蜡的示功图　　(b) 泵阀结蜡的示功图　　(c) 固定阀被蜡卡死的示功图

图 1-13　结蜡井的示功图

(2) 措施：热流体洗井，加化学防蜡剂，安装防蜡器，进行机械清蜡，采用玻璃油管和涂料油管。

10) 油井见水的示功图

(1) 分析：油井见水的示功图如图 1-14 所示。由于边水推进、底水锥进、层间水窜通，使得油井油水同出，尤其是注水开发油田后，油井见水，且含水量逐渐上升，增加了采出液密度，增加了光杆载荷；当采出液中含水达到一定程度后，油水在混合运动中引起原油乳化，增大采出液粘度，流动摩擦阻力增大。上冲程时，光杆载荷增加；下冲程时，光杆载荷减小，使得上载荷线高于最大理论载荷线，下载荷线低于最小理论载荷线，示功图图形肥胖。当油井原油乳化严重时，大大地增加采出液粘度，导致泵阀开关滞后，密封不严，示功图图形四个角圆滑，如图 1-12（a）所示。

(2)措施：油井堵水，注水井调剖。

11）抽油杆柱断脱的示功图

(1)分析：抽油杆柱断脱的示功图如图1-15所示。抽油杆柱断脱后，悬点载荷大大减轻，上冲程的悬点载荷为断脱点以上抽油杆柱的重力，下冲程的悬点载荷为断脱点以上抽油杆柱在液体中的重力。由于抽油杆柱与液柱有摩擦力，使上下冲程的载荷线不重合。示功图呈细长条形，其位置的高低取决于断脱点的位置，断脱点越靠上，示功图越靠下。

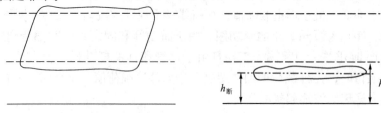

图1-14 油井见水的示功图　　图1-15 抽油杆柱断脱的示功图

根据示功图的位置可求出断脱位置点深度：

$$L_{断} = \frac{h_{断}}{h} L$$

式中　$L_{断}$——断脱点以上抽油杆柱的长度，m；

　　　$h_{断}$——示功图中心线到基线的距离，mm；

　　　h——图上基线到最小理论载荷线的距离，mm；

　　　L——抽油杆柱的长度，即下泵深度，m。

(2)措施：上部断脱时对扣或打捞，若无效，进行作业打捞。

12）柱塞脱出工作筒的示功图

(1)分析：柱塞脱出工作筒的示功图如图1-16所示。由于防冲距过大，即柱塞在工作筒中位置过高，减少了柱塞的实际有效冲程，在驴头行至上死点时柱塞有部分或全部脱出工作筒，造成悬点载荷突然下降。若柱塞全部脱出工作筒，载荷会突然下降到最低载荷，在脱出点以前，已经有漏失现象，且载荷逐渐下降；同时，由于柱塞在载荷很大的情况下，突然脱出工作筒减载，引起抽油杆柱的强烈跳动，在示功图上表现为不规则的波状曲线。

(2)措施：调整防冲距，即将柱塞下放一定的距离；无效进行井下作业。

在调整防冲距时，应尽可能使防冲距小。最小下放柱塞的距离 L 可根据示功图求得：

$$L = \frac{\Delta S}{S_{光}} \times S_{实} + C$$

式中　ΔS——柱塞脱出的距离,由示功图上量得,mm;

$S_光$——光杆冲程,由示功图上量得,mm;

$S_实$——实际光杆冲程,m;

C——附加数,一般取 0.3～0.5m。

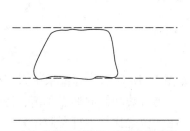
（a）柱塞部分脱出工作筒的示功图

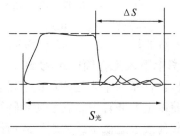
（b）柱塞全部脱出工作筒的示功图

图 1-16　柱塞脱出工作筒的示功图

13）柱塞撞击固定阀的示功图

（1）分析：图 1-17（a）为柱塞轻微撞击固定阀,油井出油正常的示功图。由于柱塞和固定阀之间的防冲距调节得过小,当柱塞下行到下死点时就会发生撞击,从而使光杆载荷突然减少到低于抽油杆柱自身的重力,并且由于强烈的撞击震动,使载荷线呈波浪形,波浪幅度视撞击距离而定。同时,强烈的撞击震动引起柱塞和游动阀的跳动,造成上冲程初期的瞬时漏失,示功图增载线不呈直斜线,增载缓慢,形成一个环状的撞击"尾巴"。在一般情况下,虽然有部分漏失,但油井仍能出油。

图 1-17（b）为柱塞剧烈撞击固定阀,油井微出油的示功图。由于剧烈撞击,载荷线变化很大,固定阀和游动阀漏失严重。

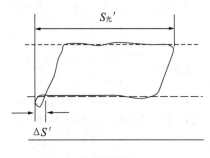
（a）轻微撞击

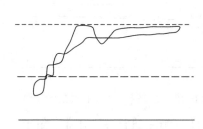
（b）剧烈撞击

图 1-17　柱塞固定阀的示功图

（2）措施：按规定调大防冲距。

在调整防冲距时,上提距离 L' 可根据示功图求得：

$$L' = \frac{\Delta S'}{S'_{光}} \times S'_{实} + C$$

式中　$\Delta S'$——撞击距离，由示功图上量得，mm；

$S'_{光}$——光杆冲程，由示功图上量得，mm；

$S'_{实}$——实际光杆冲程，m；

C——附加数，一般取 0.3～0.5m。

14) **柱塞未下入工作筒的示功图**

(1) 分析：柱塞未下入工作筒的示功图如图 1-18 所示。柱塞未下入工作筒是指柱塞在工作筒以上的油管中。其示功图特征是：增载线和卸载线看不清，图形两端呈椭圆形，上载荷线远远低于最大理论载荷线。图形位置比抽油杆断脱位置高，一般高于最小理论载荷线。该示功图与抽油杆断脱的示功图的主要区别是作业下泵后，未交采油队正常生产前测出来的。

(2) 措施：按规定调防冲距。

15) **管式泵柱塞在泵筒中被卡的示功图**

(1) 分析：管式泵柱塞在泵筒中被卡的示功图如图 1-19 所示。管式泵柱塞在泵筒中遇卡之后，抽汲过程中柱塞不能运动，驴头上下运行时，只有抽油杆柱伸缩变形。上冲程时，悬点载荷首先是缓慢增加，当抽油杆柱被拉直后，悬点载荷急剧上升。下冲程时，首先是恢复弹性变形，卸载很快，到达卡死点以后，抽油杆柱载荷作用在卡死点上，卸载变得缓慢，直到驴头到达下死点。以上是理论分析，当柱塞遇卡之后，一般应马上停抽，不测示功图，因为这样容易将抽油杆柱拉断，烧毁电动机。

图 1-18　柱塞未下入工作筒的示功图　　图 1-19　柱塞在泵筒中被卡的示功图

(2) 措施：进行井下作业，解卡。

16) **油管漏失的示功图**

(1) 分析：如果油管的螺纹连接不紧密，或是油管被磨损、腐蚀而产生裂缝和孔洞时，进入油管内的液体会漏失到油套管环形空间中。

当油管漏失位置在井口且漏失量小于泵的排量时，井内还能排出液体，但产液量降低，泵效降低。由于这种漏失不是抽油泵装置本身所致，所以，示功图不发生异常，和正常示功图一样，如图1-20（a）中的1所示。利用该示功图难于判定是否有油管漏失的情况，现场中多采用停泵后测示功图和停泵前测示功图重叠对比的方法来判断油管的漏失和确定漏失的大致部位，或采用排量系数对比法来判断油管的漏失。当油管漏失位置在泵口或在动液面以上且漏失量等于泵的排量时，示功图的上载荷线达不到最大理论载荷线，如图1-20（b）中的2所示。根据示功图可计算漏失位置。

当油管漏失严重时，连续测得的示功图如图1-20（b）所示。由于井筒油管中液面不断地降低，最大载荷线就会不断地降低。所以，油管漏失位置越接近于泵，示功图图形位置越接近最小理论载荷线，图形越变窄。

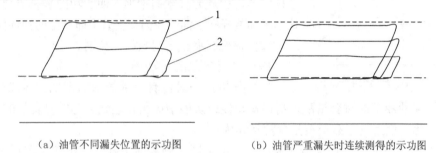

（a）油管不同漏失位置的示功图　　　　（b）油管严重漏失时连续测得的示功图

图1-20　油管漏失的示功图

（2）措施：进行井下作业。

17）连喷带抽井的示功图

（1）分析：图1-21（a）为一般情况下连喷带抽的示功图。上冲程时，由于油井具有一定的自喷能力，游动阀不能完全关闭，同时油气充分混合，液体相对密度减轻，造成光杆载荷减小，达不到最大理论载荷；下冲程时，也由于有自喷能力，固定阀不能完全关闭，造成光杆载荷减小不多，载荷仍高于最小理论载荷。示功图呈窄条形，并位于上下载荷线之间。由于自喷，泵阀不能正常地关闭和开启，抽油泵只起诱喷和助喷作用。示功图的位置及载荷的大小取决于自喷能力的大小。

图1-21（b）为自喷能力很强的示功图。当油井自喷能力很强时，光杆载荷大大减小，光杆实际载荷达不到最小理论载荷。

由此可知，油井有自喷能力的示功图与双阀漏失、抽油杆柱断脱的示功图一样，最可靠的区别方法是停抽后，进行量油，如有产量，则是连喷带抽，反之则是双阀漏失或抽油杆柱断脱。

（2）措施：换大泵，调大生产参数。

18）井口摩擦力大的示功图

（1）分析：井口摩擦力大的示功图如图1-22所示。由于井口装置与光杆中心线偏

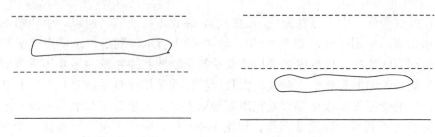

(a) 一般情况的示功图　　　　　(b) 自喷能力很强的示功图

图1-21　连喷带抽的示功图

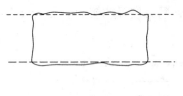

图1-22　井口摩擦力大的示功图

斜，使密封圈对光杆摩擦阻力增大，或由于井口密封盒上得太紧，引起光杆载荷增加，使示功图呈长方形，反映不出抽油杆柱、油管柱因交变载荷而产生的弹性伸缩。

(2) 措施：调试密封盒松紧合适。

19) 衬套错乱的示功图

(1) 分析：一般衬套错乱的示功图如图1-23 (a) 所示。如果抽油泵的衬套错乱，则柱塞端棱或防砂槽棱角在遇到突起的衬套棱时会造成载荷变化，使上、下载荷线呈台阶状起伏。

如果抽油泵的衬套错乱造成较严重的漏失时，则载荷下降，使示功图图形变窄，如图1-23 (b) 所示。

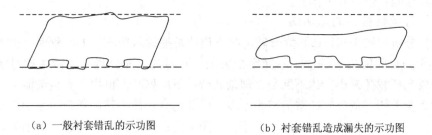

(a) 一般衬套错乱的示功图　　　　　(b) 衬套错乱造成漏失的示功图

图1-23　衬套错乱的示功图

(2) 措施：进行井下作业。

20) 减速器振动时的示功图

(1) 分析：当抽油机减速器有振动时，示功图将在受振动影响位置出现较大的如同砂子影响的锯齿波纹，如图1-24所示。

(2) 措施：更换新减速器；加强对减速器的维护保养工作，保持减速器内清洁、润滑良好，并细心调节平

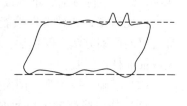

图1-24　减速器振动时的示功图

衡，使抽油机处在良好的平衡状态下运转。

21）其他因素影响的示功图

其他因素影响的示功图如图 1-25 所示。

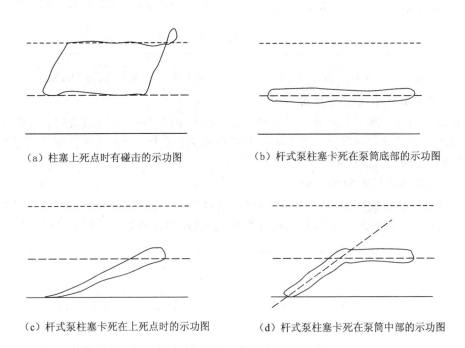

(a) 柱塞上死点时有碰击的示功图　　(b) 杆式泵柱塞卡死在泵筒底部的示功图

(c) 杆式泵柱塞卡死在上死点时的示功图　　(d) 杆式泵柱塞卡死在泵筒中部的示功图

图 1-25　其他因素影响的示功图

3．聚驱实测示功图分析

在聚驱过程中，采出液中因含有聚合物，粘度增大。聚驱示功图与水驱示功图相比主要区别在于：

（1）摩擦载荷增大，使得最大载荷增大，最小载荷减小，示功图面积变大。

（2）由于液体粘度增大，使得液体进泵阻力增大，泵阀开关滞后。

1）聚驱正常的示功图

聚驱正常的示功图如图 1-26 所示。采出液中含有聚合物，使其液体粘度增大，摩擦载荷增大，示功图面积变大。

2）聚驱供液不足的示功图

聚驱供液不足的示功图如图 1-27 所示。在聚驱含水下降阶段，产液量降低，沉没度下降，在下冲程中悬点载荷不能立即减小，只有当柱塞遇到液面时，才迅速卸载，使卸载线陡而直。

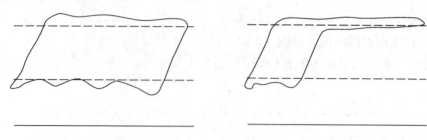

图 1-26　聚驱正常的示功图　　　　图 1-27　聚驱供液不足的示功图

3）聚驱供液不足撞击液面的示功图

在聚合物驱含水下降阶段，因沉没度低，在下冲程中柱塞撞击液面时，载荷线会出现波动，当高冲次抽吸时，往往因撞击液面而发生较大的冲击载荷，使示功图有较大的变形，如图 1-28 所示。

4）聚驱抽油杆断脱的示功图

聚驱抽油杆断脱的示功图与水驱抽油杆断脱的示功图图形相似，只是由于采出液中含有聚合物，粘度较水驱增大，示功图面积较水驱略有增加，如图 1-29 所示。

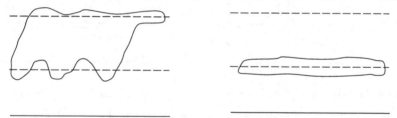

图 1-28　聚驱供液不足撞击液面的示功图　　　图 1-29　聚驱抽油杆断脱的示功图

5）聚驱气体影响的示功图

聚驱气体影响的示功图与水驱气体影响的示功图图形相似，卸载线呈现弧线，由于采出液中含有聚合物，粘度较水驱增大，示功图面积较水驱略有增加，如图 1-30 所示。

4．定向井实测示功图分析

定向井实测示功图如图 1-31 所示。从图形上看，定向井示功图和直井示功图基本相同。但由于定向井存在着不同程度的斜度和狗腿度，所以抽油杆柱与油管内壁、柱塞与泵筒之间的摩擦力比直井大（一般大 10%～30%），因此定向井示功图有以下特点：

（1）示功图比较厚。由于抽油杆柱上行时，摩擦力的方向向下，因此上冲程中的悬点载荷增大；抽油杆柱下行时，摩擦力的方向向上，因此下冲程中的悬点载荷减小，使得示功图变厚。在分析中，如果忽略了示功图变厚的特点，就容易把本来是正

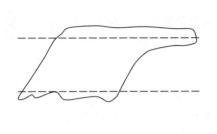 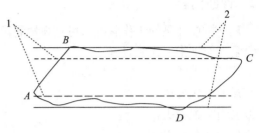

图1-30 聚驱气体影响的示功图　　图1-31 定向井实测示功图
　　　　　　　　　　　　　　　1—直井上下理论载荷线；2—定向井上下理论载荷线

常抽油的示功图误诊断为油稠或结蜡的影响。

（2）增载线和卸载线比较平缓。由于定向井抽油杆柱的摩擦力比较大，所以抽油杆柱和油管柱的弹性变形损失也比较大，同时，由于上、下冲程中泵阀关闭的滞后，造成了增载、卸载缓慢，因此示功图的增载线和卸载线比较平缓。

（3）在一定井斜内泵阀有滞后现象。在定向井中，阀罩与垂线构成一定角度，由于在重力作用下失去了一个自由度，因而自由运动也就减弱，应该减少阀球坐封的滞后时间。然而当阀的倾角超过一定值（一般为20°）时，阀球的运动状态受到干扰，在关闭前引起摇摆晃动，以致使阀关闭滞后。由于固定阀关闭滞后，泵内压力不能及时提高，而延缓了卸载过程，使游动阀不能及时打开，直到 D 点才开始排液，其排出冲程比直井短。在分析中，如果不注意这个特点，就容易把阀滞后的示功图误诊断为固定阀漏失、供液不足或气体影响。

（三）利用示功图转换诊断法诊断泵况

示功图转换诊断法，是指用计算机对实测的地面示功图进行数学处理，来求得各级抽油杆柱端面乃至泵上的载荷与位移，从而绘出井下示功图和泵的示功图，再根据井下示功图和泵的示功图判断抽油设备的工作状况。这种示功图的形状简单而又能真实反映泵工作状况，可以排除抽油杆柱的变形、粘滞阻力、振动和惯性载荷等因素的影响，很容易对影响抽油泵工作的各种因素进行定性的分析。

1．工作程序

（1）利用回声仪测液面，利用动力仪测光杆载荷及位移；

（2）将一个完整冲程中的液面、光杆载荷、光杆位移以及有关的油井数据输入到计算机中进行数学处理；

（3）计算机输出数据及图表（可以是任意深度处的井下示功图）。

2. 诊断内容

(1) 分析抽油泵的工作状况。可直观地看出以下泵况：

①泵工作正常，充满良好；

②泵工作正常，但存在气体影响；

③泵抽空或气锁；

④泵固定阀漏失；

⑤泵游动阀漏失；

⑥撞泵或脱筒；

⑦泵无载荷。

根据泵的示功图所作的泵况分析，其基础仍是示功图诊断法所依据的力学关系，只是排除了与抽油杆柱的有关力的因素。

(2) 判断其他井下设备工作状况。除判断抽油泵的工作状况外，根据泵的示功图是否仍有冲程损失，可判断油管锚是否失效；根据泵的示功图排量的大小，在地面产液量可靠的前提下可估计油管是否漏失。

(3) 计算有关井下参数。根据泵的示功图的几何尺寸，可计算若干井下参数，如柱塞冲程、泵效、泵充满程度、泵吸入口压力以及液柱载荷等。

(4) 校核抽油杆强度。根据各级抽油杆柱上端面深度处示功图的最大载荷和最小载荷，可以直接计算它们的最大应力、最小应力、应力幅以及折算应力等，进而校核抽油杆强度。根据各级抽油杆柱上端面的应力范围比，可以分析抽油杆柱组合的合理性。

(5) 分析地面设备工作状况。对地面设备的工作状况分析是通过对扭矩和功率的计算来实现的。通过计算曲线，求得抽油机上、下冲程的最大扭矩、平均扭矩、等值扭矩以及平衡条件下的平衡半径等。并可进一步计算电动机的等值输出功率。由于这类计算是以光杆示功图的载荷与位移数据为基础进行的，不必使用井下示功图，因此，不用示功图转换诊断法同样可以实现。

3. 应用

1) 经过计算机处理的泵的理论示功图

图1-32为几种典型情况下泵的理论示功图。在理想状况下（油管锚定、没有气体影响和漏失等），泵的示功图为矩形，如图1-32 (a) 所示。油管未锚定时，泵的示功图变成平行四边形，如图1-32 (b) 所示。

当油管锚定而只有气体影响时的示功图如图1-32 (c) 所示，从图上可以看出，泵的充满程度为 $(S_{pe}-\Delta S_g)/S_p$。供液不足时泵的示功图如图1-32 (d) 所示，泵的充满程度为 S_{pe}/S_p。排出部分漏失时的示功图如图1-32 (e) 所示；吸入部分漏失时的示功图如图1-32 (f) 所示。

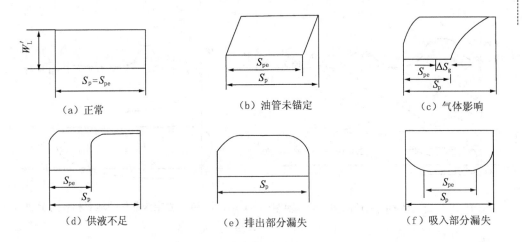

图 1-32　典型情况下泵的理论示功图

W_L'—动液面以上全柱塞面积上的液柱载荷；S_{pe}—柱塞的有效排出冲程；S_p—柱塞冲程；
ΔS_g—游动阀打开后柱塞下行时从泵内排出的自由气体体积所折算的柱塞位移量

2) 地面和泵的实测示功图

图 1-33 是油管锚定时地面和泵的实测示功图，该图为泵正常工作时的示功图，泵的示功图接近长方形。而地面示功图却很不规则，分析起来难度较大。

图 1-34 是油管未锚定时地面和泵的实测示功图。该图近似平行四边形，与油管锚定时的示功图相比多了油管的冲程损失。

图 1-35 是受气体影响的地面和泵的实测示功图，该井的地面示功图形状比较复杂，很难判断，但井下示功图就一目了然。

图 1-36 是固定阀漏失的地面和泵的实测示功图。地面示功图形状不规则，泵的示功图形状很典型，比较好判断。

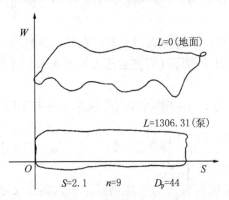

图 1-33　油管锚定时地面和泵的示功图

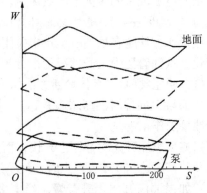

图 1-34　油管未锚定地面和泵的示功图

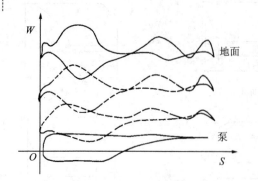

图 1-35 受气体影响的地面和泵的示功图

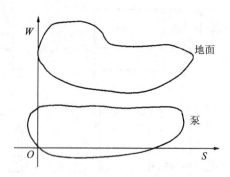

图 1-36 固定阀漏失的地面和泵的示功图

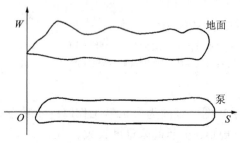

图 1-37 游动阀漏失的地面和泵的示功图

图 1-37 是游动阀漏失的地面和泵的实测示功图。泵的示功图比地面示功图容易分析。

以上各示功图是受单一因素影响的示功图，如果示功图受多种因素影响，应根据受单一因素影响时示功图的特点，再结合油井的生产资料进行综合分析和判断。

（四）利用井口憋压法诊断泵况

1. 定性憋压法诊断

定性憋压法可用来检验抽油泵游动阀的工作状况（严密情况），如阀座或阀球粘附砂、蜡而造成轻微的阀关不严或被卡。应用此法时，应严格控制井口压力不得超过规定压力（4MPa 左右），否则易憋坏井口设备。

憋压操作方法是在抽油机运行中关闭回压阀门和连通阀门，然后在井口观察油管压力变化，从油管压力上升情况可以分析判断井下故障（应注意压力超过 4MPa 时必须立即打开回压阀门）。具体诊断方法如下：

（1）如果上冲程时油压增高并达到规定要求，下冲程时油压稍稳定或略有下降，说明抽油泵工作正常。

（2）如果憋压开始时油压上升快，而后缓慢上升，待十多分钟（或更长）后油压才又上升，甚至达到 4MPa 以上时，说明油井是间歇出油。

（3）如果油压开始上升缓慢，经十多分钟时间油压的数值仍然不升，甚至又回降，则说明是泵的排出部分漏失。

2．憋压曲线法诊断

抽油机井憋压曲线是判断抽油泵泵况的重要依据。抽油机井憋压曲线法（又称为双憋曲线法，简称双憋法）是在抽油机运转和停抽两种状态下，通过关闭回压阀门憋压的方式，各测一条压力与时间的关系曲线来判断抽油泵泵况的方法。

1）理论依据

(1) 抽油泵的工作状况良好。

当抽油泵的工作状况良好，泵阀不漏失时，每当一个冲程结束，泵压进管腔内一定量液体，压力上升，液体压缩，同时，抽油杆将发生弹性伸长；柱塞与衬套间隙漏失速度随着柱塞上下压差的增大也将有所增加。当压力达到一定程度后，管腔内自由气的体积比较小，压力随时间变化关系主要表现为液体压缩的增压关系、抽油杆弹性伸长的增容缓压及间隙漏失缓压关系的综合结果。

设每冲程后，管腔内压力上升 Δp，根据液体压缩规律有：

$$q = V\beta_1 \Delta p$$

式中　q——每冲程泵入管腔的液体量，cm^3；

　　　V——管腔容积，cm^3；

　　　β_1——管腔内液体的压缩系数。

每冲程泵入管腔的液体量 q，应是同一时期的泵入量 q_1、间隙漏失量 q_2 及抽油杆弹性伸长增容量 q_3 的代数和，其表达式为：

$$q_1 = \frac{\pi}{4} D^2 S_p N \beta$$

$$q_2 = \frac{5\pi D e^3 g \Delta H}{N \mu l}$$

$$q_3 = \frac{\left(\frac{\pi}{4} D^2\right)^2 L \Delta p}{E A_r}$$

式中　q_1——每冲程泵入管腔的液量，cm^3；

　　　q_2——每冲程间隙漏失量，cm^3；

　　　q_3——每冲程因抽油杆伸长管腔增容量，cm^3；

　　　D——泵径，cm；

　　　S_p——柱塞冲程，cm；

　　　g——重力加速度，cm/s^2；

e——泵间隙，cm；

μ——液体运动粘度，cm³/s；

l——柱塞长度，m；

ΔH——柱塞两端液柱压差，m；

Δp——每冲程管腔内升压值，MPa；

L——抽油杆长度（憋压前），m；

A_r——抽油杆横截面积，cm²；

E——杆的弹性模量，N/cm²；

β——泵的充满系数，无量纲；

N——冲数，min⁻¹。

由以上表达式可以看出，间隙漏失量和抽油杆弹性伸长引起的管腔增容量均是压差的线性函数，线性函数的叠加仍是线性函数，且漏失量和增容量与泵入量相比很小，约为 10^{-1} 数量级，因此憋压过程中压力与时间关系主要反映的是液体压缩关系。由于液体在十余兆帕压力范围内，压缩系数可近似为常数，所以该关系是近似线性关系，可用定性简式表示为：

$$p=p_0+at$$

式中　p——憋压后的油压，MPa；

p_0——憋压前的油压，MPa；

a——与冲程、冲数、泵直径等有关的系数，无量纲；

t——憋压时间，min。

抽油机井的憋压曲线一般测取两条，一条是抽油机正常生产时的憋压曲线，另一条是抽油机井未启机，自喷生产时的憋压曲线。抽油机井正常生产时的憋压曲线包括两段：前一段是启机运转时测得的，用于验证抽油泵的工作性能；后一段是憋压 3MPa 后停机测得，检验泵阀漏失。抽油机井自喷未启机生产的憋压曲线，用于检验抽油机井自喷能力的大小。

抽油泵正常工作时，其憋压曲线应是一条近似直线，即憋压曲线压力线性上升。启机憋压 3MPa 后停机憋压，其曲线应近似平行横坐标轴，即稳压曲线稳定，如图 1-38 所示。

（2）抽油杆断脱。

当抽油杆断脱时，泵不起作用，此时无论是开机憋压还是停机憋压，两条曲线反映的压力与时间的关

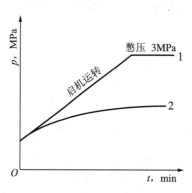

图 1-38　抽油泵正常憋压曲线
1—启机工作；2—自喷未启机

系都是自喷井的压力恢复关系,如图 1-39 所示。

$$p=p_0+b\lg(t+1)$$

式中,b 为与渗透率、油层厚度、液体粘度等有关的系数。

因此,当抽油杆断脱时,憋压曲线与油井自喷未启机的憋压曲线非常接近。如果油井没有自喷能力,抽憋和停憋油压都等于零。

(3) 泵阀漏失与油管漏失

当阀漏失与油管漏失时,便有漏失孔道产生。其漏失流动性质属于孔口淹没出流类型,其漏失量与阀上下压差的关系为:

$$q_4 = \Phi A_4 \sqrt{\Delta H}$$

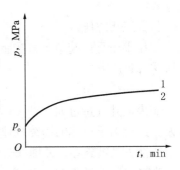

图 1-39 抽油杆断脱憋压曲线
1—启机工作;2—自喷未启机

式中 q_4——单位时间阀漏失量,cm^3;
Φ——与流量系数、重力加速度等有关的近似常量;
A_4——漏失孔口面积,cm^2;
ΔH——漏失孔口上下压差,MPa。

在此泵况下进行憋压,压力与时间关系反映的是正常泵线性关系附加了由于漏失引起的压力降 $p(t)$。该压力降不是常量,而是随着憋压时间的增加,单位时间内漏失量增大而导致的非线性增大的量,于是该泵况下的压力与时间关系可用定性简式表示为:

$$p=p_0+at-p(t)$$

由此分析可知,该憋压曲线将是介于正常泵工作的直线与停机压力恢复的对数曲线之间的斜率逐渐变小的曲线,如图 1-40 所示。

油管漏失与阀漏失的流动机理相同,在曲线形式上表现一致。如果漏失发生在油管上部且动液面在井口,则从套压表上还可以看到指针随光杆的上下行程而摆动的现象。

因此,泵阀或油管漏失的抽油机井,泵工作时的憋压曲线整个部分弯曲,无直线段。停机憋压,压力不稳定,压力下降。

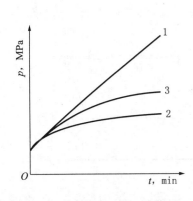

图 1-40 泵阀或油管漏失憋压曲线
1—启机工作;2—自喷未启机;
3—泵或油管漏失

2) 憋压方式

根据油井条件和漏失问题性质的不同,有三种憋压方式：

(1) 三相憋压。

三相憋压是最简单的直接憋压，这时油管内是油、气、水三相。一般情况下可以采取这种憋压方式。

(2) 两相憋压。

如果油井气量过大，则关回压阀门后，油管内自由气体积占油管内总体积的比例较大。此时由于气体的压缩规律与液体不同，将导致整个液体的压缩系数明显偏离常量，线性关系被破坏，使曲线分析复杂化。

为了消除这种影响，可在关回压阀门后的适当时刻——油管内的气体游离到上部后，打开放空阀门放气，放净自由气后，再关好放空阀门继续憋压。这样，由于重新泵入的气体与油管内总液量相比很小，因此以后的压力与时间关系反映的基本是液体的压缩规律。

(3) 单相憋压。

当所测曲线类型含混不清或经分析认为是漏失，要区别是机械性漏失还是结蜡漏失时，就可以采取单相憋压法，即在油井热洗后立即憋压，这时整个井筒中基本上都是水，憋压将能清楚地反映出真实的泵况。

双憋法具有独立性强（可单独使用）、灵活性高（一个人可以实施）的优点。但对于自喷力强和漏失严重的井则难以判断。

3) 典型憋压曲线诊断举例

(1) 抽油工作正常。

如图 1-41 所示，抽油泵工作（抽油）时的憋压曲线为一条直线，停机憋压曲线为对数曲线；所测示功图为正常示功图，说明抽油泵工作正常。

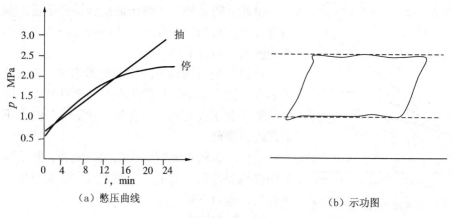

图 1-41 抽油工作正常时的憋压曲线和示功图

(2) 抽油杆断脱。

如图 1-42 所示，用示功图诊断，为抽油杆断脱、双阀严重漏失或油井连喷带抽。用憋压曲线诊断，抽油泵工作（抽油）时的憋压曲线为一条直线，停机憋压曲线也为一条直线，说明抽油杆断脱。如果不用憋压法，则难以诊断，因为该井自喷能力很强。

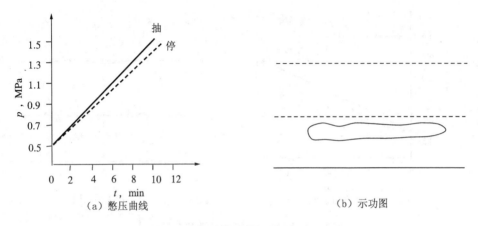

图 1-42　抽油杆断脱憋压曲线和示功图

(3) 油管漏失。

如图 1-43 所示，用示功图诊断，抽油泵工作正常，但根据生产数据可知，该井产量低，泵效只有 25.5%。用憋压曲线诊断，抽油泵工作时的憋压曲线整个部分弯曲，无直线段；停机憋压，压力不稳定，压力下降，说明油管漏失或阀漏失，但因示功图为平行四边形，故诊断为油管漏失。

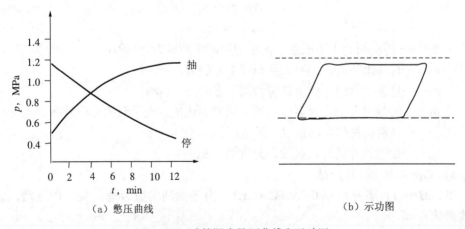

图 1-43　油管漏失憋压曲线和示功图

(4) 固定阀滞后。

如图 1-44 所示，用示功图诊断，认为是气体影响。用憋压曲线诊断，憋压曲线为一条直线（图中实线）。如果是气体影响，则由于气体具有压缩性，抽憋开始时压力上升缓慢，当压力上升到一定程度后，压力上升速度加快（图中虚线）。通过诊断认为该油井不是气体影响，而是固定阀滞后。

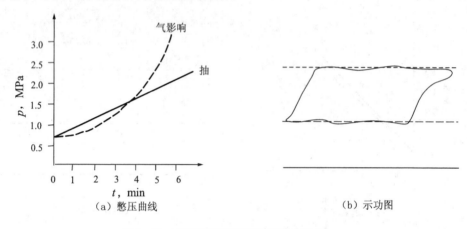

图 1-44　固定阀滞后憋压曲线和示功图

（五）利用 M 法诊断泵况

M 法是在计算出抽油机井的 Δp 和 M 值两个特征参数后，根据 Δp 和 M 值的对应关系，利用 Δp—M 图来判断泵况的方法。

1. M 法判断的原则

$$\Delta p = p_2 - p_1$$
$$M = \eta / \eta_0$$

式中　Δp——游动阀的上下压差，表示地层的供液能力，MPa；

p_1——柱塞上行时，作用在游动阀上方的力，MPa；

p_2——柱塞上行时，作用在游动阀下方的力，MPa；

M——抽油机井的实际泵效与理论泵效的比值，表示泵的工作效率，无量纲；

η——抽油机井的实际泵效，无量纲；

η_0——抽油机井的理论泵效，无量纲。

1) $\Delta p < 0$（油井纯抽）

(1) $M = 1$，实际可用 $0.9 < M < 1.1$。由于抽油参数合理，泵工作正常，因而泵效最佳。

(2) $0 < M < 1$，实际可用 $0 < M < 0.9$。由于泵漏失或气体影响，而使泵效低

于正常值。

(3) $M = 0$。由于抽油杆断脱或进油口及油管被堵死,所以油井没有产量。

2) $\Delta p > 0$（油井带喷）

(1) $M = 0$。由于油管或进油口被堵死,所以油井没有产量。

(2) $0 < M < 1$。有泵脱（或杆脱）和泵未脱（或杆未脱）两种情况。区别的方法是：在打开和关闭生产阀门的情况下,分别测出两张抽油机正常工作的示功图。如果关闭生产阀门所测示功图（简称关井示功图）的厚度 δ_2 比打开生产阀门所测示功图（简称开井示功图）的厚度 δ_1 大,即 $\delta = \delta_2 - \delta_1 > 0$,则说明泵或杆未脱。如果 $\delta = 0$,则说明泵或杆已脱。这是因为泵或杆未脱时,由于生产阀门关闭后,使油管回压上升,因而柱塞上行时的 p_1 增加,所测示功图的上载荷线上移,即 $\delta > 0$。泵或杆脱扣,虽然生产阀门关闭,油管回压上升,但因泵或杆不起作用,所以上载荷线不变,即 $\delta = 0$。

(3) $M > 1$,实际可用 $M > 1.1$。油井实际产量大于泵的排量,说明抽油参数小。

在直角坐标系中,用纵坐标表示 Δp,横坐标表示 M,根据 Δp 和 M 值的对应关系,表示出泵工作状况的 6 个区域,即正常区、低效区、堵、脱区、堵塞区、泵脱或泵未脱区、喷油区,如图 1—45 所示。因此,对于任意一口油井,只要计算出 Δp 和 M 等特征参数,就可在图上找出对应的工作区,从而判断出油井的泵况,优选出抽油参数。

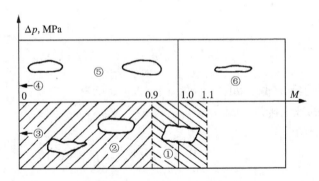

图 1—45　Δp—M 的对应关系（M 图）
①—正常区；②—低效区；③—堵、脱区；④—堵塞区；
⑤—泵脱或泵未脱区；⑥—喷油区

2．特征参数的计算

1) Δp 的计算

$$\Delta p = p_2 - p_1$$

在忽略摩擦力后，p_1 可按下式计算

$$p_1 = p_h + \frac{H_p \gamma}{100}$$

式中　p_h——井口回压，MPa；
　　　H_p——泵吸入口深度，m；
　　　γ——油管内液体的相对密度，无量纲。

γ 可用下列经验公式计算

$$\gamma = 0.66(1 - 0.1402 f_w)^{-2.75}$$

式中　f_w——油井的含水率，小数。

在忽略液体通过油管进油口和固定阀的水力损失后，p_2 可按下式计算

$$p_2 = p_c + \frac{H_s \gamma_o}{100}$$

式中　p_c——井口套压，MPa；
　　　H_s——泵的沉没度，m；
　　　γ_o——油套管环行空间内原油的相对密度，无量纲。

2) M 的计算

$$M = \eta / \eta_0$$

η 可按下式计算

$$\eta = \frac{q}{q_0}$$

式中　q——油井实际产量，t/d；
　　　q_0——泵的理论排量，t/d。

η_0 可按下式计算

$$\eta_0 = \eta_1 \eta_2 \eta_3 \eta_4$$

式中　η_1——泵的漏失影响系数，小数；
　　　η_2——泵内溶解气影响系数，小数；
　　　η_3——泵内自由气影响系数，小数；
　　　η_4——抽油杆和油管的弹性变形影响系数，小数。

η_1、η_2、η_3、η_4 的计算方法略。

3. M 法的应用

(1) 对一般抽油机井泵况进行判断。

(2) 区分泵脱或泵未脱井，即带喷（泵未脱）和漏失、带喷（泵未脱）和泵脱的井。

(3) 指导检泵和调参，能使抽油参数更加合理，从而达到增加产液量、降低流压的目的。

在利用 M 法判断泵况时，要求测试资料比较准确。

（六）利用洗井诊断法诊断泵况

当油井的油较稠、含蜡量较高时，常出现没有泵效、示功图较宽和四角变圆的现象。因受到测试手段和精度及现场多种因素影响，用现有的诊断方法，难以作出准确诊断，而抽油机井洗井诊断法可以解决这类问题。

1．基本原理

在正常情况下，抽油机井抽油管柱的进油阀和排油阀都是单流阀，液体只能沿油管柱向上而不能向下流动。反循环洗井（套管进油管出）通，正循环洗井（油管进套管出）应不通。如果正洗通了，则说明泵阀发生了问题。

洗井诊断法是在正常的反循环热洗后，接着进行正洗。由于正洗流速高、温度高、冲刷力强，很容易冲掉阀腔死角部位的存蜡，解除粘卡或可松散性硬物卡，强压泵阀关闭。解决了泵阀关闭问题，就可以逐一分解其他问题，或治好变成正常抽油，或确诊出是什么必检性问题。当场抽压（关闭生产阀开抽）即可证实。

2．操作和判断

1) 准备工作

(1) 改造井口流程，使其正洗能进去能返出。

(2) 检修渗漏，换掉生铁阀件和低压阀件，卸掉挡板。

(3) 准备油压表、套压表、方卡子、扳手。

2) 正、反洗井操作

正、反洗井操作，如图 1-46 所示。

(1) 高温（≥90℃）、大排量（≥16m³/h）

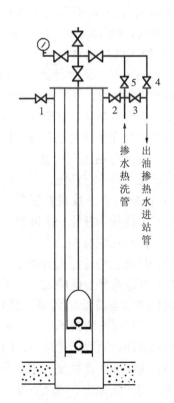

图1-46　洗井诊断法操作示意图
1—套管放空阀；2—反洗井阀；
3—地面循环阀；4—回压阀；5—掺水阀

反洗井 4h。停机于下死点。

（2）开地面循环阀 3，关反洗井阀 2，开套管放空阀 1，关回压阀 4，同时查看套管溢流状态。

（3）开掺水阀 5，应呈半正洗状态。

（4）若油压不猛升，套管溢流明显增大，则逐渐关小甚至关死地面循环阀 3，应呈全正洗状态。

（5）正洗半小时溢流有增无减，可改为反洗 10min，再重复正洗操作，若溢流仍有增无减，即可断定为油管柱漏失。此过程始终呈半正洗状态也行。因为经反复反洗、正洗，抽油泵总有一个球阀能关闭，特别是排油阀，多数柱塞都装双道球阀。任一球阀关闭，都会造成正洗不通、憋压或套管不返液。如果反复核实仍然表现正洗畅通，则肯定是油管柱漏失。

（6）若油管不漏，则必须正洗，若油压猛升，要及时调大地面循环，保持油压值接近 4MPa。待看准套管无溢流或溢流不增大，肯定油管不漏时，改成全地面循环，关闭正洗阀，操作结束。

3）抽压试泵操作

（1）抽压时，若上行油压下降，下行油压上升，则表明油管内抽油杆柱体积减、增影响油压降、升，可诊断为脱泵或排油阀卡，报作业队检泵。

（2）若上行油压上升但不猛且幅度不大，则表明排油阀漏，再根据事后复测示功图，判定漏失程度，决定是否该报作业队检泵。

（3）若上行油压大幅度猛升，下行仍降回原位，则表明柱塞良好，进油阀常开，若下行油压下降且有余压，则表明进抽阀漏。其他疑点可在下一步操作中核实。

4）拔泵后正、反洗井操作

（1）上拔抽油杆柱一个冲程，停机上死点，使柱塞处于油管内，脱离泵筒。

（2）进行正洗操作。

（3）核准正洗油压上升值小、套管返出增大，则可断定是进油阀刺漏或硬卡，作为必检性问题报作业队检泵。为了保险，可重复反洗 10min 再重复正洗验证一次。

（4）核准正洗油压大幅度猛升（注意要及时调节地面循环阀，保持油压不超过 4MPa），套管返出液量不增大，则可断定为进油阀治好。其措施可分为治好、必检或待复测示功图，只要结论一定，即可转入下步操作。

（5）调防冲距呈恢复生产状态。

（6）再抽压试泵。若上行油压猛升，下行油压不降或下降值很小，可认为完全治好。若下行油压下降较多，但余量超过 50%，可认为仍是进油阀漏。再通过量油、测示功图进一步分析。无论进油阀还是排抽阀，量油和复测示功图都证明漏失严重，超过泵量的 30%，都可以报泵阀漏，交给作业队检泵。

(七) 利用其他诊断法诊断泵况

1. 液面观察法

液面观察法只应用于地层压力低的无气浅井，在深井中由于力传递的滞后，常使观察到的现象和光杆运动不一致，但一般也可作为参考。

具体诊断方法是：当油井不出油或出油不正常时，可在停抽后关闭回压阀门，卸掉密封盒，从井口观察油管中的液面变化；如果液面很低，从井口看不到时，可往油管中灌原油直到井口（灌油时卸掉密封盒，观察完毕后再装上）。此后，开动抽油机并注意观察光杆上行和下行时的液面升降情况，从液面升降情况来判断抽油泵的故障。

(1) 光杆下行时液面下降，光杆上行时液面不明显上升，而且液面变化范围不变。这种情况说明游动阀和柱塞严重漏失，而固定阀良好。

(2) 光杆上行时液面上升，光杆下行时液面下降，经抽数分钟后，液面变化范围不变。这种情况说明光杆上、下行时柱塞良好，游动阀始终关闭且打不开，其原因有以下几种：

①固定阀严重漏失或完全失效；
②泵的进油部分堵塞；
③气体影响大，造成气锁；
④液面很低，泵不进油。

具体为哪一种原因，需要结合其他资料（如动液面资料、套管气大小、出砂和砂面以及结蜡资料等）进行综合分析诊断。

(3) 将油管灌满油抽上几分钟后，液面迅速下降到再也看不到液面。这种现象说明泵的吸入部分和排出部分均严重漏失。

采用这种故障诊断方法时要特别注意安全。

2. 井口呼吸观察法

井口呼吸观察法只应用于地层压力低的油井。

具体诊断方法是：把井口回压阀门、连通阀门都关上，打开放空阀门，用手堵住放空阀门出口，也可以在放空口处蒙张薄纸片，这样凭手的感觉或纸片的活动情况，也就是从观察抽油泵上、下"呼吸"情况来判断抽油泵的故障。

(1) 油井不出油且上行时出气，下行时吸气，说明是固定阀严重漏失或进油部分堵塞。原因是当柱塞上行时，由于游动阀和柱塞密封严密，柱塞以上的气体被排出，井口表现为出气；在柱塞下行时，由于固定阀严重漏失或进口部分堵塞，泵工作筒内无油液，使游动阀不能打开，油管内液柱随柱塞一起向下移动而吸气。

(2) 油井不出油，上行时开始稍出气，随后又出现吸气现象，说明主要是游动阀漏失。原因是上冲程当柱塞上行速度大于泵漏失速度时，液柱向上走了一段距离，所以顶出一点气，但因游动阀漏失，液柱又下降，因而接着又出现吸气现象。

(3) 上冲程出气大，下冲程出气很小，这种现象表明抽油泵工作正常，只是油管内液面太低，油液还未抽到井口。

3．试泵法

试泵法是往油管中打入液体，根据泵压或井口压力变化情况来判断抽油泵的故障。

一种是把柱塞放在工作筒内试泵，若泵压下降或没有压力，则说明泵的游动阀、柱塞及固定阀均严重漏失；若泵压上升，则说明泵的游动阀及柱塞密封性好，但还要验证固定阀工作情况；若泵压和套管压力同时上升，则说明油管严重漏失。

另一种是把柱塞拨出工作筒，打液试泵，若泵压下降或没有压力，则说明泵的固定阀严重漏失。

4．电流分析法

电流分析法是利用钳形电流表测量电动机三相电流，根据电流的变化情况来判断抽油机井的故障。原因是电动机工作电流的大小直接反映出抽油机载荷大小，正常生产井在生产时抽油机的载荷是相对稳定的，电动机的工作电流也是相对稳定的。只有在机、杆、泵以及井下管柱出现故障或问题时，抽油机的载荷才会发生变化，电动机的工作电流也随之变化。电流分析法可诊断如下故障或问题：

(1) 抽油杆断脱、油管断脱、脱接器脱落时，现象为抽油机上行电流突然减小，下行电流增大，断脱位置不同电流变化情况不同。油井无自喷能力时，无产液量。

(2) 油管结蜡时，现象为抽油机上、下行电流逐渐增大；柱塞结蜡时，使游动阀常开，现象为抽油机上行电流减小，下行电流增大。

(3) 出油管线堵塞时，现象为抽油机上行电流增大，下行电流减小。

(4) 间歇出油井，现象为抽油机上、下行电流来回波动。

（八）抽油机井常见故障的处理方法

1．套管加压法

套管加压法适用于解除游动阀或固定阀卡死在阀座上而打不开的故障。

具体操作方法：检查井口管线连接严密情况，连接憋压管线。准备工作完成后用泵车向油套管环形空间内打入油液（根据油井情况，可用地层水或原油）加压，同时，开动抽油机，当压力达到 3～5MPa 时，即可憋开泵的固定阀。

2．柱塞有轻微砂卡的解除法

具体操作方法：上提光杆，将柱塞拔出工作筒，上下活动半小时到1h，然后将柱塞重新放回工作筒。也可将柱塞上提一定距离，使抽油泵工作时柱塞部分脱出工作筒，活动几天后即可解除轻微砂卡。

3．柱塞砂卡在下死点的解除法

具体操作方法：上紧光杆方卡子，盘抽油机皮带轮，慢慢地拔起光杆，上盘一个冲程，然后再试开抽油机。上下活动，一直到抽油机运转正常，油井出油为止。

4．柱塞卡死在上死点的解除法

具体操作方法：将抽油机停在下死点后，打上方卡子，卡紧光杆，卸掉密封盒，开（或盘）抽油机，将光杆拔起一个冲程长度（此时如光杆下部接箍未到井口可上好密封盒），然后上下活动半小时到1h，再试着把柱塞完全放回工作筒，开井试抽。

5．冲洗循环法

冲洗循环法适用于由于抽油泵泵阀失灵或蜡卡、泵下进油设备堵塞等原因导致的油井产量明显下降或不出油，不适用于有严重漏失的油井。

冲洗液要根据井内液体情况选择。不含水或含水20%以下的油井应使用原油作冲洗液，高含水井可用地层水作冲洗液。冲洗液温度一般在70～80℃。

(1) 常规冲洗循环。冲洗时采用反循环，即用泵车从油套管环行空间打入冲洗液，再经油管返出。冲洗时不能停抽，边抽边洗，排量由小到大。一般在冲洗液返出一定时间后即可见效果。

(2) 柱塞拔出工作筒冲洗。抽油泵固定阀严重漏失，反冲洗无效时或抽油机运转时光杆下不去，这时将柱塞拔出工作筒进行正、反冲洗。

在正冲洗过程中注意观察井口油压的变化。当油压突然上升，产生憋压时即可停止，然后再进行反冲洗，重新对好防冲距投入生产即可。因为正冲洗是从油管打入冲洗液，洗好后固定阀自动关闭，即堵塞了出口，油管压力突然上升，产生憋压现象，如不及时发现，压力过高会使井口设备损坏或出现其他故障。

6．光杆对扣法

光杆对扣法适用于光杆或光杆以下1～2根抽油杆螺纹脱开（脱扣）的故障。

光杆或光杆以下1～2根抽油杆螺纹脱开后，一般表现为抽油机悬点载荷在上、下冲程中差别很大，悬绳器稍有松弛弯曲现象，这是因为悬绳器只承受光杆或抽油杆柱脱扣处以上的抽油杆柱重力，这时油井不出油。抽油杆柱是脱扣还是断裂，需在对扣过程中判断。

抽油杆柱对扣操作如下：

(1) 将驴头停在下死点；

(2) 关回压阀门，井口放空；

(3) 卸开密封盒，去掉密封圈；

(4) 先上紧光杆上的吊环或接箍，再卸松悬绳器上的光杆方卡子，下放光杆对扣。

① 人力对扣：光杆或距井口近的抽油杆脱扣时，其断脱杆柱重量轻，人可提起时，用人力提着对扣。

② 使用修井机对扣：抽油杆柱脱扣位置距井口深、人提不动时，要上修井机对扣。螺纹对不上时，则应考虑抽油杆断的可能性，应下入相应的抽油杆卡瓦打捞筒打捞出更换。

(5) 校对防冲距，加好密封圈，倒好流程，启动抽油机生产。

7. 碰泵法

碰泵法适用于在浅井上（1000m 以内）解除抽油泵泵阀轻微砂卡、蜡卡的故障。碰泵操作如下：

(1) 将驴头停在接近下死点处，并在密封盒处用方卡子将光杆卡死，盘动抽油机，卸去驴头载荷。

(2) 在悬绳器下盘位置的光杆上做好标记。

(3) 松开悬绳器上的方卡子。慢松刹车，当上行的悬绳器下盘距标记约等于原防冲距时，紧刹车，重新卡好悬绳器上的方卡子。

(4) 松开刹车，卸掉密封盒上的方卡子，开动抽油机使柱塞和固定阀碰 20～30 次左右。碰击次数不宜过多。

(5) 碰完泵后，按对防冲距的操作重新对好防冲距。防冲距的大小以不碰泵为原则，根据现场经验，泵深 500m 以内地面提防冲距 30cm，泵深 500～800m 地面提防冲距 50cm，泵深 800～1000m 地面提 70cm 即可。

(6) 启动抽油机投入生产，检查碰泵效果。

二、利用问题假设法诊断抽油机井故障与故障处理

(一) 抽油机井井下漏失的故障与处理

1. 井下漏失的原因

井下漏失主要包括油管漏失、泵阀漏失、柱塞漏失等几种情况。

(1) 油管漏失的原因：油管接箍螺纹漏失，腐蚀穿孔漏失，管壁磨漏失，管壁砂眼漏失，裂缝漏失，泄油器漏失等。

(2) 泵阀漏失的原因：①阀球或阀座受井下液体腐蚀而损坏，或高压液体中携带的砂、盐等坚硬物质对泵阀的长期冲蚀，引起泵阀损坏，导致泵阀漏失；②砂、蜡在阀球或阀座上粘附，油井施工中的杂物粘附在泵阀上，引起泵阀漏失；③泵阀长期工作，处在不停地开、关状态，由于阀球与阀座间相互撞击，使阀座变形，破坏了阀球与阀座间的严密配合，引起漏失。

(3) 柱塞漏失的原因：①抽油泵柱塞与泵筒或衬套间隙过大；②柱塞磨损增大。

2．井下漏失诊断

井下漏失后，会有如下情况发生：

(1) 油井产液量下降，泵效降低。

(2) 油井井下液面较正常时上升，沉没度上升。

(3) 井口憋压时，憋不起油压，或虽能憋起 3MPa 左右的压力，但停机后压力下降快。

(4) 油管漏失时，示功图基本正常；抽油泵漏失时，示功图为漏失示功图，如图 1-47 所示。

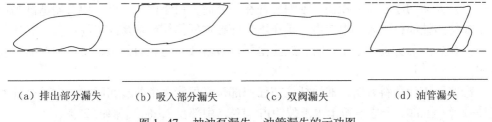

(a) 排出部分漏失　　(b) 吸入部分漏失　　(c) 双阀漏失　　(d) 油管漏失

图 1-47　抽油泵漏失、油管漏失的示功图

(5) 抽油泵漏失严重时，抽油机平衡状况受到破坏，上行电流减小，下行电流不变或增加。

3．处理措施

(1) 油管漏失的油井：起出井下管柱，更换漏失的油管或泄油阀等。

(2) 抽油泵漏失的油井：先热洗井筒，排除泵阀结蜡的因素。如油井出砂严重，可用碰泵的办法排除泵阀上的砂等机械杂质。采取以上措施抽油泵仍漏失严重者，应检泵。

（二）抽油杆柱断脱的故障与处理

1．抽油杆柱断脱的原因

(1) 疲劳破坏：通过驴头悬点载荷分析，可知抽油杆柱在上下运动时，其顶部不仅因所承受的载荷最大而容易破坏，而且抽油杆柱上所承受的载荷是变化的。抽油杆柱上行时加载，下行时卸载，这种周期性的一加一卸，反复作用的结果就会造成金属疲劳，使抽油杆柱产生断裂。

抽油杆柱的下部也会因疲劳破坏。当抽油泵柱塞下行时，油通过游动阀的阻力及柱塞与衬套间的摩擦力都是抽油泵柱塞下行阻力。这一下行阻力与抽油杆自重相互作用下，使抽油杆柱下部位有一段将会承受压应力。在柱塞上行时，这段抽油杆中承受的应力又变为拉应力，因此在这段抽油杆柱中将会承受方向相反的交变应力。如果油稠，泵径大，下行速度快时，下行阻力会很大，需要很长的抽油杆柱自重才能克服这一阻力，压应力较大，使这段抽油杆柱在工作中更容易疲劳破坏。这是造成抽油杆断裂的主要原因。

（2）磨损：抽油杆柱在油管中上下往复运动，不可能时刻都处于油管的中心位置。抽油杆柱，特别是接箍在某些部位将与油管壁产生摩擦或挂碰，常造成抽油杆柱的断脱。在斜井中这一问题更为突出。

（3）腐蚀：抽油杆柱是浸泡在采出的液体之中，液体中含有盐水、H_2S、CO_2 等腐蚀介质，会使抽油杆柱腐蚀，内部出现薄弱环节，使抽油杆柱发生断裂。

（4）人为的原因造成损伤：抽油杆柱在下井时，由于检查不严，使有制造缺陷或已有损伤的抽油杆下入井中或由于操作不当使抽油杆损伤或紧螺纹不到位等，当这些抽油杆在井内恶劣条件下工作时，这些薄弱环节就会产生应力集中，使抽油杆断裂或脱扣。

据实际统计资料表明，抽油杆柱在任何部位都可能发生断裂和脱扣。对整个抽油杆柱来说，上部三分之一范围内断裂约占41%，中部占35%，下部占21%。

2．抽油杆柱断脱诊断

抽油杆柱断脱后，会有如下情况发生：
（1）油井产液量突然大幅度下降或不出油，泵效突然下降或无泵效。
（2）油井井下液面上升，沉没度上升。
（3）井口憋压时油压上升不明显或不上升。
（4）抽油机电流有较大变化，上冲程电流减小，下冲程电流增大，抽油机出现明显不平衡。
（5）示功图显示上、下载荷线接近，图形在下理论载荷线附近或以下，如图1-48所示。

3．处理措施

采用抽油杆对扣或打捞法，对扣或打捞无效应采取检泵措施。

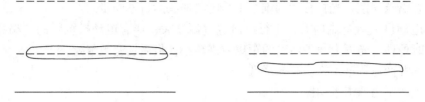

(a) 杆柱在接近柱塞处断脱　　　　　　(b) 杆柱在接近中部断脱

图 1-48　抽油杆柱断脱的示功图

(三) 油井结蜡的故障与处理

1. 结蜡诊断

(1) 油井产量逐渐下降，泵效降低，保温套、四通内有蜡，严重时取样有蜡块带出。
(2) 油井井口回压升高。
(3) 抽油机上行载荷增大，下行载荷减少；电动机上行电流增大，下行电流也逐渐增大。
(4) 光杆下行困难，严重时光杆不下行，造成蜡卡。
(5) 示功图为结蜡示功图，结蜡的位置、程度不同，图形形状不同。

2. 处理措施

(1) 用热流体洗井清蜡，如果地面管线结蜡，应热洗地面管线，然后再洗井。
(2) 洗井过程中，不能停抽，控制好温度、排量，防止在洗井过程中出现蜡卡。洗井后量油核实产量，测示功图和电流。
(3) 根据该井结蜡规律，制定合理清蜡周期，减少蜡对油井生产的影响。
(4) 进行作业清蜡。

(四) 卡泵的故障与处理

1. 卡泵原因

抽油泵在井下遇卡，一般有蜡卡与硬卡两种情况。
(1) 抽油泵蜡卡的原因是由于油井结蜡严重，或热洗井筒时，措施处理不当。
(2) 抽油泵硬卡的原因，一是泵衬套装配质量差，使泵在工作中产生衬套错动，卡住泵柱塞；二是油井出砂严重，导致砂卡柱塞。

2. 卡泵诊断

(1) 抽油泵蜡卡一般有一个过程。

①在蜡卡初期，光杆移动困难，下行时与驴头运行不同步。

②电动机上行电流增大，下行电流也逐渐增大，伴有电动机沉闷的"嗡嗡"声。如不及时处理，光杆上、下活动的距离越来越小，最后柱塞被卡死。

③油井产量逐渐下降，泵效降低。

④示功图为蜡卡示功图。

(2) 抽油泵硬卡发生突然，往往发生在抽油机停机后再启动时。

①衬套错动引起的硬卡可有两种情况：一种是光杆上行自如，下行至卡点停止；另一种是光杆下行自如，上行至卡点停止。砂卡的抽油泵上、下运动均受限。硬卡的抽油泵，热洗井筒不见效果。

②油井产液量下降，泵效降低。

3．处理措施

发现卡泵，应先判断是蜡卡还是硬卡。可先热洗井筒，排除蜡卡；再慢慢活动光杆，排除砂卡。对热洗、活动光杆仍不见效的油井，检泵解卡。

（五）油井出砂的故障与处理

1．出砂诊断

(1) 油井产液量逐渐下降，泵效降低，取样时有砂。

(2) 油井套压下降。

(3) 抽油机上行载荷增大，电动机上行电流增大。

(4) 光杆下行困难，下行时与驴头运行不同步，严重时造成砂卡。

(5) 示功图肥大，为砂阻示功图，载荷线呈锯齿状波动。

2．处理措施

(1) 安装砂锚。

(2) 建立合理的油井工作制度（减小生产压差）。

(3) 循环抽油。

(4) 下防砂泵。

(5) 采取以上措施无效后进行作业。

（六）抽油泵游动阀卡的故障与处理

1．游动阀卡的原因

泵阀结蜡堵死游动阀，井下施工的残余物堵卡游动阀。

2. 游动阀卡诊断

(1) 油井不出油。
(2) 井口憋压时憋不起压力,上冲程油压上升,下冲程油压降回原压力值。
(3) 抽油机电流发生变化,上冲程电流正常,下冲程电流小于正常值。
(4) 示功图为游动阀卡示功图。

3. 处理措施

一般先用高压热水热洗井筒,如果油井热洗后仍未解卡,则采用碰泵解卡。

(七) 抽油泵柱塞撞击固定阀的故障与处理

1. 柱塞撞击固定阀的原因

防冲距过小,光杆方卡子松动。

2. 柱塞撞击固定阀诊断

(1) 柱塞在下死点时撞击泵固定阀罩,在地面上观察,可见到光杆在下死点时因撞击骤然停止向下移动。
(2) 测示功图,可得到下死点时振动的图形,如图1-49所示。

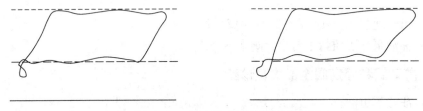

图1-49 柱塞撞击固定阀的示功图

3. 处理措施

上提防冲距至合理位置。

(八) 抽油泵柱塞上行脱出工作筒的故障与处理

1. 柱塞上行脱出工作筒的原因

防冲距过小。

2. 柱塞上行脱出工作筒诊断

(1) 油井产液量低于正常值,泵效低。

(2) 井口憋压时,油压突然下降,憋不起压力。

(3) 在示功图上,可见到柱塞上行脱出工作筒时上载荷线突然下降,如图 1-50 所示。

图 1-50 柱塞上行脱出工作筒的示功图

3. 处理措施

下放光杆,重调防冲距。

(九) 抽油泵游动阀和固定阀全部失灵的故障与处理

1. 游动阀和固定阀全部失灵的原因

(1) 抽油泵在工作中受砂、蜡、气及稠油影响,工作条件恶劣导致泵双阀失灵。

(2) 由于地层水、H_2S 腐蚀,使泵阀损坏。

(3) 抽油泵加工质量不合格,阀坐不严。

2. 游动阀和固定阀全部失灵诊断

(1) 油井不出油。

(2) 驴头悬点只承受抽油杆柱和柱塞在液体中的重量。

(3) 油井憋压时憋不起压力,光杆发热。

(4) 抽油机上行载荷较轻,电动机上行电流较小,下行电流不变或增加。

(5) 示功图呈近似椭圆形。

3. 处理措施

采取热洗、碰泵,无效后检泵。

(十) 气体影响泵况处理

1. 气体影响的原因

(1) 在抽汲过程中是气、液两相同时进泵。由于气体进泵,必然占据泵筒中部分容积，这就降低了泵中液体的充满程度，使泵效降低；气体影响严重时，甚至可能形成气锁，使泵效为零。

(2) 抽油井在正常生产时，由于抽油泵余隙容积的存在，柱塞在上冲程时，余隙容积内原油中溶解的天然气，随着泵内压力降低又会重新分离出来，并占据柱塞上行所让出的一部分空间，从而减少了进油过程中进入泵筒内的油量，使泵效降低。

2．气体影响诊断

(1) 产油量减少，产气量增加，抽油泵泵效降低。
(2) 油井套管压力较高。
(3) 气体影响严重时，油井不出油或间抽。
(4) 通过测示功图，可见到下冲程开始时示功图的卸载线呈现凹向图形内的弧线，如图1-51所示。

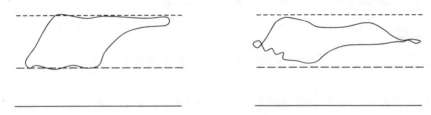

图1-51　气体影响的示功图

3．处理措施

对受气体影响的抽油井，可采取加深泵挂，安装气锚，减小防冲距，采用长冲程、慢冲数组合方法，在生产管理上控制好套压，使套压在最佳生产范围。

（十一）稠油影响泵况处理

1．稠油影响的原因

井下油稠、粘度大，增大了泵的运动阻力，光杆上行时载荷也相应增加，下行时光杆载荷较正常小。

2．稠油影响诊断

(1) 油井产液量较少，泵效低。
(2) 抽油机平衡不好，光杆与驴头运行不同步。
(3) 停机后启动困难或启动不起来。
(4) 观察示功图，可见到上冲程时，光杆载荷超过理论载荷较多；下冲程时，光杆载荷低于理论载荷，如图1-52所示。

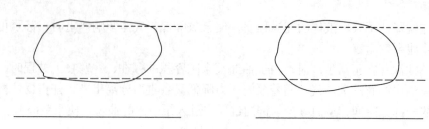

图 1-52　稠油影响的示功图

3．处理措施

（1）调整油井工作制度，采取长冲程、慢冲次的组合方法。

（2）合理加化学药剂进行防蜡降粘。

（3）换大泵径或更换抽油方式。

（十二）抽油机井压力异常的故障与处理

1．故障的原因

（1）压力表损坏，如因冻、震等原因引起扁曲弹簧管变形过度，或压力表内零件脱落等。

（2）压力表进压接头堵塞，如进压接头有棉丝残渣、砂粒等物堵塞，使压力示值偏低等。

（3）生产流程故障，误开或误关阀门。

（4）油井本身压力的变化。

2．处理故障的方法

（1）检查井口流程，检查各阀门是否处于正常开关状态，生产流程有无倒错等现象。

（2）检查可能导致油井压力异常的生产管理因素。如油井的热洗、液面测试、井口保温温度、抽油机井的泵况、井下液面的变化等。

（3）检查压力表是否失灵。判断压力表是否失灵，在生产现场常采用落零法，即卸下压力表观察表指针是否落零，如指针不落零则说明表损坏。判断压力表是否失灵，还可以采用互换法，即用检测准确的压力表换掉异常压力表，如两表的压力值不同，则说明原表误差过大或损坏。

（十三）抽油机井生产回压高的故障与处理

1．故障的原因

（1）进站或计量间的流程倒错。

（2）温度低造成集油干线冻堵。

(3) 管线结蜡、油稠。
(4) 进站或计量间的阀门闸板脱落。
(5) 掺水排量过大。
(6) 洗井排量过大。
(7) 套管放气过大。

2．处理故障的方法

(1) 认真检查，并倒好流程。
(2) 提高掺水温度。
(3) 定期热洗地面管线，掺水或加药降粘。
(4) 修复或更换阀门。
(5) 按照掺水要求，确定合适掺水量。
(6) 控制好洗井排量。
(7) 按照要求调整好放气速度，并安装套管定压放气阀。

（十四）抽油机井掺不进水的故障与处理

1．故障的原因

(1) 水表堵或卡，水表不准。
(2) 管线冻堵。
(3) 流程不通。
(4) 回压高于掺水压力。

2．处理故障的方法

(1) 检查并冲洗水表。
(2) 对管线冻堵部位解冻、解堵。
(3) 检查并倒通流程。
(4) 检查并解决油井回压高的原因。

（十五）抽油机井热洗时发生蜡卡的故障与处理

1．故障的原因

发生蜡卡前，抽油机的上冲程电流增加很多，电动机伴有"嗡"声；下冲程时光杆下行受限，光杆运动与驴头运动不同步。热洗时发生蜡卡原因如下：
(1) 热洗时，来水温度低，起不到熔蜡效果。当来水压力低于套管压力，使洗井的热水达不到应有排量，或热洗不彻底，洗通后没有足够的熔蜡与排蜡时间，这是发生蜡卡的常见原因。

（2）热洗过程中，发生意外停热水泵的情况，或抽油机发生故障而被迫停机造成蜡卡。

（3）油套管窜通。油管头不密封，使洗井热水直接从油管头返至出油管线，洗井热水很难进入泵内，久之发生抽油泵蜡卡。

（4）热洗时排量调节不合理。在热洗开始时，不是采取逐渐增大排量的办法保持热洗过程中均衡熔蜡，而是一次增大排量，使井筒蜡块大量脱落，造成卡泵。

2．预防故障的方法

为预防抽油机井热洗中的蜡卡，必须严格遵守热洗操作规程。

（1）有以下情况之一者不能热洗：来水温度低于75℃，来水压力低于套管压力不洗；热洗泵带病运转不洗；通知停电不洗；井口流程有渗漏不洗；井口油套窜通不洗；抽油机故障末排除不洗。

（2）热洗时应分阶段增加热洗排量，均衡熔蜡，保证油井有足够的熔蜡与排蜡时间，热洗中不准停抽。

（3）热洗后抽油机井24h内不得停抽，使井筒内的熔蜡及时排至地面，如热洗中有蜡卡迹象，要加大洗井排量与压力。

（十六）抽油机井冻堵的故障与处理

1．故障的原因

由于很多油田的原油含蜡量、含胶量及含沥青质量较高，其凝固点、析蜡点及流动性受温度影响很大。当原油举升到井口后，如井口与集油干线温度过低，极易发生井口管阀被凝固的原油堵塞的后果，严重者油井停产。因此，在北方油田与稠油区，保温就成为油田管理中的重要工作之一。

2．预防故障的方法

（1）管理好井口及干线的保温流程，保证井口与干线的温度达到规定的要求。掺液保温流程的油井，要控制好掺液压力与掺液流量，使混合液进计量站的温度达到要求。要求阀门开关灵活、法兰垫完好，流程无松、渗、缺、损。

（2）对油井的易冻部位，要用毛毡等保温材料包敷。一般油井须包敷部位有：掺水管线、出油管线、压力表、套管放气管线及井口各阀门等。

（3）对油井历年易冻部位的流程要预先进行改造，如精简保温流程的弯头、缩短管线长度以减少热量损耗等。

(4) 对集油干线要增加覆土厚度，减少热损耗，对阀门池要填加锯沫等材料保温。

3．处理故障的方法

(1) 发生井口冻堵后，对掺液保温的油井应打开井口热水连通阀，进行井—站地面干线循环，保持干线畅通，然后再处理井口流程。

(2) 在处理井口冻结时，不准用明火烧烤，最好是用锅炉车的蒸气处理。如果条件不具备，可用热土或浇过热水的厚毛毡覆盖在管、阀上，并不停地向毛毡上浇热水。

(3) 当集油干线发生堵塞时，要用水泥车或高压泵强制向干线内挤入热水处理，如冻堵时间太长，可用电解冻来处理。处理通后，马上打开井口连通阀，将干线改为地面热水循环流程，提高干线温度。然后，再处理井口的冻堵部位。

(十七) 抽油机井发生火灾的故障与处理

1．故障的原因

抽油机井发生火险的原因虽然很多，但主要原因是麻痹、侥幸心理。由于抽油机井是低压生产的油井，因此部分岗位工人在头脑中产生了油井压力低、气量小、原油含水量大、不会发生油气火灾的麻痹心理，放松了防火警惕性，结果导致火灾的发生。

2．预防故障的方法

(1) 井场、计量站、土油池内严禁动用明火。如须在上述场所进行电气焊操作，应报上级安全部门批准，采取必要的预防措施。

(2) 油井、计量站等室内禁止存放油漆、轻质油等易挥发性油品。

(3) 及时维修阀门、管路、设备等的渗漏，定期检修电气设施。

(4) 油井、计量站、土油池等周围要有防火隔离带，防火隔离带应宽 5～10m，无杂草、无油污、无易燃物。

3．处理故障的方法

发生火险，要就地取材扑救，如用砂、水、灭火器具扑救等。同时，要采取以下紧急措施：停抽油机，拉开电源总闸刀；井口抢关采油树生产阀门与套管阀门，关闭封井器；搬开易燃物。当使用灭火机扑救时，应根据火险选择灭火机。

(十八) 抽油机井井喷的故障与处理

1．故障的原因

(1) 正常抽油机井密封盒坏，胶皮阀门失灵，造成井喷。

(2) 正常生产井套管阀门坏或闸板不严，阀门失灵无控制，造成井喷。

(3) 正常生产井因固井质量等问题和地外应力导致表层套管漏油、气、水。

(4) 抽油杆柱断造成井喷。

2．处理故障的方法

(1) 当因密封盒坏，胶皮阀门失灵造成井喷时：

①停止抽油机。

②切断一切火源、火种、电源，防止火灾发生。

③关闭井口回油阀门，防止输油管线油倒流；对于掺水井应关闭掺水阀门，打开旁通阀门进行地面循环，保证干线畅通。

④立即向上级部门汇报，组织抢救。

⑤现场人员如控制不住井喷，要拿出防污染措施，防止污染源扩大。

(2) 当正常生产井套管阀门坏或闸板不严，阀门失灵无控制，造成井喷时：

①停止抽油机。

②切断一切火源、火种、电源，防止火灾发生。

③如套压不高采油队人员可在刺坏的阀门上再套装一个阀门，关死即可。

④如果以上措施控制不住，立即向上级部门汇报，组织抢救。

(3) 正常生产井表层套管漏时：

①向采油队值班干部汇报，并制定安全措施。

②组织专业人员到现场分析，根据情况处理。

(4) 抽油杆柱断造成井喷时：

①停止抽油机。

②关闭胶皮阀门或井口总阀门。

③打捞抽油杆柱恢复生产。

（十九）油气中毒的危害与防护措施

1．油气中毒的危害

原油、天然气及其产品的蒸气都具有一定的毒性，这些物质一旦被人吸入，超过一定量时就会导致慢性或急性中毒。当空气中油气含量为 0.28% 时，人在该环境中 12～14h 就会有头晕感；如果含量达到 1.13%～2.22%，人将难以支持；含量再高时，人会立即晕倒，失去知觉，造成急性中毒。在这种情况下若不能及时发现并抢救，则可能导致窒息死亡。

2．油气中毒的防护措施

(1) 对生产密闭流程严格管理，杜绝随意排放。

(2) 在易燃易爆作业场所,严禁工艺流程及设备的"跑、冒、渗、漏"。
(3) 井间(站)天然气的放空严加控制,不准随意排放。
(4) 带井口房的油井、计量间(站)等能使油气聚集的场所,要采取自然通风或强制通风等办法,来降低或避免油气聚集。
(5) 对采油过程中经常使用或接触带有毒性的药品,要严格按规定使用操作,加强自我保护。

(二十) 更换井口压力表操作中伤人事故与处理

1. 事故的原因

(1) 更换压力表时未关闭压力表控制阀门,没有放空。
(2) 违章操作,身体没有侧身。
(3) 压力表进压接头螺纹坏,打出来。
(4) 压力表放空阀堵死,压力表坏,无压力显示。

2. 预防措施

(1) 更换压力表时,严格遵守操作规程。
(2) 更换压力表后,要进行试压,做到不渗不漏。
(3) 仔细检查安装压力表进压接头螺纹的好坏。
(4) 压力表应定期校对。
(5) 缓慢操作,确认无压力后方可完全拆卸。

3. 应急措施

(1) 压力表打出、漏油、漏气,立即关掉控制阀门。
(2) 查出原因后,再安装压力表。

(二十一) 更换抽油机井光杆密封圈伤人事故与处理

1. 事故的原因

(1) 加密封圈时,用手抓光杆。
(2) 加密封圈时,密封盒固定不牢。
(3) 违章操作。

2. 预防措施

(1) 加密封圈时,禁止用手抓光杆。
(2) 加密封圈时,把密封盒固定牢固。

(3) 严格执行操作规程。

3．应急措施

加密封圈时，砸伤手要立即送医院检查。

（二十二）抽油机维修中伤人事故与处理

1．事故的原因

(1) 抽油机运转异常，不停抽上机检查。
(2) 停抽，没有关自启开关或没切断电源。
(3) 没有停抽，进行抽油机维修作业。
(4) 抽油机刹车不灵。
(5) 注意力不集中，误操作。
(6) 高空作业不系安全带。

2．预防措施

(1) 在进行检查、保养抽油机时，严格按操作规程进行。
(2) 施工前要检查刹车，保证刹车灵活好用。
(3) 抽油机运转时，禁止上机检查、维修。
(4) 抽油机停抽时必须切断电源，方可工作。
(5) 操作时精力应集中。
(6) 2m 以上高空作业系好安全带。

3．应急措施

(1) 如有人受伤立即送医院抢救，向上级汇报。
(2) 排除故障，恢复生产。

（二十三）打捞抽油杆柱操作的事故与处理

1．事故的原因

(1) 光杆方卡子掉。
(2) 吊卡脱扣。
(3) 井底压力不稳，造成井喷。
(4) 施工方案准备不充分。

2．预防措施

（1）使用合格的光杆方卡子及吊卡。
（2）放净井底压力或采用压井方式。
（3）制定完善的施工方案。
（4）穿戴劳动保护用品。

（二十四）采油树 250 型闸板阀门易发生的故障与处理

1．更换阀门推力轴承与铜套

将阀门开大，卸掉手轮压帽，卸掉手轮及手轮键，再卸掉轴承压盖，顺着丝杠螺纹退出铜套，取出旧轴承，换上新轴承并加上黄油。将铜套装到丝杠上，顺丝杠螺纹装入到阀门大压盖中，装好轴承压盖，装好手轮及手轮键和手轮压帽。

2．更换阀门丝杠的 O 形密封圈（闸板）

（1）如在现场更换，无控制部位的阀门应压井后再更换。
（2）如是能控制的部位，应先倒流程放空后方可拆卸，用 900mm 或 1200mm 管钳卸掉阀门大压盖，连同闸板提出，摘掉闸板，推出丝杠（应先卸掉手轮及铜套轴承），将旧密封圈取出，更换新的同型号密封圈；确认无误后挂上闸板，对准阀体的闸板槽推入，上紧大压盖，同时边上大压盖边关（活动）阀门丝杠，直至上紧。试压合格后，恢复原流程。

（二十五）采油树胶皮阀门胶皮芯损坏的故障与处理

1．故障的原因

（1）加密封圈操作时，加完密封圈忘记开大胶皮阀门就启动抽油机，使胶皮阀门的胶皮芯有效使用部分被磨光，使阀门漏而起不到密封的作用。
（2）开关阀门操作时，不注意有一侧开大而另一侧没有开大，使一侧的胶皮芯磨光。
（3）由于阀门固定胶皮芯的螺栓不能上得太紧，有时发生螺栓脱落现象，而使阀门失去密封作用。
（4）长期使用达到了使用寿命。
（5）机械性能差和材质不合格等。

2．处理故障的方法

（1）胶皮阀门在使用中应注意预防。

(2) 更换胶皮阀门的胶皮芯。

(二十六) 采油树油管挂顶丝密封圈渗漏的故障与处理

1．故障的现象

(1) 油井顶丝处经常有油污或水渗漏。
(2) 水井顶丝密封圈、压帽处有渗漏，一层白色结晶状物体附着在表面。

2．故障的原因

油管挂顶丝密封圈损坏或缺失。

3．处理故障的方法

更换油管挂顶丝密封圈。操作方法是：先停止抽油机或电动潜油泵井运转，关闭生产阀门，由套管接放空管线将油套环形空间的压力放净，卸掉顶丝密封圈压帽，取出旧密封圈，新密封圈抹上少许黄油后加入到顶丝密封圈盒中，上好压帽，注意不要卸松顶丝，4条顶丝要均匀顶紧不可偏斜。加完密封圈后倒回原生产流程，启机试压，观察密封效果。

(二十七) 表层套管与油层套管的支承开焊的故障与处理

1．故障的现象

表层套管支承损坏、开焊后有以下现象：
(1) 采油树晃动。
(2) 若是抽油机井，当驴头上行时采油树上移，下行时采油树回到原位。
(3) 热洗时采油树上升。

2．处理故障的方法

将采油树底部挖开，直至表层套管，将抽油机停在近下死点位置，先将采油树校正，必要时采用倒链拉正后，由专业人员进行焊接操作。不要在热洗之后进行焊接，因套管加热后有一定的伸长，不在原位上，最短也应在24h后进行焊接。

(二十八) 采油树油管头不密封的故障与处理

1．故障的原因

(1) 油管挂密封圈损坏或缺失。
(2) 管柱中途卡在井筒内，未下入预定部位，使油管挂不能坐严在套管四通锥座内。

2．故障的诊断

(1) 油管头不密封时，平时量油产量下降，液面抽不下去。

(2) 油管头不密封时，油压高于正常值，套压相对较低，套压随油压变化而变化，严重时油压、套压一致。

(3) 油管头不密封时，从井口听有刺刺的响声。

(4) 在洗井开始时即返洗井液，出油温度上升很快，窜通声音大；或洗井过程中泵压突然下降，井口返出洗井液较快。

(5) 抽压时稳不住压力，严重时油压不起，正注打压（憋压）时出现油压、套压平衡现象。

3．处理故障的方法

(1) 可在作业时更换油管挂。

(2) 更换油管挂或油管挂的密封圈。

（二十九）采油树渗漏的故障与处理

1．故障的原因

采油树渗漏一般发生在法兰、卡箍、螺纹等连接部位。主要原因有：

(1) 法兰螺栓紧固不均衡，法兰偏斜；法兰螺栓缺失，使法兰紧固不良。

(2) 卡箍或法兰钢圈损坏；卡箍紧固螺栓松；卡箍型号与采油树型号不符，卡箍过大导致紧固不良，产生钢圈松动。

(3) 螺纹损坏造成渗漏；螺纹连接时未加麻丝、铅油等密封填料；螺纹型号不对或螺纹内有砂、泥等，造成连接不良。

2．处理故障的方法

处理采油树的渗漏故障，要根据渗漏的具体原因来处理，或采取调整螺栓松紧，或更换钢圈，或更换配件等不同措施。

（三十）采油树卡箍漏的故障与处理

1．故障的原因

(1) 卡箍紧固螺栓未上紧。

(2) 管线不对中。

(3) 卡箍钢圈损坏。

(4) 卡箍不配套。

2．处理故障的方法

（1）重新上紧卡箍紧固螺栓。
（2）调整好管线，对角上紧。
（3）更换卡箍钢圈。
（4）应换配套卡箍。

（三十一）采油树阀门打不开、关不上的故障与处理

1．故障的原因

采油树阀门都是闸板式的，因此在使用中造成阀门打不开、关不上故障的原因有：
（1）阀门丝杆与闸板脱落。
（2）阀门冻结。
（3）阀门内部的滚珠套损坏。
（4）油井出砂，阀门内部有砂粒造成关不上。
（5）阀门锈死。
（6）丝杆弯曲。
（7）闸板槽有异物。

2．处理故障的方法

（1）清洗保养阀门。
（2）维修及更换阀门。

（三十二）井场配电箱触电事故与处理

1．事故的原因

（1）电器线路绝缘被击穿，引起触电。
（2）外接电时私自乱接，造成触电。
（3）违章进行配电箱内维修或清扫。
（4）配电箱支架距离地面太低。
（5）带负荷拉闸刀。
（6）配电箱接地断裂或失效。
（7）变压器三相负荷不平衡，造成中性电位移。

2．预防措施

（1）定期检查线路、设备。

(2) 外接电源时有人监护，断电后再操作。
(3) 严格执行操作规程。
(4) 配电箱支架抬高到安全距离。
(5) 配电箱接地线要插入地下。

3．应急措施

(1) 有人受伤，现场采用人工呼吸抢救，向上级汇报并立即送医院抢救。
(2) 有人触电后，立即在安全区切断电源或用绝缘棒将人与带电体断开。

（三十三）触电事故防护与处理

1．触电事故防护

(1) 绝缘防护：电气设备和线路都是由导电部分和绝缘部分组成，良好的绝缘能保证设备正常运行和人不会接触带电部分。

(2) 屏障防护：屏障防护是采用遮栏、栅栏、护罩、护盖和箱匣等，把电器装置的带电体同外界隔开来，确保无绝缘或绝缘水平低的电气装置运行安全。

(3) 安全间距防护：安全间距就是避免因碰到或靠近带电体而造成事故所需要的距离，因此要求带电体与地面间、带电体与其他设备之间要有一定的距离。

(4) 接地接零保护：接地接零保护是把电气设备某一部分，通过接地装置，同大地紧密联系在一起。安全接地是指触电保护接地、防雷接地、防静电接地和防屏蔽接地。

(5) 漏电保护：漏电保护是用于防止漏电而引起的触电事故、单相触电事故、火灾事故，监视或切除一相接地故障。

(6) 安全电压：安全电压是为了防止触电事故而采用的特殊电源供电的电压，是以人体允许电流与人体电阻的乘积为依据而确定的。我国规定 6V、12V、24V、36V、42V 为安全电压。

2．触电事故处理

(1) 低压触电事故的处理：
①若触电地点附近有电源开关或电源插头，可立即断开开关或拔下插头。
②若触电地点附近没有电源开关或电源插头，可用有绝缘柄的电工钳或有干燥木柄的刀斧切断电源，或用干木等绝缘物插入触电者身下，以隔断电流。
③当电线搭落在触电者身上或压在身下时，可以用干燥或绝缘物件拉开触电者或挑开电线，使触电者脱离电源。
④若触电者衣服是干燥的，又没有紧缠在身上，可以用一只手拉其衣服，使其脱离电源；但因触电者的身体是带电的，其鞋绝缘也可能遭到破坏，救护人不得接触触

电者的皮肤，也不能抓触电者的鞋。

⑤进行现场急救。

(2) 高压触电事故的处理：

①立即通知有关部门停电。

②带上绝缘手套、穿上绝缘鞋，用相应电压等级的绝缘工具按顺序断开开关。

③抛掷金属线使线路短路接地，迫使保护装置动作，断开电源。注意，抛金属线前，应先将金属线一端可靠接地。抛掷的金属线一定要在抛掷后不能触及自己和他人。

④进行现场急救。

(三十四) 抽油机运转中伤人事故与处理

1. 事故的原因

(1) 抽油机运转时违章在抽油机上及抽油机基墩上工作。

(2) 抽油机未设安全防护栏。

(3) 在抽油机上或在抽油井井场上违章打扫卫生。

(4) 启动、停止抽油机时误操作。

2. 预防措施

(1) 严禁在抽油机运转时违章在抽油机上及抽油机基墩上进行打扫卫生、刷漆、维修保养等。严禁在抽油机运转的曲柄下打扫卫生。

(2) 在居民区内的抽油机应该设置安全防护栏。

(3) 在抽油机井上工作时要思想集中，不能出现误操作。

3. 应急措施

(1) 有人受伤应该向上级汇报，并立即送医院抢救。

(2) 立即停抽，检查原因后恢复生产。

(三十五) 抽油机调参过程伤害事故与处理

1. 事故的原因

(1) 抽油机刹车失灵。

(2) 维修人员高空坠落。

(3) 光杆方卡子安装不牢固。

(4) 调参时机件过紧。

(5) 钢丝绳、棕绳不合格，捆绑不牢固或绳断造成人员伤亡。

（6）没有操作平台，操作人员站立不稳。

（7）维修人员劳保穿戴不合格。

（8）违章指挥。

2．预防措施

（1）严格按调参操作规程进行作业。

（2）上机前检查刹车是否灵活好用。

（3）雨雾及大风、大雪天严禁上抽油机作业。

（4）打光杆方卡子前要检查方卡子是否符合要求、方卡子螺栓要上紧。

（5）钢丝绳、棕绳、吊钩等每次使用前都必须检查是否有缺陷或强度问题，捆绑要牢固。

（6）配备升降平台车。

（7）穿戴合格的劳动保护用品及防护用品。

3．应急措施

有人受伤立即送医院。

（三十六）抽油机常见故障汇总表

抽油机常见故障见表1-1。

表1-1　抽油机常见故障汇总表

序号	故障	故障判断	故障类别
1	电动机轴滚键	电动机皮带轮有异常响声	Ⅲ类
2	减速箱传动轴滚键	平键联接的两个零件产生相对位移	Ⅱ类
3	减速箱传动轴轴断	—	Ⅱ类
4	减速箱齿轮断齿	—	Ⅱ类
5	减速箱输入轴严重窜动	超过允许最大齿侧隙的窜动	Ⅲ类
6	减速箱轴承损坏	异常响声严重或窜轴严重	Ⅱ类
7	减速箱箱体开裂	上箱体出现一般裂纹	Ⅲ类
7	减速箱箱体开裂	下箱体出现裂缝造成减速箱严重漏油	Ⅱ类
8	减速箱紧固件松动	—	Ⅲ类
9	减速箱漏油	分箱面，油封漏油	Ⅲ类

续表

序号	故　　障	故　障　判　断	故障类别
10	曲柄销断	造成曲柄脱落	Ⅰ类
11	曲柄销锁紧螺母严重松动	连续松动	Ⅱ类
12	曲柄销锥套严重磨损	锥套径向磨损量1mm以上	Ⅱ类
13	连杆断	造成翻机	Ⅰ类
14	连杆焊缝开裂	连杆出现裂缝	Ⅱ类
15	曲柄销轴承损坏	—	Ⅱ类
16	横梁断	造成翻机	Ⅰ类
17	横梁焊缝开裂	横梁出现裂缝	Ⅲ类
18	横梁轴承损坏	轴承部位异常响声严重	Ⅱ类
19	横梁轴承座开裂	轴承座出现裂缝	Ⅱ类
20	横梁轴承座连接螺栓断裂	—	Ⅰ类
21	游梁变形过大	造成悬绳对中井口超标	Ⅱ类
22	中央轴承损坏	轴承部位异常响声严重	Ⅱ类
23	中央轴承座开裂	轴承座出现裂缝	Ⅱ类
24	驴头开焊	驴头掉下	Ⅰ类
24	驴头开焊	驴头未掉下	Ⅱ类
25	驴头与游梁连接失效	驴头掉下	Ⅰ类
26	平衡块紧固件松动	平衡块脱落	Ⅰ类
27	制动总成失灵	断电后不能及时制动	Ⅱ类
28	支架紧固件松动	整机摇晃	Ⅱ类
29	支架型钢塑性变形	造成悬绳器对中井口超标	Ⅱ类
30	底座焊缝开裂	底座出现裂缝	Ⅲ类
31	悬绳绳帽拉脱	—	Ⅰ类

说明：Ⅰ类为致命故障，即危及或导致人身伤亡，引起主要总成报废或造成重大经济损失的故障；Ⅱ类为严重故障，即维修人员用随机工具按使用说明书规定进行调整、维修，不能及时排除的故障；Ⅲ类为一般故障，即便于维修且修理费用较低，或维修人员用随机工具和随机备件按使用说明书规定进行调整、维修能够排除的故障。

(三十七) 烧坏电动机的故障与预防

1. 故障的原因

抽油机电动机烧毁事故的发生，多是使用管理不当所致，常见原因有：

(1) 接错线，三相电源缺相。

(2) 多次连续启动，使电动机定子绕组发热，造成绕组绝缘性能因过热而下降，最终烧毁电动机。

(3) 抽抽机负荷过大（如抽油泵发生衬套错位、卡泵，或发生蜡卡等），电控箱内的保护原件失灵。

(4) 电控箱内电流调整值调得太大，长时间超载运转导致电动机烧坏。

(5) 定子与转子相互摩擦。

(6) 定子绕组短路或绕组接地。

2. 预防故障的方法

预防电动机烧坏的事故，要严格遵守抽油机启、停操作规程。

(1) 对长期不用、停用的电动机，在使用前必须检查相间绝缘和对地绝缘，用欧姆表测定其电阻值不得低于 $1M\Omega$，检查转子是否自由运转，接线是否正确，空运转声音是否正常，零部件是否齐全完整，螺栓是否紧固。

(2) 在抽油机启动困难时，连续启动不能超过三次。

(3) 加强电路、电动机与启动设备的检修。

(4) 加强抽油机井管理，认真执行防蜡降粘制度。如热洗防蜡井，保证热洗质量；化学加药防蜡的油井，要做到均匀加药，以减轻电动机负荷。

(三十八) 电动机在运行时发生强烈振动的故障与处理

1. 故障的原因

(1) 电动机基础不平，安装不当。

(2) 电动机固定螺栓松动。

(3) 电动机皮带轮松动。

(4) 转子与定子产生摩擦。

(5) 轴承损坏。

2. 处理故障的方法

(1) 将基础垫平，上紧电动机固定螺栓。

(2) 调整皮带轮至同心位置并固定紧皮带轮。

(3) 检查转子铁芯，校正转子轴。
(4) 转子与定子产生摩擦应送修理厂修理。
(5) 更换轴承。

（三十九）启动电动机时，电动机只发出嗡嗡响声而不转动的故障与处理

1. 故障的原因

(1) 一相无电或三相电源电压不平衡。
(2) 抽油机负荷过重。
(3) 抽抽机刹车未松开或抽油泵被卡。
(4) 磁力启动器触点接触不良或被烧坏。
(5) 电动机接线盒接线螺栓松动。

2. 处理故障的方法

(1) 接通缺相电源，待电压平衡后启动抽油机。
(2) 查明过载原因，解除超载负荷。
(3) 松开刹车，进行井下解卡。
(4) 调整好触点弹簧或更换磁力启动器。
(5) 上紧电动机接线盒内接线螺栓。

（四十）电动机启动时熔断器熔断的故障与处理

1. 故障的原因

(1) 熔断丝选择太细。
(2) 定子线圈一相首尾端接反。
(3) 定子绕组短路或绕组接地。
(4) 电动机受潮。
(5) 轴承损坏。
(6) 抽油机负荷严重过载。
(7) 传动皮带太松。

2. 处理故障的方法

(1) 应按 1.5～2.5 倍电动机额定电流选择熔断丝。
(2) 检查电动机接线。

(3) 检查定子绕组。
(4) 用兆欧表检查电动机受潮情况，并烘干。
(5) 更换新轴承。
(6) 查明过载原因，采取相应措施，解除故障。
(7) 调整皮带松紧程度。

(四十一) 电动机启动后转速较低的故障与处理

1．故障的原因

(1) 电源电压太低。
(2) 将星形接法的电动机误接成三角形。
(3) 定子线圈有匝间短路；用钳形电流表测量三相电流不平衡，电动机有局部过热。
(4) 电动机过负荷。
(5) 转子的短路环、笼条断裂或开焊；三相电流不平衡，时高时低，机身振动，并发出时高时低的嗡嗡声。

2．处理故障的方法

(1) 电源电压太低，应与供电单位联系，提高电压。
(2) 检查并正确接线。
(3) 拆卸电动机检查修理。
(4) 分析电动机过负荷原因，采取相应措施，解除故障。
(5) 拆卸电动机检查修理。

(四十二) 电动机温度过高，但电流没有超过额定值的故障与处理

1．故障的原因

(1) 环境温度过高，如暴晒等。
(2) 电动机通风道堵塞。
(3) 电动机油泥、尘土太多，影响散热。

2．处理故障的方法

(1) 防止暴晒，或更换 E 级绝缘的电动机。
(2) 疏通通风道。
(3) 清洁电动机外壳，保证散热良好。

(四十三) 电动机温度过高,电流增大的故障与处理

1. 故障的原因

(1) 电动机过负荷,如油稠、结蜡等。
(2) 电源电压过高或过低,或三相电压严重不平衡。
(3) 定子绕组相间或匝间短路。

2. 处理故障的方法

(1) 分析电动机过负荷原因,采取相应措施,解除故障。
(2) 电源电压过高或过低,或三相电压严重不平衡,应与供电单位联系。
(3) 拆卸电动机检查修理。

(四十四) 电动机轴承内有响声的故障与处理

1. 故障的原因

(1) 轴承过度磨损。
(2) 滚珠损坏。
(3) 轴承内环在轴上装得不紧固。

2. 处理故障的方法

更换合适的新轴承。

(四十五) 电动机轴承过热的故障与处理

1. 故障的原因

(1) 润滑油过少。
(2) 润滑油过脏,油内有杂质或变质。
(3) 传动皮带太紧,轴承受的压力大。
(4) 轴承外环对轴承端板压得太紧。
(5) 轴承损坏。
(6) 轴弯曲。
(7) 电动机端盖松动或没有装好。
(8) 跑外圈。

2．处理故障的方法

（1）加填适量润滑油。
（2）更换适量润滑油。
（3）调整皮带松紧程度。
（4）检修轴承或更换合适的新轴承。

（四十六）抽油机整机振动的故障与处理

1．故障的现象

检查抽油机时，发现支架摆动，底座和支架振动，电动机发出不均匀噪声。

2．故障的原因

（1）底座原因：主要有地基建筑不牢固；底座与基础接触不实，有空隙；支架底板与底座接触不实。

（2）载荷与对中原因：主要有驴头—井口对中误差大；悬点载荷过重，超载；平衡率不够；井下抽油泵刮卡现象或出砂严重；减速器齿轮打齿。

3．检查方法

（1）检查基墩与底板接触是否牢固。如果不牢固，当抽油机上行时基墩跟着抽油机的上行而上升，下行时又回到原位，此种故障多发生在墩式基础的第一、第二基墩上。下雨时发现比较明显的稀泥从基础与大地的缝隙中被挤出来，此种故障是底板的预埋件与基墩的焊接开焊，造成整机振动过大。

（2）检查基墩和底座的连接部分、斜铁是否松动，紧固螺栓是否松动。

（3）检查支架的三条支腿底座与抽油机的底座连接部分、两条前支腿部位水平是否达到要求，是否有缝隙。后支腿是否有缝隙、接触不牢固。抽油机运转时，梯子是否晃动严重。

（4）若驴头对中误差大，严重超出规定范围。检查时可卸掉负荷，用垂线法测量驴头对中情况。

（5）通过测示功图可以得到驴头悬点负荷是否严重超载。井下更换大泵、加深泵挂或抽汲参数不合理（冲程大、冲数快）时，会造成悬点负荷和惯性负荷的增加而使整机严重超载，应及时处理，不然可能造成拉断悬绳器、游梁、横梁等事故发生。

（6）可用钳形电流表检测平衡率。抽油机严重不平衡时，电动机上下冲程速度不一致，电动机发生不均匀的噪声。

（7）井下碰泵、刮卡现象也可造成整机的振动。每上下一次都有一次卸载、增载，抽油机摇摆、晃动，产生很大的冲击振动，还可造成其他部件损伤。

(8) 减速器齿轮打齿或左右旋齿松动时，减速器噪声很大、机身振动很大。可打开减速器检查孔，检查齿轮是否有打齿现象。

4．处理故障的方法

(1) 如基墩与底板预埋件开焊，可挖出基墩至底板预埋件重新焊接。

(2) 基墩与底座的连接部位不牢时，可重新加满斜铁，重新找水平后，紧固各部螺栓，并备齐止退螺帽。将斜铁块点焊成一体，以免斜铁脱落。

(3) 支架与底座有缝隙时，可用金属垫片找平，重新紧固。

(4) 驴头—井口不对中时，应及时调整对中。

(5) 严重超载时，应及时调小冲程、冲数，或换小泵径，或更换大机型等。

(6) 平衡率不够时，应及时调整平衡，平衡率应不小于85%。

(7) 发现碰泵现象时，应及时调整防冲距；发现刮卡现象时，应将抽油杆调整一个位置，直至不刮卡为止。

(8) 如减速器齿轮打齿，应立即更换。左右旋齿松动应及时更换，否则会造成更大的损坏。

（四十七）抽油机曲柄销在曲柄圆锥孔内松动或轴向外移拔出的故障与处理

1．故障的现象

检查抽油机时，能听到周期性的轧轧声。严重时，地面上有闪亮的铁屑，发生掉游梁的事故（也叫翻机事故）。

2．故障的原因

(1) 曲柄销上的止退螺帽松动或开口销未插，使冕型螺母退扣。

(2) 销轴与销套的结合面积不够，或上曲柄销时锥套内有脏物。

(3) 销轴与销套加工质量不合格。

(4) 曲柄销套的圆锥已被磨损。

3．处理故障的方法

重新安装曲柄销，将旧销打出冲程孔，检查锥套是否磨损。检测曲柄销轴与锥套的配合情况。在锥套里抹上黄油，将曲柄销轴插入锥套内压紧，再拉出来看销轴上有多少面积粘有黄油，即可看到销与锥套的结合面积有多少，加工合格的锥套其结合面积应能达到65%以上。如果结合面积很小，可视为加工不合格，应更换。重新安装曲柄销时，应按操作规程和技术要求装配。

(四十八)抽油机连杆刮碰曲柄旋转平衡块的故障与处理

1．故障的现象

有规律的声响。当抽油机运转到某一位置时发生声响,连杆和平衡块发生摩擦的部位有明显的痕迹。

2．故障的原因

(1) 游梁安装不正,游梁中心线与底座中心线不重合。
(2) 平衡块铸造不符合标准,凸出部分过高。
(3) 曲柄面与平衡块底面不平。

3．处理故障的方法

(1) 调整游梁位置,使其与曲柄完全一致。游梁中心线应与底座中心线重合在一条线上,可用中央轴承座的前后4条顶丝调节。
(2) 削去平衡块上突出过高的部分,可采用手提砂轮机磨掉多余部分。
(3) 在曲柄面与平衡块底面之间加垫铁。

(四十九)抽油机减速器漏油的故障与处理

1．故障的现象

(1) 减速器发热,油箱温度高。
(2) 油从减速器上盖和底座的合口处或从输入轴、中间轴、输出轴的油封处一滴一滴或一股一股地流出。

2．故障的原因

(1) 减速器内润滑油加得过多。
(2) 合箱口不严,螺栓松或没抹合箱口胶。
(3) 减速器回油槽堵。
(4) 油封失效或唇口磨损严重。
(5) 减速器的呼吸器堵,使减速器内压力增大,从油封处漏油。

3．处理故障的方法

(1) 打开减速器放油孔,放掉减速器内多余的润滑油,箱内的油面应在油面检视孔的1/3~2/3部位。
(2) 箱口不严可重新进行组装。组装时应抹合箱口胶,如无合箱口胶时,可用密封脂替代。如是箱口螺栓松动，可紧固箱口螺栓。

(3) 检查回油槽是否有脏物堵塞，清理干净。因现场采用的减速器润滑方式是飞溅式润滑和重力式润滑的混合式润滑，油道堵后油不能退回到箱内，造成合箱口渗油、漏油。

(4) 油封在运转一段时间之后应在二级保养时更换，但有时不能更换，造成了油封的唇口磨损严重而漏油，应更换新油封。

(5) 减速器呼吸器堵塞造成漏油，拆洗清理呼吸器。

(五十) 抽油机减速器内有不正常的敲击声的故障与处理

1．故障的原因

(1) 抽油机严重不平衡，冲次太快。
(2) 轴上齿轮与轴的配合松弛，发生位移。
(3) 齿轮制造不正确，齿轮过度磨损或折断。
(4) 轴承磨损或损坏。

2．处理故障的方法

(1) 调整平衡，使上、下冲程的平衡度达到平衡的要求。
(2) 调慢冲次。
(3) 送修理车间修理或更换。
(4) 更换减速器。
(5) 更换新轴承。

(五十一) 抽油机减速器轴承发热或有不正常响声的故障与处理

1．故障的原因

(1) 润滑油不足或太脏。
(2) 轴承盖或密封部分松动，产生摩擦。
(3) 轴承损坏或磨损，滚珠破碎。
(4) 齿轴制造不精确，三轴线不平行。
(5) 轴承跑外圈。

2．处理故障的方法

(1) 加足润滑油或更换为干净的润滑油。
(2) 拧紧螺栓，固定好轴承盖及密封部位。

（3）更换轴承。
（4）送修或更换成标准减速器。
（5）用垫片调整好间隙。

（五十二）抽油机减速器大皮带轮松滚键的故障与处理

1．故障的现象

在运转时减速器大皮带轮晃动，有异常声响。

2．故障的原因

（1）大皮带轮端头的固定螺栓松，使皮带轮外移。
（2）大皮带轮键不合适。
（3）输入轴键槽不合适。

3．处理故障的方法

（1）紧固大皮带轮的端头固定螺栓，锁紧止退锁片。
（2）更换大皮带轮键，检查输入轴键槽是否有损坏，如有损坏应更换输入轴。如果键槽是好的，即可根据键槽重新加工键。

（五十三）抽油机刹车不灵活或自动溜车的故障与处理

1．故障的现象

（1）刹车时不能停在预定的位置，拉刹车时感觉很轻。
（2）松刹车时刹车把推不动。

2．故障的原因

（1）刹车行程未调整好——行程过大，拉到底时刹车片才起作用。
（2）刹车片严重磨损。
（3）刹车片被润滑油染（脏）污，起不到制动作用。
（4）刹车中间支座润滑不好或大小摇臂有一个卡死，拉到位置后刹车仍不起作用。

3．处理故障的方法

（1）调整刹车行程在 1/3～2/3 之间，并调整刹车凸轮位置，保证刹车时刹车蹄能同时张开。
（2）更换严重磨损的刹车片，取下旧刹车片，重新铆上新刹车片。
（3）清理刹车毂里的油迹，确保刹车毂与蹄片之间无脏物、油污。如果是刹车毂一侧的油封漏油，应更换油封。

（4）把刹车中间支座拆开，因里面是铜套需要润滑，拆开后清理油道，加注黄油即可。两个摇臂要调整好位置，不得有刮卡现象。

（五十四）抽油机尾轴承座螺栓松的故障与处理

1．故障的现象

尾轴承固定螺栓剪断、螺栓弯曲，尾部有异常声响，轴承座发生位移。

2．故障的原因

（1）游梁上焊接的止板与横梁尾轴承座之间有空隙存在。尾轴承座后部有一螺栓穿过止板拉紧尾轴承座，该螺栓未上紧，紧固尾轴承座的4条螺栓松动，或无止退螺帽。

（2）上紧固螺栓时，未紧贴在支座表面上，中间有脏物。

3．处理故障的方法

（1）止板有空隙时，可加其他金属板并焊接在止板上，然后上紧螺栓。

（2）重新更换固定螺栓并加止退螺帽，打好安全线加密检查。

（五十五）抽油机尾轴承座螺栓拉断的故障与处理

1．故障的原因

（1）螺栓松动，未上紧，造成扭断、剪断或自动脱扣。

（2）螺栓强度不够或不符合规定。

（3）抽油机严重不平衡。

（4）基础不均匀沉降。

（5）抽油机振动或长期超负荷工作。

（6）曲柄剪刀差过大或连杆长度不一致。

2．处理故障的方法

（1）上紧螺栓与备帽，经常检查，发现问题及时停机处理。

（2）更换强度足够的合格螺栓。

（3）重新调整抽油机平衡。

（4）校正底座与基础水平。

（5）找出振动和超负荷运转原因，并消除。

（6）调整剪刀差，更换同等长度的连杆。

(五十六）抽油机游梁顺着驴头方向（前）位移的故障与处理

1．故障的现象

原位对正井口，发现光杆被驴头顶着上升，并伴有声响，振动增加。

2．故障的原因

（1）中央轴承座固定螺栓松前部的两条顶丝未顶紧中央轴承座。中央轴承座固定螺栓松动，使游梁位移。
（2）游梁固定中央轴承座的 U 形卡子松动，使游梁向驴头方向位移。

3．处理故障的方法

卸掉驴头负荷，使抽油机停在接近上死点，使游梁回到原位置上，检查 U 形卡子是否有磨损，如无磨损上紧 U 形卡子螺栓；如中央轴承座松，可用顶丝将中央轴承座顶回原位，扭紧固定螺栓。

（五十七）抽油机游梁不正的故障与处理

1．故障的现象

游梁不正可导致驴头歪，支架轴承有响声，驴头—井口对中差等。

2．故障的原因

（1）抽油机组装不合格。
（2）调冲程、换曲柄销子操作不当，造成游梁扭偏。
（3）两根连杆长度不一致。
（4）曲柄冲程孔位置不对称。

3．处理故障的方法

（1）重新组装抽油机。
（2）校正游梁。
（3）换长度相同的连杆。
（4）更换标准曲柄。

（五十八）抽油机平衡块固定螺栓松动的故障与处理

1．故障的现象

检查时，发现有规律的声响，上、下冲程各有一次。严重时平衡块掉到地上，拉掉曲柄上的牙，使曲柄报废。雨后能够看到螺栓部位有水锈的痕迹。

2．故障的原因

紧固螺栓松动，曲柄平面与平衡块之间有油污或脏物。

3．处理故障的方法

将曲柄停在水平位置，检查紧固螺栓及锁紧牙块螺栓，回复到原位置，上紧紧固螺栓。

（五十九）抽油机曲柄在输出轴上外移的故障与处理

1．故障的现象

曲柄在输出轴上向外移，从后面看抽油机连杆不是垂直而是下部向外，严重时掉曲柄，造成翻机事故。

2．故障的原因

(1) 曲柄键不合格，输出轴键槽与曲柄键槽有问题。
(2) 曲柄大孔拉紧螺栓松动或断。

3．处理故障的方法

(1) 更换键或加工异形键。
(2) 紧固曲柄大孔拉紧螺栓或更换曲柄大孔拉紧螺栓。

（六十）抽油机悬绳器毛辫子偏在驴头一边的故障与处理

1．故障的现象

悬绳器毛辫子不在驴头弧面中间而偏在驴头一侧，或毛辫子侧磨驴头。

2．故障的原因

(1) 驴头制作不正。
(2) 游梁倾斜或歪扭。
(3) 底座安装不正。

3．处理故障的方法

(1) 在驴头上翻销座下垫垫子或调节驴头的调整螺栓。
(2) 在支架平台一边加垫子，驴头向左偏可垫右边，向右偏可垫左边。

(3) 校正游梁。

(4) 调整底座水平。

(六十一) 抽油机悬绳器绳辫拉断的故障与处理

1．故障的现象

绳辫粗细不均匀，腐蚀严重，锈很多，拉断绳辫子砸在井口密封盒上。

2．故障的原因

(1) 绳辫子钢绳中的麻芯断，造成钢绳间的互相摩擦，钢绳受到的损伤很大，最后拉断钢绳。

(2) 绳辫子钢绳受到外力严重损伤，同部位断丝超过3根而检查时没有及时更换，最后拉断钢绳。

(3) 钢丝绳头与灌注的绳帽强度不够，使绳帽与钢绳脱落。

3．处理故障的方法

更换悬绳器。截取合适长度的钢绳1根，装上悬绳器的上、下压板。如果是绳帽灌注，灌绳锥套的总长度不得超过100mm。灌铅时应在绳头上打入三角铁纤2～3根起涨开作用。铅里应加入少量锌以增加强度，避免拉脱。如果是用绳卡子卡时，下方预留绳头不得超过20mm，以免运转到下死点时刺伤岗位工人。

(六十二) 抽油机驴头—井口不对中的故障与处理

1．故障的现象

抽油杆偏磨，井口密封圈夹不住，漏油。

2．故障的原因

(1) 抽油机安装质量不合格，使驴头与井口不对中。

(2) 抽油机井生产过程中发生断连杆、曲柄销脱出等，导致游梁扭偏。

(3) 抽油机基础倾斜或修井过程中采油树拉歪等。

3．处理故障的方法

(1) 松动驴头顶丝，调整顶丝。

(2) 调整游梁，使驴头与井口对中。

(3) 校正采油树。

（六十三）抽油机皮带松弛的故障与处理

1．故障的现象

（1）单根皮带有松有紧。
（2）联组皮带有跳动的现象、波浪状起伏的现象。
（3）打滑并伴有异常声响。
（4）起火而烧毁皮带。
（5）脱落掉在地上。

2．故障的原因

（1）使用的皮带长度不一致。
（2）电动机滑轨的固定螺栓松弛。
（3）电动机固定螺栓松弛。
（4）皮带拉长。

3．处理故障的方法

（1）选择合适的、长度一致的皮带。如果是新皮带就长短不一，可将长的用在一组，短的用在一组。
（2）紧固松弛的螺栓，并顶紧对角的顶丝。
（3）调整皮带的拉紧度，因皮带用一段时间后肯定会拉长，因此应相应的调整，以保持皮带的拉紧度，以单根皮带翻转180°松手即能回复到原样为合适，联组带手掌下压一指松开即复位为合适。

（六十四）抽油机启动不起来的故障与处理

1．故障的原因

（1）井内负荷过大，抽油机型号小。
（2）抽油机严重不平衡。
（3）抽油机传动皮带松。
（4）电动机两相电启动。
（5）熔断器熔断。

2．处理故障的方法

（1）找出负荷过大的原因并清除，更换大型号抽油机。
（2）调整抽油机平衡。
（3）调整抽油机皮带松紧度。

(4) 检查电源和电动机并排除故障。
(5) 更换负荷规定的熔断器。

(六十五) 抽油机翻机事故与预防

翻机事故是指抽油机游梁从支架上翻落下来，是抽油机管理中的重大事故。发生翻机事故主要是抽油机游梁失去平衡所致。

1．翻机事故的原因

(1) 连杆故障：连杆上销固定螺栓松动，使连杆上销脱出，拉翻抽油机；连杆上、下连接头的焊口开焊；两连杆长度不一致或两连杆不平行，使横梁两端受力平衡破坏，拉翻游梁。

(2) 曲柄销故障：曲柄销总成与连杆的连接螺栓松动或拉断，使游梁失去平衡；曲柄销轴端固螺母松动，曲柄销松动或脱出冲程孔，使游梁失去平衡。

(3) 平衡块脱落：抽油机一侧的平衡块脱落，导致两连杆及横梁两端受力不均衡而翻机。

(4) 横梁故障：横梁轴承固定螺栓松动或断开；横梁轴承顶丝松动；横梁轴承串轴，使横梁失去平衡。

(5) 支架轴承故障：支架轴承串轴，使游梁失去平衡；支架轴承固定螺栓松动；支架轴承顶丝松动等。

2．翻机事故的预防措施

(1) 认真进行日常的巡回检查，应特别着重检查游梁—曲柄—连杆机构。发现异常声响及现象应停机细查。

(2) 关键部位有防松记号。在抽油机的主要部位，如曲柄销轴螺母，支架轴承与横梁轴承固定螺母，连杆上、下固定螺栓等部位及键上，要画上防松记号。一旦发现螺母上的防松记号错位，应立即停机细查，紧固。

(3) 抽油机安装防翻报警装置。

(4) 在抽油机维修保养中，应细心检查每一个螺栓、开口销和垫片。及时更换不可靠的紧固件。着重于连杆、曲柄销、中轴承、尾轴承等紧固及各焊口的检查。发现事故隐患，及时处理。

(六十六) 抽油机井巡回检查

1．抽油机井巡回检查要求

巡回检查是按照巡回检查制度规定的路线，每隔一定的时间，按照规定的内容要点进行的一次详细检查。

(1) 检查抽油机时,要按巡回检查路线,先检查抽油机一侧,再检查抽油机另一侧。

(2) 抽油机井至少 4h 巡回检查一次,对生产不正常井及遇特殊情况应增加检查次数。

(3) 巡回检查时,携带常用工具与用具,对设备进行例行保养,及时处理发现的问题。对本班不能处理的问题,及时向领导反映。

(4) 巡回检查时,认真对各检查点进行听、看、摸、测、闻等检查,发现可疑迹象(如铁粉与铁锈、油迹、防松线移位、运转中发现"吱吱"响声等)应停机检查。

(5) 巡回检查的同时准确记录油井的资料数据。

2. 抽油机井巡回检查安全要求

(1) 巡回检查时,人要站在安全位置观察抽油机工作情况。如要细查,应停止抽油机。

(2) 抽油机运转时,绝对不允许触摸抽油机各部位,如按三角皮带、摸连杆轴承盒等。

(3) 停机检查时,要在停机后断开电源总闸,刹紧刹车器后方可登上抽油机细查。

(4) 检查配电箱时,不得乱动箱内电气器件,防止触电,发现异常由电工处理。

3. 抽油机井巡回检查内容

抽油机井巡回检查内容见表 1-2。

表 1-2　抽油机井日常巡回检查表

序号	检查点	检查内容	解决方法	备注
1	井口	检查光杆有无弯曲、带毛刺;检查光杆带油水情况,观察光杆运动情况,光杆与驴头是否同步;检查各阀门开关是否正确,检查流程渗漏情况;检查井口保温流程工作情况;检查录取油压、套压、温度,控制套压,放套管气;光杆外漏 0.8~1.5m,杆帽安装良好;井口是否装有防脱卡	调整密封盒;维修、更换;调节掺水温度,控制合理套压生产	摸、看
2	悬绳器(驴头)	观察钢丝绳有无拨脱、断丝,观察钢丝绳有无侧磨驴头;观察悬绳器上、下盘是否平行,上、下冲程时悬绳器有无来回扭动;观察光杆卡子是否卡牢,有无松脱移位;检查驴头、悬绳器、光杆是否对准井口中心位置	调整;更换	查、看
3	曲柄	观察减速箱输出轴连接键有无松动;检查曲柄大孔拉紧螺栓有无松动	调整;紧固	查、看

续表

序号	检查点	检查内容	解决方法	备注
4	平衡块	观察平衡块与曲柄连接螺栓有无松动；观察齿形锁块是否嵌在曲柄齿槽内，锁块是否固定良好	调整；紧固	查、看
5	中轴承（支架轴承）	听轴承有无异常声响；检查连接螺栓紧固情况，防松记号有无移位；检查润滑情况是否良好	调整；紧固	查、看、听
6	尾轴承（横梁轴承）	听尾轴承有无异常声响；听检查连接紧固情况，防松记号有无移位；检查润滑情况是否良好	调整；紧固	查、看、听
7	连杆	听连杆上销有无声响，观察紧固螺栓是否松动；观察连杆与曲柄或连杆与平衡块间有无摩擦；听曲柄销轴承有无声响，摸轴承盒是否发热；听曲柄销子有无声响，观察螺母、销钉等有无松动	调整；紧固；更换	查、看、听、摸
8	变速箱	听减速箱工作时有异常声响；观察减速箱输出轴端运行时是否振动或窜动；观察减速箱有无渗漏；检查减速箱润滑情况是否良好	紧固；更换	查、看、听
9	底座（底盘）	观察底座与基墩在抽油机运行时有无相对张合；检查底座固定螺栓有无松动、拉断，检查减速箱、支架、刹车支座与底座是否固定，是否有缺失部件	调整；紧固；更换	查、看
10	三角带轮	观察皮带是否完好、齐全；观察皮带轮固定键是否牢固；观察皮带松紧程度是否合适	调整；紧固；更换	看、摸
11	电动机	检查电动机风罩、风叶是否完好；检查接线盒是否完好；检查电动机底脚螺栓固定情况，是否有悬空；检查前后顶丝是否顶紧电动机，测电动机温度，应小于60℃；听电动机运行声音是否正常，是否均匀，是否有杂音；用钳形电流表检查抽油机的平衡情况；有无漏电现象	调整；紧固	看、听、摸、测
12	刹车装置	观察刹车把位置是否正常，刹车处于刹死位置时，刹车架上的齿盘余4齿为宜；检查刹车连杆各部连接是否牢固，刹车在运行中是否自如，是否有摩擦声	调整、校对	看、摸
13	配电箱	观察电流表、电压表，并记录数值；听磁力启动器工作有无杂音，若吸合不好，检查原因；闻配电箱内有无怪味；有无漏电现象	调整；更换	看、听、闻、测
14	变压器	听变压器工作有无杂音；检查变压器内变压器油数量适当；检查变压器接地是否良好	发现问题及时上报	查、听
15	井场	井场无油污、无积水、无杂草、无明火、无散失器材；必须有醒目的井号标志和安全警示标志	整改	看

（六十七）采油井井口装置危害识别与风险削减措施

采油井井口装置危害识别与风险削减措施见表1–3。

表1–3　采油井井口装置危害识别与风险削减措施汇总表

事故类型	危险或危害	原因分析	风险削减措施
机械伤害	阀门或阀体零部件老化	在地面压力作用下零部件脱出伤人	及时更换设备；开关阀门时要侧身
	在未泄压或压力未泄尽情况下拆卸阀体	零部件在压力作用下脱出伤人	检修操作必须在完全泄压后进行
跌落事故	井场不平整，有障碍物	行走不慎被绊倒	及时清理保证井场平整
	井场积水、结冰	行走不慎滑倒	及时清理污水与冰雪
火灾事故	未及时清除易燃物	秋季井场周围有干草，遇明火点燃	井场周围2m以内杂草必须除净
		井场周围存放粘油渍物品，遇明火点燃	及时清理油渍物品，确保井场内无废物、散失器材
		井口跑油未及时处理，遇明火点燃	及时清理跑油，确保井场内清洁无油
	违规动火	在不符合动火条件下强行动火或动火时操作不规范	必须按照动火作业的要求进行

(六十八) 抽油机井潜在风险与风险削减措施

抽油机井潜在风险与风险削减措施见表1-4。

表1-4　抽油机井潜在风险与风险削减措施汇总表

事故类型	风险预想	潜在后果	危险点源	风险削减措施
泄漏事故	1. 管线、阀门、法兰连接不严密	1. 影响正常生产； 2. 污染环境； 3. 容易引起火灾； 4. 员工伤亡； 5. 造成经济损失	生产流程；高压管线；光杆密封装置	加强对工艺管线各部位的检查，对锈蚀、穿孔及时维修，保障工艺管线完好无渗漏
	2. 管线腐蚀严重，管线穿孔，造成泄漏		生产流程；高压管线	减轻管线的腐蚀，可采取防腐、更换管线等相应保护措施。发现管线穿孔，要及时处理和控制污染范围并补漏
	3. 流程错误，造成憋压，使密封圈刺油或管线穿孔		光杆密封装置	加强巡回检查和技能培训
	4. 员工责任心不强，井口阀门未关严，漏油气		光杆密封装置	加强检查和维护，发现异常，及时处理
	5. 泄漏时遇到火源		生产流程；高压管线；光杆密封装置	当发生泄漏时要杜绝各种火源
	6. 抽油杆断脱		光杆	确定合理的热洗周期，保证抽油机"五率"合格并处于合理的工作制度
着火事故	1. 井场周围有大量油污或易燃物存在时动用明火	1. 影响正常生产； 2. 污染环境； 3. 员工伤亡； 4. 井口设备损坏，造成重大经济损失	基础	及时对井场周围进行清理，周围设有安全防火道
	2. 井口发生油气泄漏时，遇明火或进行动火施工		光杆密封装置	认真检查井口设备，及时整改泄漏点，需要进行动火作业时，要严格履行审批手续

续表

事故类型	风险预想	潜在后果	危险点源	风险削减措施
机械伤害	1. 员工安全意识不强，违章操作	1. 转动部分卷入头发或衣裤，造成人员伤亡； 2. 设备损坏	曲柄销子；皮带；电动机	加强安全意识教育，遵守操作规程
	2. 员工上岗操作工服衣袖过长，女工没有戴工帽		皮带	员工上岗操作按规定穿戴合适的工服，女工要戴好工帽，将头发压在帽内
	3. 船型底座及箱筒内有工具等杂物		底座	清除船型底座及箱筒内工具等杂物
	4. 抽油机旋转部分易伤人		曲柄平衡块；皮带；电动机	员工上岗操作时应在安全距离以外，旋转部位应有安全警示，在居民区的井应有围栏
	5. 悬绳器过长，防掉卡子过低或绳辫子有拔脱、断丝现象		绳辫子	认真检查，及时更换，抽油机运转时禁止在光杆上及密封盒以上进行任何操作
	6. 抽油机驴头安装错位，驴头销子及顶丝损坏、松动或没有		驴头	正确安装驴头，修复或更换驴头销子或顶丝
	7. 刹车行程过大、过小或不好使		刹车装置	调整、更换或修复好刹车
触电事故	1. 线路及低压配电箱、电动机、电源开关等电气设备漏电	造成员工伤亡	电动机；配电箱	安装合格的漏电保护装置，严禁私拉乱扯电线
	2. 电气设备无接地保护		电动机；配电箱	按规定对电气设备接零和接地线路进行检测和维修
	3. 雨天电气设备漏电		电动机；配电箱	增强安全意识，做好电气设备雨天防护工作
	4. 非专业人员维修		电动机；配电箱	必须由持证专业人员进行维修
	5. 带负荷拉闸或因电气设备潮湿造成漏电		电动机；配电箱	操作人员穿戴绝缘护具；不能用湿手启停电气设备，不能用湿布擦电气设备；拉闸时先停掉负荷

续表

事故类型	风险预想	潜在后果	危险点源	风险削减措施
高空坠落	1. 员工安全意识不强	造成员工伤害	中轴;尾轴;减速箱;绳辫子	登高前要有高度的安全防护意识
	2. 天气原因,下雨或大风		中轴;尾轴;减速箱;绳辫子;梯子	四级以上大风或雨雪天气禁止进行高空作业
	3. 没有安全防护措施		中轴;尾轴;减速箱;绳辫子;梯子	要穿工服、工鞋作业,登高作业时系好安全带
	4. 员工身体状况不佳或突然生病		中轴;尾轴;减速箱;绳辫子;梯子	员工身体状况不佳时,要向值班干部汇报,以便另行安排人员

三、抽油机井"三图"的应用

(一) 抽油机井动态控制图的应用

抽油机井动态控制图是把油层供液能力与抽油泵的抽油能力有机地结合起来,在直角坐标系中把井底流压与抽油泵泵效描绘出来,非常直观地显示出一口井或一批井所处的生产状态。

1. 油层的供液能力

抽油机在抽汲过程中,油层中的液体连续不断地向井底供液,当流压大于饱和压力时,油层中的液体处于单相渗流,其流量与生产压差呈线性关系,采液指数为常量;当流压低于饱和压力时,在注水开发的油田,油层中为油、气、水三相渗流,采油指数随着流压的降低而下降,流压与产量的关系式由沃格尔方程来描述,如图1-53所示。

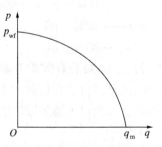

图1-53 油层供液量与油井流动压力的关系

$$\frac{q}{q_m} = 1 - 0.2 \frac{p_{wf}}{p_t} - 0.8 \left(\frac{p_{wf}}{p_t}\right)^2$$

式中 q——产液量,t/d;

q_m——当流压为零时的油井产液量,t/d;

p_{wf}——油井流压，MPa；

p_t——油层静压，MPa。

沃格尔方程描述了井底流压与油层流入井底的流量之间的关系，这种关系有以下三种状态：

（1）当流压等于泵的沉没压力时，油层流入动态的 IPR 曲线。

（2）当流压大于泵的沉没压力时，油层流入动态的 IPR 曲线与 $p_{wf} = p_s$ 时 IPR 曲线比较，向里位移。

（3）当流压小于泵的沉没压力时，油层流入动态的 IPR 曲线与 $p_{wf} = p_s$ 时 IPR 曲线比较，向外位移。

2. 抽油机井的排液能力

1）抽油泵的排量

由抽油机、抽油杆、油管和抽油泵组成的机械抽油系统，可以连续不断地把油层中流入井底的液体举升到井口，机械抽抽系统的排液能力大小，是由抽油机的冲次、冲程和抽油泵泵径所决定，其理论排量为：

$$Q_p = knS$$

式中　Q_p——抽油泵的理论排量，m³/d；

k——抽油泵排量系数，k 在数值上等于 $1440\frac{\pi}{4}D_p^2$，D_p 为抽油泵直径，单位为 m，各种直径抽油泵的排量系数是一定的；

n——冲数，min^{-1}；

S——冲程，m。

2）抽油泵的有效举升高度

抽油泵是沉没在液体中工作的，泵的入口压力即为沉没压力 p_s，泵的出口压力 p_o 近似等于泵出口上面的液柱压力，则泵的有效举升高度为：

$$H \approx (p_o - p_s)/(\rho g) \times 1000$$

式中　p_s——沉没压力，MPa；

p_o——油管液柱压力，MPa；

ρ——液体相对密度；

g——重力加速度，9.8m/s²。

3）抽油泵泵效

抽油泵在举升过程中，克服各种阻力，把单位质量的液体举升到井口。抽油泵泵效是指抽油泵的实际排量与泵的理论排量之比，即：

$$\eta = q/Q_p$$

式中 Q_p——抽油泵的理论排量，m^3/d；

q——抽油泵的实际排量，m^3/d；

η——泵效，%。

影响抽油泵泵效的因素有游离气、溶解气、冲程损失、泵筒间隙、漏失等。其理论泵效应为：

$$\eta_0 = \eta_1 \eta_2 \eta_3 \eta_4 \eta_5$$

式中 η_0——理论泵效，小数；

η_1——只考虑游离气影响时泵的充满系数；

η_2——只考虑余隙中气体膨胀减小柱塞有效行程时泵的充满系数；

η_3——油管及抽油杆弹性伸缩产生冲程损失时的冲程效率；

η_4——只考虑溶解气影响时泵的充满系数；

η_5——只考虑泵筒、阀漏失影响时泵的充满系数。

上述各影响因素都可以表示为沉没压力的函数，当沉没压力一定时，可以分别计算出数值的大小。

4）抽油泵抽汲时的工况点

抽油泵通过举升管路，把套管内的液体吸入泵内，然后通过泵出口把液体输送到油管内，泵向液体提供能量，使液体沿管路向上运动，管路则给予阻力消耗液体能量。假如在某一排量下泵给液体的能量（举升高度 H_t）正好等于管路要求液体所具有的能量，在举升高度与排量关系曲线上的 M 点就是该系统的工况点，如图1-54所示。

排量 q 和举升高度 H 是工况点 M 的两个参数，其中排量 q 也正是油层流入井底的流量，所以，M 点也就 IPR 流入状态曲线上的一个点，如图1-55所示。

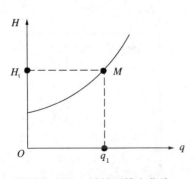

图1-54 抽抽泵排出曲线

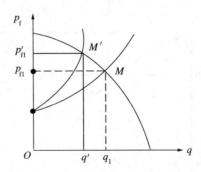

图1-55 油层流入与泵排出曲线

5) 泵效与流压的关系

抽油泵泵效 η 随着井口产液量变化而变化,当井口的产液量等于泵的理论排量($q=Q_p$)时,$\eta=1$,泵的效率最高。井口产液量逐渐下降时,η 也逐步变小。当油层流入井底的流量大于举升的排量,则工况点 M 移动,井底流压增加。当工况点移动到 M' 点时,油层流入井底的流量 q' 正好等于抽抽泵的举升排量时,M 点达到了新的工况点,使油层供液与泵的排液相互协调,则有公式:

$$\eta = \frac{q}{Q_p} = \frac{q_m \left[1 - 0.2\left(\frac{p_{wf}}{p_t}\right) - 0.8\left(\frac{p_{wf}}{p_t}\right)^2\right]}{Q_p}$$

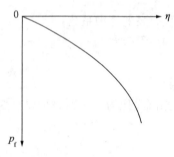

图 1-56 $H_p=H_m$ 时,η 与 p_{wf} 关系图

抽油泵理论泵效可用上式计算,给定一个流动压力就可以计算出一个泵效,泵效是井底流压的函数。

(1) 当抽油泵泵挂深度等于油层中部深度($H_p=H_m$)时,沉没压力等于井底流压,即 $p_s=p_{wf}$,此时泵效与流压的关系曲线如图 1-56 所示。

(2) 当抽油泵泵挂深度大于油层中部深度($H_p>H_m$)时,沉没压力与流压相差一段液柱压力,即 $p_s=p_{wf}+\Delta p$,此时泵效与流压的关系曲线的原点向上移一个 Δp,如图 1-57 所示。

(3) 当抽油泵泵挂深度小于油层中部深度($H_p<H_m$)时,则流压与油层压力也相差一段液柱压力,即 $p_s=p_{wf}-\Delta p$,此时泵效与流压的关系曲线的原点向下移一个 Δp,如图 1-58 所示。

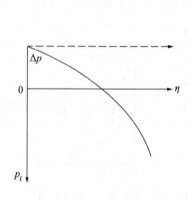 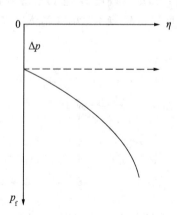

图 1-57 $H_p>H_m$ 时,η 与 p_{wf} 关系图   图 1-58 $H_p<H_m$ 时,η 与 p_{wf} 关系图

3. 抽油机井动态控制图

根据以上所述,可以绘制抽油机井动态控制图,如图 1-59 所示。

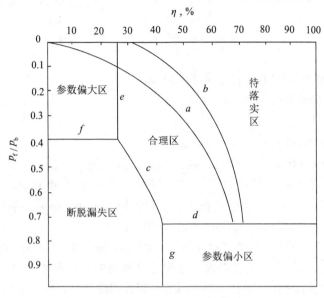

图 1-59　抽油机井动态控制图

1) 选定坐标

(1) 根据井深、下泵深度及原油物性,选定最大泵效和最大流压,确定出框图的大小。

(2) 选定坐标名称,横坐标为抽油机井泵效,单位为 %,纵坐标为流压或流饱比,单位为 MPa 或无量纲。

2) 确定区域界线

泵效的计算公式选定后,可以用它来计算抽油机井动态控制图的三条泵效线。公式中除泵效和流压外,其他参数都是已知的。这样,每给定一个流压值就可算出相对应的泵效,在流压和泵效的二维坐标上就可找到一点,无数点就可组成一条曲线。

(1) 平均理论泵效线 a 的确定。平均理论泵效线是指一个油田在平均下泵深度和平均含水等条件下的理论泵效。取 $H_p = H_m$,$p_s = p_{wf}$,$\Delta p = 0$。

(2) 理论泵效上限 b 线的确定。理论泵效上限是指一个油田在最大下泵深度和最高含水等条件下的理论泵效。取 $H_p > H_m$,$p_s > p_{wf}$,某油田取 $\Delta p = -0.5 \text{MPa}$。

(3) 理论泵效下限 c 线的确定。理论泵效下限是指一个油田在最小下泵深度和低含水等条件下的理论泵效。取 $H_p < H_m$,$p_s < p_{wf}$,某油田取 $\Delta p = 1.5 \text{MPa}$。

(4) 最低自喷流压界限 d 线确定。这是抽油机井特有的自喷状态,是由于抽油机抽汲过程中泵失效或参数小维持下来的自喷状态,而抽油杆的往复运动一般起一定的助喷作用。因此,这种自喷压力的界限可以简化计算,只考虑重力影响和油压即可。例如,某油田的估算方法为:

$$p_{喷} = h_{折} \frac{p_s}{h_{沉}} + p_{wf}$$

式中　$p_{喷}$——抽油机井的最小自喷流压,MPa;
　　　$h_{折}$——折算动液面深度,m;
　　　$h_{沉}$——沉没度,m。

取 $p_{wf} = 7.3$ MPa 或 $p_{wf}/p_b = 0.73$。

(5) 合理泵效界限 e 线的确定。抽油泵泵效低有两种可能:一种可能是断脱漏失;另一种可能是供液不足或气体影响。两种情况必须区分清楚。在流压—泵效($p_{wf}-\eta$)坐标系中,后者只能出现在流压低的区域。例如,根据某油田的实际情况,这些曲线确定为 $\eta=25\%$ 或 $\eta=30\%$,确定方法是:

①通过示功图,以统计的方式找出存在供液不足和严重气体影响的区域。

②从抽油机设备的使用角度考虑,要保证抽油泵的充满系数大于50%。原因是:抽油机往复运动的过程中,处于一个冲程的中间处速度最高。在此时柱塞接触液面将产生冲击,对抽油杆柱及其他抽油设备产生危害,只有保证抽油泵的充满系数大于50%,在考虑冲程损失和漏失等因素后,泵效才能大于25%或30%。

(6) 供液能力界限 f 线的确定。f 线与 e 线相关联,确定方法是:

①在 $p_{wf}-\eta$ 坐标系上贴示功图,由其中出现供液不足和严重气影响的位置而定。

②由 e 线反推,因为 e 线是由 $\eta=25\%$ 或 $\eta_{充}=50\%$ 而定的。

例如,某油田取 $p_{wf} = 4.0$ MPa 或 $p_{wf}/p_b = 0.4$。

(7) 断脱漏失线 g 线的确定。在控制图高流压区(流压大于自喷压力)的井可能是好的,也可能是杆断或掉泵。为了区分这两种情况,必须找出一条一致的界线。例如,某油田取这条界线是 $\eta=43\%$ 或 $\eta=50\%$,确定方法是:

①由统计确定,在这一区域内,泵效大于50%的井中虽然有个别井是杆断或掉泵,但是大多数泵是好的。而在泵效小于50%的井中,大部分井有问题。

②从理论分析,如果一口井有潜力(参数偏小或设备偏小),那么它的自喷(或连抽带喷)的液量必须大于正抽的产液量。正抽的平均泵效为50%,故此时 $q/Q_p > 50\%$,否则,可能是泵失效。另外,由于 c 线以下均为漏失井多,所以 g 线与 e 线相接就使断脱漏区比较一致。

上述 a、b、c、d、e、f、g 七条线将控制图划分为五个区,如图 1-59 所示。五个区分别为合理区、参数偏小区、参数偏大区、断脱漏失区、待落实区。

4. 抽油机井动态控制图的制作方法

1) 制作步骤

(1) 首先，根据本油田井深、下泵深度及原油物性，选定最大泵效和最大流压，确定出框图的大小；然后选定坐标名称，纵轴一般用流压，为了加强几个区域的可比性，也可选用流饱压力比等无量纲流压；最后确定坐标的刻度。

(2) 在没有划分区域的框图中，根据流压和泵效画出该井的坐标点，井点越多，统计结果越可信。最好能标明示功图类别和含水类别，以便于统计分析，个别离散的井点最好标明井号，以便核实数据。

(3) 根据井深、流压与沉没压力的关系和原油物性，分析本油田控制图可能出现的形状。

(4) 选择计算公式，分析影响因素，计算各条界限，画图。

(5) 在已经点好井位的框图上画线分区。

(6) 分析区域划分与井点分布不符的原因。

(7) 修改影响因素或修正计算公式，重复第五步，直到满意。

(8) 在生产中试用、修改，最后由专家审定，并定出标准。

2) 控制图可能出现的形状

由于井深和原油物性不同，抽油机动态控制图可能出现的形状很多。

(1) 深井油田：当 $h_m > h_p$，$p_{wf} > p_s$ 时，Δp 可能很大，三条泵效线都要下移，如图 1-60 所示。冲程损失较大，泵效较低，图框可能细长。

(2) 无自喷能力油田：由于油井无自喷能力，存在一条死井线，在这条压力线以下井都不出油，泵效为零。死井都集中在 $\eta = 0$ 这条线上，而 $\eta = 0$ 线里边的井有可能是数据不准造成的，出现了第二个待落实区，如图 1-61 所示。

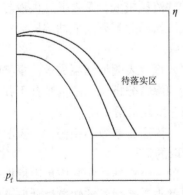
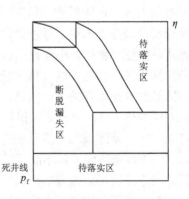

图 1-60 深井抽油机井动态控制图   图 1-61 无自喷能力油田抽油机井动态控制图

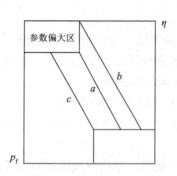

图1-62　无气影响油田抽油机井动态控制图

(3) 油井无气影响的油田：当油井伴生气特别少或含水特别高时，泵效的构成发生了变化，充满系数的影响比例减小，而冲程损失和漏失的影响突出，泵效曲线可能近似为直线，如图1-62所示。

如果上述情况同时存在，又可能组合出其他复合图形。总之，要根据本油田的实际情况制作动态控制图。

5. 抽油机井动态控制图的应用

抽油机井动态控制图中的五个区域各有其特点，对于不同区域的抽油机井应采取不同的管理方法和处理措施，使各个区域中的井都能充分发挥其生产潜力，提高全部抽油机井的管理水平。

(1) 合理区：泵效与流压协调，即抽油机井的抽油与油层的供液协调，参数比较合理，泵的沉没度合理，泵工作状况良好，系统效率高。此区域的井符合开发指标，是最理想的油井生产动态，应加强日常管理工作，使其能够长期保持正常生产。但由于下泵深度不同，油井含水不同，总有一个向最优化提高的问题。

(2) 参数偏小区：也叫潜力区，该区域的井流压较高、泵效高，表明供液大于排液能力，可挖潜上产，是一个潜力区。该区域的井的示功图显示为连抽带喷或自喷，也有一些正常示功图。当统计区块内的井能够完成产量任务时，该区域的井数应有一定的比例；当统计区块内的井完不成产量任务时，将该区域的井调大参数，增产效果明显，而对那些参数已较大的井，应换大一级抽油泵或改下电泵，提高油井的产液量，达到降压强采的目的。

(3) 参数偏大区：也叫供液不足区，该区域的井流压较低、泵效低，供液与排液失调，表现油层供液能力不足，抽汲参数偏大。该区域的井需要采取油层压裂、酸化等改造措施或调整注水量和调小参数以达到供采协调。

(4) 断脱漏失区：该区域的井流压较高，但泵效低，表明抽油泵失效，泵杆断脱或漏失。该区域的井是管理的重点对象，通过诊断和综合分析，判断清楚井下存在的问题，采取相应的热洗或检泵作业等措施，使这些井恢复正常生产。

(5) 待落实区：该区域的井流压较低、泵效高，流压与泵效不相协调，表明资料有问题，如量油不准或液面资料不准等，须核实录取的资料。

抽油机井动态控制图是检查抽油机井生产动态的一个标准，实际应用中根据生产实际数据（泵效、流压与饱和压力之比）把抽油机井点入图中，就知道该井所处的生产状态位于哪个区域，根据判断，可提出下步工作重点。

例如，图1-63所示的在待落实区域中，1号井从示功图看是抽油泵工作正常，但流压太低，说明该井重点要落实动液面深度及套压资料，同时要进行产量复查，检查落实所取资料的准确性。2号井从示功图上看抽油泵工作状况不好，但泵效较高，而流压较低，说明该井重点要落实产量问题，其次检查动液面深度。

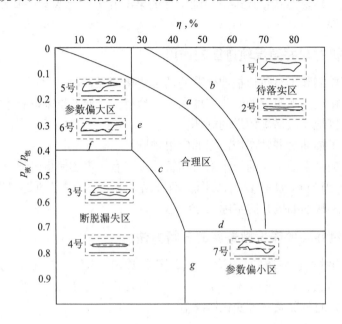

图1-63　抽油机井动态控制图应用

在断脱漏失区域中，3号井的示功图显示该井抽油泵工作正常，但泵效较低、流压较高，可能是油管发生漏失（油套管窜），所以该井要进行憋压验窜，同时核实产量。4号井的示功图显示该井泵况很差，泵效很低、流压很高，判断该井抽油泵或杆已断脱，在确认油井不出油后进行检泵修井。

在参数偏大区域中，5号井的示功图显示地层供液不足，说明该井抽汲参数过大，在油井上可采取调小生产参数、间歇抽油、作业换泵等措施；在油层上采取加强注水、进行油层改造等措施。6号井的示功图显示是气体影响造成的泵效太低，可采取控制套管气、在井下安装气锚和加大泵挂深度等措施。

在参数偏小区域中，7号井的示功图显示油井抽汲参数（冲数）较高。泵的充满程度已较高，但流压仍较高，说明该井抽汲参数过小，可调大抽汲参数或换大泵。

对于一批抽油机井，可以利用此方法将各个井的生产数据点入图中，找出每口井所处位置，然后进行统计、分析，对每个区域的井进行归类、落实，为下一步油井动态分析提供可靠的资料。

（二）抽油机井单井泵况轨迹图的应用

抽油机井单井泵况轨迹图是建立在抽油机井动态控制图的基础上的，利用抽油机井单井泵况轨迹图对每一口井的泵况进行动态监测，以达到对抽油机井的泵况进行微观控制的目的。轨迹图直接反映出抽油机井的泵况变化，为基层管理人员采取技术管理措施提供依据。

1．抽油机井单井泵况轨迹图的作用

（1）能够监测和了解每口抽油机井的动态变化情况。
（2）能直接地反映泵况的变化程度和变化趋势，以便及早采取技术措施。
（3）能直接地反映措施效果的好坏。
（4）拓宽了抽油机井动态控制图的应用领域。
（5）对于提高采油工人的技术素质和管理水平有一定的使用价值。

要求采用的产量（泵效）、示功图、动液面（流压）资料必须是同步测试的资料，这样才能准确反映抽油机井的实际工作状态。

2．抽油机井单井泵况轨迹图的分析方法

图 1-64 为抽油机井单井泵况轨迹图，图中 1、2、3、4、5、6 点为某井在不同生产时间所在的区域，1→2→3→4→5→6 为某井泵况在某一段生产时间内的变化轨迹。抽油机井的泵况有三种变化情况：

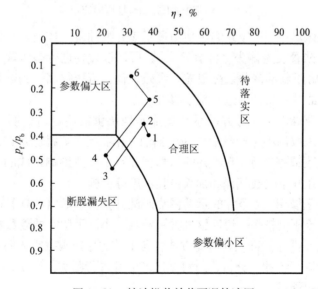

图 1-64　抽油机井单井泵况轨迹图

第一种情况是工况稳定：即泵效变化的绝对值在 5% ~ 10% 之间，流压变化的绝对值在 0 ~ 1.0MPa 之间，如图 1-64 中由 1 到 2 的变化。

第二种情况是工况变好：即从参数偏大区、断脱漏失区及参数偏小区进入合理区的为变好，如图 1-64 中由 4 到 5 的变化。

第三种情况是工况变差：即从合理区进入参数偏大区、断脱漏失区、参数偏小区的为变差，如图 1-64 中由 2 到 3 的变化。

在进行对比分析时，要以相邻两三个月的泵况变化进行对比。

1) 工况合理区

对于工况合理区的井，泵效与流压协调。

(1) 当井点进入参数偏大区时，分析为地层条件变差，抽吸参数偏大，该地区受钻井影响。应当采取的措施是：

①对该井油层进行改造（即压裂或酸化），或采取新技术新工艺。

②对连通注水井进行增注改造。

③调小生产参数。

④结合检泵换小泵径。

(2) 当井点进入断脱漏失区时，分析为泵况变差，断（脱），漏失或油套串。若示功图正常，则分析为油管漏失。应当采取的措施是：

①进行热洗。

②核实产液量，憋压验证，申报检泵作业。

③若验证为轻微漏失，也可调大参数维持生产。

(3) 当井点进入参数偏小区时，分析为油井供液能力增强。应当采取的措施是：

①核实产液量，复测示功图和动液面，取样并化验含水；若验证属实，则可调大参数。

②稳定生产半年后，若含水小于 90%，且抽汲参数达到最大状态，则可采取换大泵措施。

③若含水大于 95%，则可采取堵水或对与之连通的水井实施调剖措施。

(4) 当井点进入待落实区时，分析为录取资料有问题，或泵效与流压资料不同步。应当采取的措施是：

①核实产液量，复测动液面。

②检查流程，是否有阀门不严，若有应及时更换，确保录取资料的准确性。

③检查量油设备及计量仪表有无问题。

2) 参数偏大区

对于参数偏大区的井，供液与排液失调。

(1) 当井点进入工况合理区时，分析为注水受效，油井供液能力增强；钻停区注水井恢复生产。应当采取的措施是：加强油井日常生产管理，取全、取准各项资料，及时进行分析，采取合理技术措施。

（2）当井点进入断脱漏失区时，工况变差。分析为泵况变差，油井漏失或断（脱）。若示功图正常，则分析为油管漏失。应当采取的措施是：

①进行热洗。

②核实产液量，复测示功图，憋压验证。

③申报检泵作业。

3）参数偏小区

对于参数偏小区的井，供液能力大于排液能力。

（1）当井点进入工况合理区时，分析为供排关系协调，参数比较合理。应当采取的措施是：加强油井日常生产管理，搞好动态监测，取全、取准各项资料，加强分析力度，保持长期正常生产。

（2）当井点进入待落实区时，分析为资料有问题。应当采取的措施是：

①核实产液量，复测动液面。

②检查流程，是否有阀门不严，若有应及时更换，保证所录取资料的准确性。

③检查量油设备及计量仪表有无问题。

（3）当井点进入断脱漏失区时，分析为泵况变差，漏失或断（脱）。若示功图正常，则分析为管柱漏失。应当采取的措施是：

①进行热洗，憋压验证，核实产液量。

②对漏失井，可调大参数，维持生产。

③申报检泵作业。

（4）待落实区

对于待落实区的井，流压与泵效不相协调。

当井点进入工况合理区时，分析为上次资料有问题，检查是否是同步测试的资料。应当采取的措施是：加强资料录取工作，保证资料同步录取，加强油井日常生产管理。

（5）断脱漏失区

对于断脱漏失区的井，流压高，泵效低，示功图显示大多是漏失、断（脱），但也有正常示功图。应当采取的措施是：该区域的井是管理的重点对象，通过诊断和综合分析，判断清楚井下存在的问题，采取相应的热洗或检泵作业等措施，使这些井恢复正常生产。

（三）抽油杆断脱分析图的应用

抽油杆断脱分析图的原理是通过分析抽油机井悬点最大载荷与载荷比之间的关系，判断抽油杆工况是否安全，若工况危险，明确其主要影响因素。

抽油杆断脱分析图可以对每口抽油机井的载荷变化情况进行动态监测，以减少抽油杆断（脱）、卡事故的发生；还可以直接反映出每口井的载荷变化情况，为基层技术管理人员及时采取措施提供依据。

1. 抽油杆断脱分析图的绘制方法

抽油杆断脱分析图共分三种，分别针对 $\phi 25+\phi 22+\phi 19$ 三级杆组合、$\phi 22+\phi 19$ 两级杆组合和 $\phi 19+\phi 16$ 两级杆组合的抽油机井。根据每月抽油机井的最大载荷和载荷比，在抽油杆断脱分析图上逐月绘点，如图 1-65 所示。图中各区的意义如下：

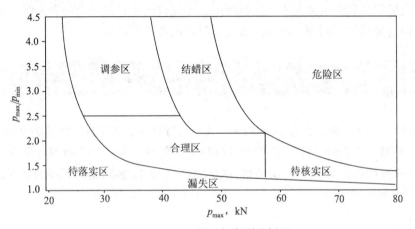

图 1-65　抽油杆断脱分析图

（1）落实区：实际示功图比理论示功图相比下移，说明单井流压高或资料不准，需核实资料后采取措施。

（2）漏失区：实际示功图比理论示功图窄，说明泵漏失或无泵效。

（3）危险区：实际示功图比理论示功图肥大，抽油杆的计算应力超过许用应力，说明油稠、结蜡严重，应进行热洗。

（4）结蜡区：实际示功图比理论示功图肥大，抽油杆的计算应力还未超过许用应力，说明油井受油稠、结蜡影响，应采取加药降粘措施。

（5）调参区：实际示功图与理论示功图相比明显下移，油井处于高流压状态，需核实数据后调整工作参数。

（6）核实区：实际示功图与理论示功图相比上移，需核实数据。

（7）合理区：实际示功图与理论示功图相比相对正常，各项数据相对合理。

2. 抽油杆断脱分析图的作用

（1）可以直观地反映出抽油机井杆的工作状况，并反映出加药降粘管理水平和资料录取水平。

(2) 可以指导技术人员制定抽油机井合理的加药制度。
(3) 对加药制度不合理的油井，提供制定加药、热洗的依据。
(4) 可以评价油井加药、热洗的效果。
(5) 为油井实测示功图的分析和制定措施提供直观的分析依据。

3. 抽油杆断脱分析图的使用要求

(1) 正常井不允许两个月连续在危险区。
(2) 大机型井和大泵井无不可抗拒原因，不允许两个月连续在油稠、结蜡区。
(3) 如因测试仪器问题，出现测试资料异常的点必须校正。

第二节 案 例

例 1-1 某油井转抽，使用抽油机型号为 CYJ11-3-53HB，泵径为 95mm，冲程为 3m，冲数为 9r/min，下泵深度为 1222.6m，平衡块为 2×17300N，平衡半径为 1.50m。该井投产时，抽油机启动困难，电动机发热，抽油机发出沉闷的响声。试诊断抽油机井故障并处理。

1. 诊断过程

(1) 根据抽油机启动困难，电动机发热，抽油机发出沉闷的响声的现象，初步诊断为抽油机载荷过大。
(2) 用电流曲线诊断，所测电流曲线如图 1-66 所示。从电流曲线反映出抽油机是平衡的，平衡率为 83.9%，但下冲程电流远远超过电动机额定电流，故被迫停机。

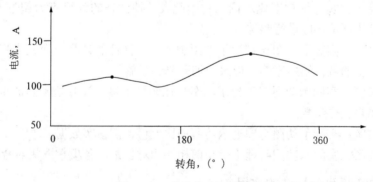

图 1-66 某井电动机功率曲线

(3) 用电动机功率曲线诊断，所测功率曲线如图 1-67 所示。从功率曲线上看，曲线有比较严重的负值，说明抽油机严重不平衡，平衡率只有 46.8%。

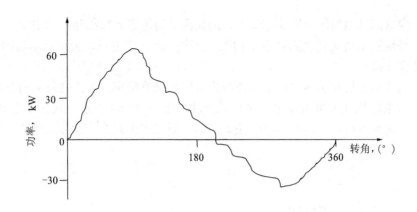

图 1-67　某井电动机功率曲线

2．诊断结果

抽油机严重不平衡导致抽油机启动困难。

3．原因分析

对于新转抽的井，因缺乏动液面等资料，在进行机、杆、泵设计时，不可能把平衡重和平衡半径计算得很准确。安装队在装机时，按照设计的平衡半径装上平衡重后，不一定保证抽油机平衡，如果采油队不重新调试平衡就开机生产，使抽油机在不平衡状态下工作。抽油机工作不平衡使耗电量增大、悬点载荷与曲柄轴扭矩增大，影响抽油机和抽油泵正常工作，严重不平衡时抽油机启动不起来。

电动机功率曲线法是判断和调整抽油机平衡比较准确、简便的方法，而电流曲线法判断抽油机平衡时，在负功情况下有假平衡现象。

4．处理措施

计算平衡半径的调整量，重新调整抽油机平衡。

例 1-2　某抽油机井，油层条件较好，油层不出砂。有一次岗位工人在巡检时听到减速器内有轻微噪声，所测得地面示功图（图 1-68）的上行程和下行程载荷线稍微有点像是泵筒砂卡的形状。试诊断抽油机井故障并处理。

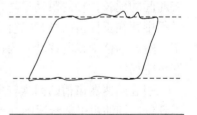

图 1-68　某井地面示功图

1．诊断过程

（1）从地面示功图上看，示功图的上行程和下行程载荷线稍微有点像是泵筒砂卡的形状，由于油层不出砂，认为是测示功图的笔尖有点儿松，抖动所致或测试时抽油机振动造成的。

(2) 根据测试地面示功图操作情况，断定测试时笔尖无松动和抖动现象。

(3) 将地面示功图转化为井下示功图，从井下示功图上看，为正常示功图，说明抽油泵工作正常。

(4) 该井抽油机在运转过程中减速器内有轻微摩擦噪声，可能是减速器有问题。

(5) 用电动机功率曲线诊断，所测功率曲线如图1-69所示。从功率曲线上看，曲线在上行程和下行程中均有明显的振动波形，断定减速器齿轮有打击现象。

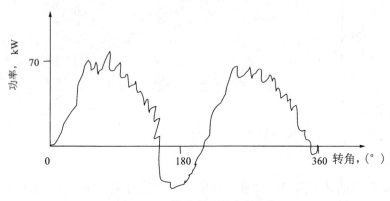

图1-69　某井电动机功率曲线

2．诊断结果

减速器齿轮有打击现象。根据停机检查，确认减速箱内小齿轮打坏。

3．原因分析

该井使用的是双圆弧人字齿轮减速器，该减速器在使用初期不会发生窜槽，但随着时间的延长，轴的窜动量随之增大，直至损坏。由于负扭矩的存在，减速器在使用过程中存在正反齿面交替啮合的现象。在啮合齿面之间存在着间隙及齿厚不同的情况下，造成啮合中线的移动，为保持正反齿面啮合中线重合，必将发生窜动，导致减速器齿轮损坏。

引起减速器窜槽的因素较多，如减速器的设计、制造有问题；减速器的维护保养不到位；抽油机平衡状况不好等。

4．处理措施

(1) 更换新减速器。

(2) 加强对减速器的维护保养工作，保持减速器内清洁、润滑良好，并细心调节平衡，使抽油机在良好的平衡状态下运转。

(3) 在生产管理中，要运用示功图和电动机功率曲线，及时诊断设备潜在的故障。

例 1-3 某抽油机井，油层条件较好，油层不出砂。抽油机型号为 CYJ10-3-37HB，泵径为 70mm，泵深为 1082.6m，冲程 S 为 3m，冲数为 12r/min，生产比较正常，所测示功图如图 1-70 所示。生产一段时间后，岗位工人在巡检时听到抽油机在运转过程中减速器内有摩擦噪声，所测示功图如图 1-71 所示。试诊断抽油机井故障并处理。

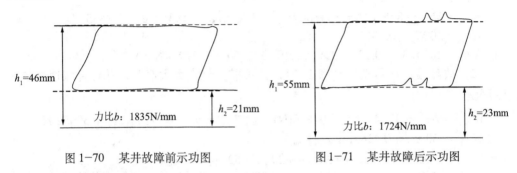

图 1-70 某井故障前示功图　　　　　图 1-71 某井故障后示功图

1．诊断过程

(1) 从示功图（图 1-71）上看，示功图的上行程和下行程载荷线稍微有点像是泵筒砂卡的形状，由于油层不出砂，说明不是砂卡影响。

(2) 根据岗位工人在巡检时听到抽油机在运转过程中减速器内有摩擦噪声，可能是减速器有问题。

(3) 用电动机功率曲线诊断，所测功率曲线如图 1-72 所示。从功率曲线上看，曲线在上行程和下行程中均有明显的振动波形，断定减速器齿轮有打击现象。

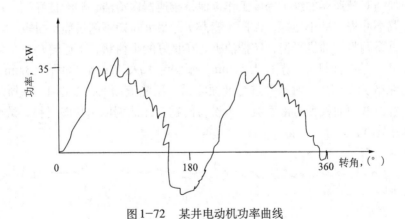

图 1-72 某井电动机功率曲线

2．诊断结果

减速器齿轮有打击现象。根据停机检查，确认减速器齿轮断齿。

3. 原因分析

引起减速器齿轮断齿的因素较多，为了准确分析造成减速器齿轮断齿的真正原因，计算该井故障前后减速器的最大扭矩并分析。

(1) 故障前：从示功图（图1-70）计算驴头悬点最大载荷，并计算减速器的最大扭矩。

$$W_{max} = bh_1 = 1835 \times 46 = 84410(N) \quad W_{min} = bh_2 = 1835 \times 21 = 38535(N)$$
$$M_{max} = 300S + 0.236S(W_{max} - W_{min})$$
$$= 300 \times 3 + 0.236 \times 3 \times (84410 - 38535) = 33379.5(N \cdot m)$$

(2) 故障后：从示功图（图1-71）计算驴头悬点最大载荷，并计算减速器的最大扭矩。

$$W_{max} = bh_1 = 1724 \times 55 = 94820(N) \quad W_{min} = bh_2 = 1724 \times 23 = 39652(N)$$
$$M_{max} = 300S + 0.236S(W_{max} - W_{min})$$
$$= 300 \times 3 + 0.236 \times 3 \times (94820 - 39652) = 39958.9(N \cdot m)$$

该井抽油机减速器的额定扭矩为37000 N·m。通过计算得知，该井故障前减速器实际最大扭矩为33379.5N·m，没有超过额定扭矩，故抽油机正常工作；故障后减速器实际最大扭矩为39958.9N·m，已经超过额定扭矩。实际中，若遇到蜡卡、砂卡等复杂情况时，驴头悬点载荷猛增，则减速器实际最大扭矩将会更大，故抽油机不能正常工作，长期运转会造成减速器齿轮断齿。

4. 处理措施

(1) 更换新减速器。
(2) 加强对减速器的维护保养工作，保持减速器内清洁，润滑良好。
(3) 调小冲程，减小扭矩，保证减速器实际最大扭矩不超过额定扭矩。
(4) 重新调整抽油机平衡，使抽油机处在良好的平衡状态下运转。

例1-4 某抽油机井，泵径为56mm，泵深为1078.67mm，冲程为3.0m，冲数为12r/min，泵效为17.2%。对该井进行液面测试，所测液面曲线如图1-73所示。从液面曲线上看，液面曲线没有液面波。因设备问题，无法测取示功图资料。试诊断抽油机井故障并处理。

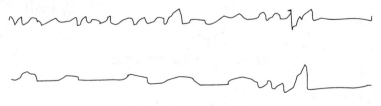

图1-73 某井液面曲线

第一章 抽油机井生产故障诊断与处理

1. 诊断过程

(1) 从生产数据上看，该井泵效仅为17.2%，泵效很低，说明生产状况不好。

(2) 从液面曲线上看，液面曲线没有液面波，复测几次，也没有液面波，判断可能是抽油机振动或液面太低测不到液面波，导致液面曲线反常。

(3) 停抽油机10min，再次进行液面测试，从液面曲线上看，液面波反映出来，并且曲线比较清晰。经过液面计算，液面较高。说明在消除抽油机振动影响后，该井不存在供液不足问题。

(4) 对该井进行井口憋压，憋压曲线如图1-74所示。从憋压曲线上看，为泵漏失。

(5) 对该井进行热洗，热洗后产液量上升，泵效提高。

2. 诊断结果

油井结蜡使固定阀和游动阀关闭不严，导致泵漏失。

3. 原因分析

从该井故障看出，由于抽油机振动等因素影响，测出的液面曲线反映出很多振动波，

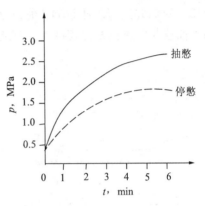

图1-74 某井憋压曲线

使得曲线模糊。此时，只要停机测试，消除振动影响因素，从而得到合格的、清晰的液面曲线。该井由于受结蜡影响，使固定阀和游动阀关闭不严，导致产液量下降、泵效降低。因此，在对抽油机井进行生产分析时，应选用多种综合分析方法，才能准确诊断油井的工作状况。

4. 处理措施

(1) 根据该井结蜡规律，制定合理抽油机井清蜡周期。

(2) 进行热洗、加化学清蜡剂清蜡，保证油井不受结蜡影响，泵正常工作。

(3) 进行作业清蜡。

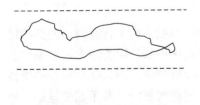

图1-75 地面示功图

例1-5 某抽油机井，泵径为57mm，泵深880.25m，冲程3.0m，冲数8r/min。该井生产比较正常，泵效在58.5%左右，热洗周期为18d。生产半年后，在对半年的生产数据进行比较时发现，产液量逐渐下降，泵效也逐渐降低，动液面上升，所测地面示功图如图1-75所示。试诊断抽油机井故障并处理。

1. 诊断过程

（1）从该井生产情况看，在对半年的生产数据进行比较时发现，产液量逐渐下降，泵效也逐渐降低，动液面上升，说明泵况在逐渐变差，而油层供液能力充足。

（2）从地面示功图上看，图形形状复杂，难以用相面法判断泵况。将该井所测地面示功图转化为井下示功图，如图1-76所示。从井下示功图上看，发现示功图很窄，没有载荷，也无产液量。

（3）对该井进行憋压试验，憋压曲线资料如图1-77所示。从憋压曲线上看，该井抽憋曲线与停憋曲线比较接近，像是泵漏失或抽油杆断脱。

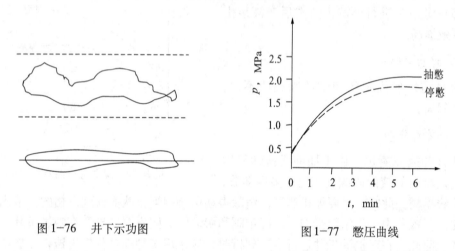

图1-76 井下示功图

图1-77 憋压曲线

（4）对该井电流进行比较，发现上行程电流逐渐上升，下行程电流也逐渐上升，说明上行程载荷逐渐增大，下行程载荷逐渐减小，可断定泵不漏失、抽油杆没有断脱。

（5）对该井进行热洗。热洗后，产液量增加，泵效上升，示功图变为正常。

2. 诊断结果

抽油杆和油管内壁结蜡。

3. 原因分析

抽油机井结蜡会使抽油杆在上下运动时阻力增大。当抽油杆上行程时，井筒结蜡会使抽油杆摩擦阻力增大，同时由于管径变小，液流流速增加，阻力增大，抽油机上行载荷增加，电动机电流增大；当抽油杆下行程时，井筒结蜡同样会使抽油杆的摩擦阻力增大，由于摩擦力的作用部分抵消了抽油杆向下运动的重力，井下载荷减小，电动机的载荷增加，电流就会增大。所以，当抽油机井结蜡会使上下行电流不同程度地增加，示功图的形状可能变得较复杂。由于抽油机井结蜡是个渐变过程，不会突然发生,所以电动机电流也是逐渐增大的。

4. 处理措施

(1) 按规定进行热洗、加化学清蜡剂清蜡,减小抽油杆和油管内壁因结蜡造成的摩擦阻力。

(2) 根据该井结蜡规律,合理制定清蜡周期,减少蜡对油井生产影响。

(3) 进行作业清蜡。

从该井的泵况诊断和处理结果看,当情况不清楚时,必须用多种资料,进行综合判断,才能得出比较真实的结论,从而采取有效的整改措施。

例 1-6 某抽油机井,在投产初期生产正常,但生产一段时间后,生产数据开始出现较大的变化。油井套压上升,油压上升;抽油机的上行电流上升,下行电流下降;在核实产液量时产液量出现明显的下降。试诊断抽油机井故障并处理。

1. 诊断过程

(1) 对该井进行憋压,检查泵、管的漏失情况。从憋压数据看,油压上升比较快,达到憋压要求,说明抽油泵的排液效率比较好,泵工作正常。停机 10min 压力不降,说明管柱没有漏失。

(2) 抽油机的上行电流上升,说明在上行程时阻力增大,井下载荷增大;而下行电流下降,说明在下行程时井下载荷也增大。

(3) 该井套压上升,说明油井供液能力正常;油压上升,说明对井下回压加大使井下载荷增大;产液量下降,说明油流阻力增大使泵的排液效率下降。

2. 诊断结果

井口出油管线堵塞,油流阻力增大使抽油机上行电流上升,下行电流下降。

根据对该井流程进行检查,确认井口出油管线在地下弯管处有堵塞物堵塞了管道,使管径缩小,影响了油井出油。

3. 原因分析

地面出油管线堵塞相当于在出油管线上安装了油嘴,限制了流量,液体流动阻力增大。由于液体在出油管线受阻,流速降低,井口油压会上升,产液量下降。当抽油机上行程时要克服增大的液体流动阻力,载荷增加,电流上升;当下行程时增加的井口油压增大了对井底的回压,井下载荷增加,电流下降。泵效下降使油井的沉没度上升,套压随之上升。

结蜡、结垢都会堵塞地面出油管线,使抽油机的上行电流上升、油压上升、套压上升、产液量下降。由于结蜡或结垢都是逐渐形成的,因此抽油井的生产数据也是逐渐变化的。

4. 处理措施

(1) 如果是杂物堵塞，应分段检查，及时清除。

(2) 对于地面管线结蜡，应采用热水冲洗进行解堵。

(3) 对于地面管线结垢，应进行酸洗或更换管线。

例 1-7　某计量间汇集 11 口抽油井，有一次在对某高产井量油时发现产液量突然下降，而其他井的产液量变化不大。高产井出现产液量突然下降后，连续三天进行数据核实，证实在量油数据上没有问题。在核实该井资料的同时，对其他油井的产液量也进行了核实，产液量与原来基本一样，没有多大变化。试诊断抽油机井故障并处理。

1. 诊断过程

(1) 检查该井井口流程，确认井口流程正确；核实井口油压、套压，上、下行电流等数据，发现没有变化，均正常。

(2) 对该井进行示功图测试，把所测得的示功图与上次测得的正常示功图进行比较，图形形状基本一样，抽油机载荷没有多大变化。

(3) 对该井进行憋泵，检查泵、管的漏失情况。从憋泵情况看，憋泵时油压上升比较快，达到憋压要求；停机 5min 油压稍有下降。通过憋泵，说明泵、管没有漏失情况。

(4) 检查计量设备，并在量油时对分离器量油玻璃管进行冲洗时发现下流管出液很少，说明分离器底部或下流管有问题。

2. 诊断结果

分离器底部或下流管堵塞造成该井产液量突然下降。

3. 原因分析

当分离器底部或量油玻璃管下流管有堵塞物，进到量油玻璃管里的液体受到阻碍，液柱上升速度减缓，量油时间延长，使油井的产液量下降。产液量越高、量油时间越短的井，影响就越大，下降幅度也越大。而产液量低的井因量油时间长，影响就小。该计量间汇集的 11 口抽油井，在量油过程中，由于分离器底部或量油玻璃管下流管有堵塞物，只有高产液的井表现为产液量下降，而其他较低产液量的井表现为产液量稳定或稍降。由于是计量设备的问题，只是在生产数据上造成油井产液量下降，而油井的实际产液量没有下降，生产正常。

4. 处理措施

(1) 定期对量油分离器进行冲砂，防止杂质和脏物堆积在底部，堵塞流道。

(2) 经常性地冲洗量油玻璃管，检查上、下流管是否畅通。

例 1-8　某抽油机井，泵径为 70mm，冲程为 3.0m，冲数为 6r/min，泵效为 51.2%，气油比较高。对该井进行液面测试，从液面曲线上看，液面曲线没有液面波试诊断抽油机井故障并处理。

1．诊断过程

（1）从生产数据上看，该井泵效为 51.2%，说明生产状况良好。

（2）由于所测得的液面曲线没有液面波，判断可能是受抽油机振动影响或液面太低测不出液面波。因此进行停机测试，停机后测得的液面曲线仍没有液面波，说明不是抽油机振动造成的。

（3）对该井进行示功图测试。从测得的示功图上看，该井的抽油泵受气体影响，判断可能在油套管环行空间内存有泡沫段。

（4）放套管气。将套压放掉 0.3 MPa，再开机测液面曲线，液面曲线清楚；再测示功图，其形状没有变化，示功图仍为气体影响，说明油套管环行空间泡沫多，放气前和放气后对抽油泵工作状况并未产生影响。

2．诊断结果

气体影响，在油套管环行空间内存有泡沫段，导致液面曲线反常。

3．原因分析

由于该井气油比较高，在油套管环行空间内容易产生一定泡沫，导致所测的液面曲线不清楚。因此，对于气油比较高的井，通过适当套管放气，才有可能测出准确、清晰的液面曲线。对泡沫段较长或某些较为复杂原因所影响的井，放套管气也不能保证测出合格的液面波曲线。

4．处理措施

（1）当油井受气体影响时，可适当放套管气进行测试液面，保证测出合格的液面曲线。

（2）采取加药消泡的方法消除泡沫，再进行测试液面。

例 1-9 某抽油机井，泵径为 38mm，冲程为 2.0m，冲数为 12r/min，泵效为 22.3%，沉没度为 128m，在生产管理中套管放气，所测地面示功图如图 1-78 所示。试诊断抽油机井故障并处理。

1．诊断过程

（1）从生产数据上看，该井泵效为 22.3%，说明生产状况不好。

（2）复测地面示功图，所测示功图形状与图 1-78 相近，说明资料无问题。

（3）从地面示功图上看，图形形状复杂，可能

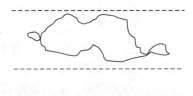

图 1-78 地面示功图

是防冲距不合理，决定重新调整（调大或调小）。调整后复测地面功图，示功图形状仍未发生变化，说明防冲距合理。

（4）将地面示功图转化为井下示功图如图1-79所示。从井下示功图上看，是典型的油层供液不足或气体影响形状。

（5）对该井进行憋压试验，憋压曲线资料如图1-80所示。从憋压曲线上看，该井受气体影响大。由于气体影响，气体具有压缩性，抽憋开始时压力上升较慢，当压力上升到一定程度后，压力上升速度加快。

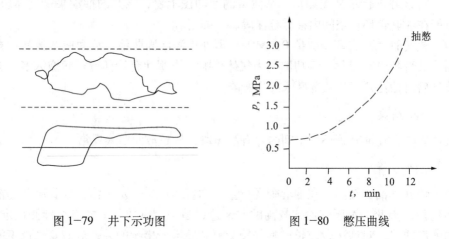

图1-79　井下示功图　　　　　　图1-80　憋压曲线

2．诊断结果

因气体影响导致油井产液量下降，泵效降低。

3．原因分析

气体影响抽油泵泵效主要有两个方面：（1）抽油泵在抽汲过程中气、液两相同时进泵。由于气体进泵，必然占据泵筒中部分容积，这就降低了泵中液体的充满程度，使泵效降低；气体影响严重时，甚至可能形成泵的气锁。（2）抽油井在正常生产时，由于抽油泵余隙容积的存在，柱塞在上冲程时，余隙容积内原油中溶解的天然气，随着泵内压力降低又会重新分离出来，并占据柱塞上行所让出的一部分空间，从而减少了进油过程中进入泵筒内的油量，使泵效降低。

4．处理措施

（1）在生产管理中，合理地制定、调整、管理好套压，使套压在最佳生产范围内，减小气体对抽油泵的影响。冬季要勤检查，防止放气阀冻结。

（2）减小防冲距，采用长冲程、慢冲数组合方法。

（3）采取加深泵挂，安装气锚等措施。

例 1-10　某抽油机井，泵深为 890m，泵径为 56mm，液面深度为 878.2m。该井生产数据为套压 0.7MPa，油压 0.25MPa，泵效 6.9%。试诊断抽油机井故障并处理。

1. 诊断过程

(1) 该井出现低泵效后，岗位工人连续三天上井核实资料，所录取生产数据与原生产数据基本没有变化。

(2) 从液面深度及生产数据上看，该井沉没度很低，可能是油层供液不足或气体影响。

(3) 对该井测试示功图，如图 1-81 所示。从示功图上看，光杆在下冲程开始时卸载线呈现凹向图形内的弧线，排出过程线为零，为气锁示功图。

(4) 检查套管定压放气阀，发现已起不到定压放气作用。

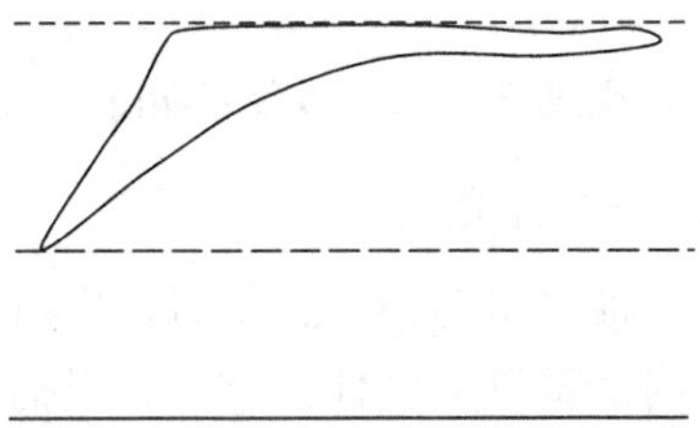

2. 诊断结果

因气锁造成油井产液量下降，泵效降低。

3. 原因分析

气油比较大的抽油井，当套管放气阀被堵不能正常排气时，分离出的气体就会被抽进泵筒。当气体占据泵筒的一定体积时就会发生气锁现象。由于气体是可压缩的，当抽油泵柱塞上行程时泵内气体膨胀，固定阀打不开，井底的液体不能进入泵筒中；当抽油泵柱塞下行程时泵内气体压缩，游动阀打不开，泵筒中没有液体可排，如此往返，抽油泵抽不出油，形成气锁现象。

图 1-81　某井实测示功图

4. 处理措施

(1) 在生产管理中，合理地制定、调整、管理好套压，使套压在最佳生产范围内，减小气体对抽油泵的影响。冬季要勤检查，防止放气阀冻结。

(2) 如果发生气锁，可以通过热洗来排出泵内气体，恢复抽油泵正常抽油。

(3) 采取加深泵挂，安装气锚等措施。

例 1-11　某抽油机井，使用 $\phi 70mm$ 的抽油泵生产，冲程为 3.0m，冲数为 9r/min，各项生产数据比较稳定。一次岗位工人在录取抽油机的电流资料时发现电流变化比较大，上行电流出现明显下降，下行电流上升。出现问题后对该井进行量油，发现油井产液量突然大幅度下降。试诊断抽油机井故障并处理。

1. 诊断过程

(1) 从生产数据上看出，该井各项生产数据一直比较稳定，但在一次录取抽油机的电流资料时发现上下电流出现了较大变化，上行电流明显下降，下行电流上升，说明抽油机的井下载荷突然减小。

（2）出现问题后对该井进行量油，发现油井产液量突然大幅度下降，泵效突然下降，说明抽油设备出现问题。

（3）对该井测试示功图，如图1-82所示。从示功图上看，示功图载荷明显减小，上、下载荷线比较接近，并位于下理论载荷线附近。

（4）对该井进行井口憋压，憋压时油压上升不明显，远没有达到憋压要求，说明抽油泵不起作用。

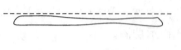

图1-82　某井实测示功图

2．诊断结果

分析认为可能是抽油杆断脱、油管断脱、脱节器脱落等。根据作业施工证实抽油杆在底部断脱。

3．原因分析

抽油机井生产正常时，作用在驴头悬点的最大载荷主要包括抽油杆柱的重力和油管内柱塞以上液体的重力。当抽油杆断脱后，驴头悬点载荷只有剩余杆的重力，载荷明显减小。当抽油杆上行程时由于井下载荷小，靠平衡块的重量即可使驴头上行，电动机做功小电流下降；当抽油杆下行程时由于井下载荷小，平衡块将要靠电动机做功来举升上去，电动机做功大电流上升。所以，抽油杆断脱后电动机的上电流会突然下降，下电流上升。断脱的部位越是靠上，电流的变化值就会越大。

油管断脱、脱节器脱落与抽油杆在底部断脱在生产数据的变化上是很相似的，上下电流的变化也基本一样。当脱节器脱开时就相当于抽油杆在底部断脱，泵的柱塞不做上下往复运动，泵就失去抽油作用。而油管断脱，如果是大泵脱节器就会脱开，柱塞与泵筒会随着油管掉到井底，如果是小泵，泵筒掉到井底，油管里只有杆和柱塞。不论是大泵还是小泵都失去抽油作用。所以，当油管断脱、脱节器脱落，抽油机的载荷只剩杆的重力，与抽油杆断脱的情况基本一样。这样，电流的变化，实测示功图的图形也基本是一样的。

4．处理措施

（1）如果抽油杆在浅部断脱，采油队可进行对扣或打捞，更换新抽油杆即可恢复生产。

（2）如果抽油杆在深部断脱，应采取检泵措施。

例1-12　某抽油机井，是一口无自喷能力的纯抽井，泵深为959.68m，泵径为44mm，冲程为3.0m，冲数为9r/min。在一次作业检泵后，油井不出油。测试示功图几乎为一条直线；测试憋压曲线，根本憋不起压力；测试液面深度为463m。试诊断抽油机井故障并处理。

1. 诊断过程

(1) 所测示功图几乎为一条直线；测憋压曲线反映根本憋不起压力；液面深度为463m，说明作业时替喷干净，无堵塞油层现象，可能是游动阀和固定阀同时失灵、抽油杆断脱或柱塞未进入泵筒等。

(2) 据了解，作业时所用抽油杆均为合格抽油杆，并且岗位工人在上抽油杆时，每根都上得很紧，说明不可能是抽油杆断脱故障。

(3) 用热洗的方法进行反洗井。在热洗结束后，测得示功图如图1-83所示和憋压曲线如图1-84所示，计算泵效大于100%。根据抽油和停抽时的憋压曲线相近和示功图为"黄瓜条"形状，以及泵效大于100%，说明油井纯自喷，即抽油机不起作用。

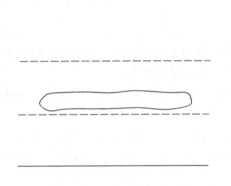

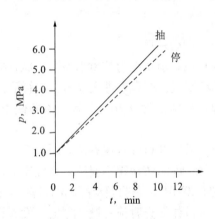

图1-83　某井示功图　　　　　　　图1-84　某井憋压曲线

(4) 热洗后第三天，对该井进行量油，发现油井又不出油了，示功图和憋压资料与热洗前一样。

(5) 核对油管及抽油杆数据，试下放抽油杆柱，发现柱塞能下放的距离远大于防冲距，说明该井抽油泵柱塞未进入泵筒。调整好防冲距后，进行生产，测得示功图和憋压曲线正常。

2. 诊断结果

抽油泵柱塞未进入泵筒导致油井不出油。

3. 原因分析

作业检泵后，油井不出油。出现这一现象的原因之一是检泵下抽油杆时，岗位工人没有严格按操作标准执行，测量抽油杆数据错误，造成抽油泵柱塞未下入泵筒。

由于抽油泵柱塞未进入泵筒，使得抽油泵柱塞在油管中作上下往复运动，游动阀和固定阀不起作用，柱塞仅起搅动液柱的作用，驴头悬点所承受的载荷只是抽油杆柱在液柱中的重力，因此所测示功图几乎为一条直线。

4．处理措施

（1）检泵下抽油杆时，一定要严格地按操作标准执行，仔细测量抽油杆长度，使杆柱总长度与泵深相匹配，避免此类故障发生。

（2）下放抽油杆柱，重新调整好防冲距，使油井恢复正常生产。

例 1-13　某抽油机井是一口无自喷能力的纯抽油井，作业队按照施工设计方案进行检泵，将 56mm 抽油泵换为 44mm 抽油泵，22mm 抽油杆未变。施工后交井时，所测示功图为"黄瓜条"形状，憋泵时压力不上升。试诊断抽油机井故障并处理。

1．诊断过程

（1）该井示功图为"黄瓜条"形状，憋泵时压力不上升，说明泵抽不上油，可能是抽油杆断脱、柱塞未进入泵筒、油管漏失严重或泵漏失严重。

（2）从施工设计方案上看，该井使用的是 I 级间隙的泵，说明泵不存在间隙漏失。

（3）采用井口呼吸观察法诊断泵况。光杆上行时，放空阀出气；光杆下行时，放空阀吸气，说明游动阀不漏。再将柱塞提出泵筒，用水泥车向油管里打液压，压力一直稳在 15.0MPa，说明固定阀和油管都不漏。

（4）再详细查看施工设计方案，发现设计方案有错误，所使用的 22mm 抽油杆台肩接箍太大，使柱塞不能进入泵筒。

2．诊断结果

由于抽油杆台肩接箍太大，柱塞不能进入泵筒，导致油井抽不上油。

3．原因分析

抽油杆外径是 22mm，但台肩接箍是 43mm。当抽油杆的外螺纹与外径为 44mm 的柱塞内螺纹连接时，由于抽油杆台肩接箍太大，柱塞不能进入泵筒，即柱塞是在油管里作上下往复运动，根本抽不出油。

4．处理措施

重新作业，将靠近柱塞的那根抽油杆换为 19mm 的，使柱塞进入泵筒。

例 1-14　某抽油机井，抽油机机型为 CYJ10-3-37HB，泵径为 95mm，杆径为 25mm，泵深为 1048.5mm，冲程为 3m，冲数为 9r/min，产液量为 198t/d，动液面深度为122m。为了进一步提高产液量,决定加大抽油参数,抽油机机型改为CYJQ12-3.6-56HB,冲程上调至3.6m。量油时发现产液量大幅度下降,降为62t/d,所测示功图如图1-85所示,图形为"黄瓜条"形状。当停抽后量油产液量为61t/d。试诊断抽油机井故障并处理。(已知每米抽油杆在液柱中的重力q'_G为36.4N/m,测示功图所用仪器力比 b 为1246 N/mm。)

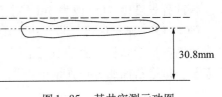

图1-85 某井实测示功图

1．诊断过程

(1) 调参前,该井产液量为198t/d,泵效为115%,说明该井连喷带抽。

(2) 调参前,该井动液面深度为122m,说明该井供液能力充足,有增产挖潜余地。

(3) 调参后,该井产液量大幅度下降,降为62t/d;所测示功图图形为"黄瓜条"形状,并且当停抽后量油产液量为61t/d。说明抽油泵不起作用。

(4) 根据上述情况,诊断可能是抽油杆脱扣,于是进行对扣操作,但无效果。

(5) 根据所测示功图计算杆脱深度:

$$L_{断} = \frac{bh_{断}}{q'_G} = \frac{1246 \times 30.8}{36.4} = 1054.3 \text{m}$$

杆脱深度正好在脱接器附近,分析为脱接器脱落。

2．诊断结果

抽油杆脱接器脱落,使该井产液量大幅度下降。

3．原因分析

由于95mm泵的柱塞不能通过76mm油管的内径,因此需要一种特殊工具——脱接器。该井使用的是双卡式脱接器。该脱接器外套部分连接于柱塞上端,中心杆部分连接于抽油杆柱的下端。下泵时,柱塞与泵筒随油管一同下入。当抽油杆下到预定位置后,中心杆进入柱塞上端的外套中,通过弹簧和导向轨道的作用,使卡爪张开,进入外套两侧开窗处,此时柱塞和抽油杆通过卡爪连为一体,完成对接动作。

需要检泵时,上提抽油杆,使外套上端进入连接在泵筒上端的释放头内,由于外套中部的台肩外径大于释放接头内径,所以上提遇阻时,卡爪被迫缩回,继续上提抽油杆,即可将中心杆与外套脱开,完成脱卡动作。

该井释放接头到泵筒的距离是按CYJ10-3-37HB抽油机最大冲程3m设计的,未考虑到CYJQ12-3.6-56HB抽油机最大冲程为3.6m。所以当冲程调到3.6m后,脱接器就脱开了。

4. 处理措施

将冲程长度由 3.6m 改为 3m，对接脱接器。

例 1-15 某抽油机井装有井下开关，生产比较正常。有一次发生光杆断裂故障，当捞出断杆更换新杆后起抽恢复生产，量油时却发现该井无产液量。反复核实，仍无产液量。试诊断抽油机井故障并处理。

1. 诊断过程

(1) 从生产情况上看，该井光杆断裂，当捞出断杆更换新杆后起抽恢复生产，量油时却发现无产液量。反复核实，仍无产液量。说明该井在更换新杆后仍然有影响产量的问题。

(2) 对该井进行液面测试，测试结果显示液面在井口，说明油层供液能力充足。

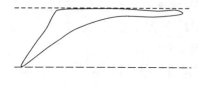

图 1-86 某井实测示功图

(3) 对该井进行示功图测试，测试结果如图 1-86 所示。示功图反映为气锁，说明井下液体没有进入泵筒，是抽油泵的吸入口出现了问题。

(4) 由于该井装有井下开关，可能是井下开关关闭。

2. 诊断结果

光杆断裂掉入井时将井下开关关闭。

3. 原因分析

井下开关是为防止井喷而采用的不压井工具。在施工作业下泵时井下开关是关闭的，作业完工后进行一次碰泵操作即可将井下开关打开，达到油井正常生产要求。当需要作业时，再进行一次碰泵操作即可将井下开关关闭，达到不压井、防井喷的作业条件。该井发生光杆断裂，掉到井下就是进行了一次碰泵操作。当打捞出断杆后，因井下开关没有打开而抽不出液量。要打开井下开关，就要重新再进行一次碰泵操作。

另外，若抽油泵固定阀卡或堵，井下液体也不能正常进入泵筒，使油井产液量突然下降。

4. 处理措施

(1) 如果油井下有井下开关，只要重新进行碰泵操作，即可打开井下开关，恢复正常生产。

(2) 如果油井没有井下开关，就是固定阀卡或堵。首先进行洗井处理，若无效再进行作业检泵。

例 1-16 某抽油机井，随着生产时间的延长，产液量在逐渐下降。短时间对比，产液量变化不大。但经过一个较长的时间再进行对比时，发现产液量大幅下降，抽油机的上下行电流也逐渐下降,动液面逐渐上升。试诊断抽油机井故障并处理。

1. 诊断过程

(1) 该井抽油机的上下行电流逐渐下降,说明井下载荷逐渐减小。

(2) 该井产液量逐渐下降,动液面逐渐上升,说明抽油泵的排液效率变差,而油井供液能力正常。

(3) 对该井进行憋压,检查泵、管的漏失情况。从憋压数据看,油压上升缓慢,达不到憋压要求,停机 3min 压力又迅速降回到原压力值,说明泵、管有漏失,憋不住压力。

(4) 对该井测试示功图,如图 1-87 所示。从示功图上看,示功图面积变小,无明显的增载和卸载线,说明泵况变差不是由于油管漏失引起的。

2. 诊断结果

分析认为,造成产液量下降的主要原因是泵漏失。根据施工检泵,证实该井泵与柱塞之间磨损严重,漏失量大。

图 1-87 某井实测示功图

3. 原因分析

在分析油井泵况时,应对电流、产量、液面、示功图等资料进行连续对比与分析,才能发现逐渐变差的抽油机井。因为,日对比、月分析只能发现突发问题,对逐渐影响生产的问题由于月度生产数据变化量小而往往被忽略。由于油井出砂、结蜡、液体腐蚀、机械磨损逐渐增大,使泵漏状况在逐渐增加,产液量等生产数据也在逐渐出现变化。电动机电流反映了抽油机井载荷的变化。泵漏后,当抽油机上行程时柱塞以上的部分液体又漏回到柱塞下面而不能举升到地面,泵的排液效率降低,抽油机载荷减小,上行电流下降;当抽油机下行程时,泵筒中的液体因漏失不能压缩而形不成高压,打不开游动阀进入柱塞以上,泵筒中液体形成的浮力减小井下载荷增大,下行电流下降。由于抽油机井的排液效率下降导致动液面上升。

造成抽油泵漏失的原因很多。如机械磨损使泵套、柱塞、固定阀、游动阀等间隙增大产生漏失;抽油泵柱塞与泵筒或泵套配合间隙选择不合理(过大)产生漏失;阀球或阀座受井下液体腐蚀而损坏产生漏失;高压液体中携带的砂、盐等坚硬物质对泵阀的长期冲蚀,引起泵阀损坏产生漏失;油井结蜡使固定阀、游动阀关闭不严产生漏失;油井出砂或有杂质卡在泵阀上使泵阀关闭不严产生漏失等。

4. 处理措施

(1) 对于蜡、砂影响造成的泵漏失,应进行热洗。通过热量来熔化蜡、水冲洗掉砂或杂质,使泵阀关严,防止漏失。

(2) 对于磨损、腐蚀造成的泵漏失,应进行检泵作业。

(3) 对于抽油泵柱塞与泵筒或泵套配合间隙选择过大而产生的漏失,应选择适合井液条件的配合间隙。

例 1—17 某抽油机井,随着生产时间的延长,产液量逐渐下降,排液效率变差,动液面逐渐上升,沉没度逐渐上升,所测示功图如图 1—88 所示。试诊断抽油机井故障并处理。

图 1—88 某井实测示功图

1. 诊断过程

(1) 从综合生产数据上看,该井产液量逐渐下降,动液面逐渐上升,说明抽油泵的排液效率变差,而油井供液能力正常。

(2) 从所测示功图上看,图形四角不缺失,有明显的增载和卸载线,近似于平行四边形,但上载荷线低于上理论载荷线,说明抽油泵工作正常,只是载荷有所下降。

(3) 对该井进行憋压,检查泵、管的漏失情况。憋压数据显示油压上升缓慢,达不到憋压要求,停机 3min 压力又迅速降回到原压力值,说明泵、管有漏失情况,憋不住压力。

2. 诊断结果

分析认为造成产液量下降的主要原因是油管漏失。根据施工检泵,证实该井是由于抽油杆的偏磨将油管磨漏,造成产液量下降。

3. 原因分析

造成油管漏失的原因很多。如油管接箍螺纹漏失、腐蚀穿孔漏失、管壁磨漏、管壁砂眼漏失、裂缝漏失、泄油器漏失等,而本井故障是由于抽油杆偏磨将油管磨漏。

抽油机井在长时间往复运动中不可避免地会产生机械磨损。当原油粘度高或在聚驱以后,由于采出液粘度增大,使得抽油杆在往复运动中阻力增大,产生弯曲,抽油杆偏磨严重。抽油杆偏磨易造成抽油杆断脱、油管磨漏,另外斜井或采取措施不当也易造成抽油杆偏磨。随着油管漏失量的增大,使油井的产液量逐渐下降,沉没度逐渐上升。这类油井在近期、月度对比中,由于液量变化小往往被人们忽略。当用较长时间的生产数据进行对比分析时,才能发现产液量的变化。

4. 处理措施

(1) 岗位工人应认真做好抽油机井短、长期产量变化分析,及时发现抽油井生产中出现的问题。

(2) 采取抽油杆加扶正器,减少杆管偏磨几率,延长检泵周期。

(3) 发现油管漏失应采取检泵措施，使抽油井恢复正常生产。

例 1-18 某有偏心井口装置的抽油机井，生产一直很稳定，但在一次测压完开井后，量油时发现产液量有较大幅度的下降。出现问题后经几次核实，确认资料没有问题。试诊断抽油机井故障并处理。

1．诊断过程

(1) 从生产数据上看，该井生产一直很稳定，但在一次测压完开井后，量油时发现产液量有较大幅度的下降，并经几次核实，确认资料没有问题，说明该井确实出现了某种问题或故障，可能是抽油杆断脱、油管断脱、油管挂不严、井下开关关闭、固定阀卡死等。

(2) 对该井测试示功图，如图 1-89 所示。从示功图上看，图形四角不缺失，有明显的增载和卸载线，近似于平行四边形，示功图反映为正常，抽油机载荷变化不大，说明抽油泵工作正常。

(3) 对该井进行井口憋压。从憋压情况看，憋压时油压上升幅度缓慢，没有达到憋压要求，停机 5min 油压快速下降。而且在憋压过程中发现套压随之波动，即油压上升套压上升、油压下降套压下降，说明油、套管之间互相窜通，油管有漏失的地方。

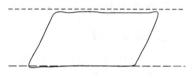

图 1-89 某井实测示功图

2．诊断结果

示功图为正常，载荷大，油、套管串通，说明是井口油管挂不严。该井有偏心井口装置，在测压过程中转动井口时造成油管挂密封圈损坏。

3．原因分析

由于油管挂漏失会导致油、套管之间互相窜通，抽油泵所抽出的大部分液体经油管挂窜入油套管环形空间，使油井的产液量下降。由于是油管挂漏失，抽油泵的工作正常，泵以上液体的重力和压力与正常井一样，所以测试出来的示功图为正常示功图。但在憋压时，由于有漏失，油压上升幅度缓慢，停机后油压快速下降。

4．处理措施

抬开井口，更换油管挂密封圈。

例 1-19 某油井自喷转抽时，进行了合理的抽汲参数选择，泵径为 70mm，泵深为 1127.5m，冲程为 3.0m，冲数为 9r/min，作业投产后测得泵效为 18.5%。试诊断抽油机井故障并处理。

1. 诊断过程

(1) 针对低泵效,对该井进行示功图测试,所测示功图如图 1-90 所示。从所测示功图上看,图形右下角缺失,卸载线与增载线相互平行,说明该井供液能力存在问题。

(2) 该井抽汲参数选择合理,即抽油泵的排液能力和油层供液能力协调,不可能存在油层供液能力不足问题。

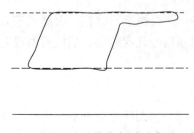

图 1-90 某井实测示功图

(3) 经用液面恢复法测得的井筒储集系数及表皮系数均比自喷时高得多,说明油层已受到严重伤害。

2. 诊断结果

作业时用压井液压井,伤害了油层,导致油层供液能力不足。

3. 原因分析

油井自喷转抽或抽油机井检泵时,由于采取压井液压井的作业方法下泵,压井液侵入到近井地带油层,使近井地带油层受到伤害,降低了油层的渗透率,影响油井转抽或检泵效果。所以在进行井下作业时,应尽可能不用压井液压井,以防止压井液对油层产生伤害。

4. 处理措施

采用酸化解堵或热化学解堵。

例 1-20 某新投产的抽油机井,投产初期增产效果非常好。但随着生产时间的延长,该井产液量开始下降,排液效率变差,动液面下降,生产状况变差。为保证抽油井能正常生产,向下调整抽汲参数,直至调到最小,产液量仍继续下降,动液面也继续下降。试诊断抽油机井故障并处理。

1. 诊断过程

(1) 从综合生产数据上看,该井产液量下降,排液效率变差,动液面下降,沉没度下降,说明抽油泵的排液能力和油井供液能力都存在问题。

(2) 为保证抽油井能正常生产,向下调整抽汲参数,直至调到最小,产液量仍继续下降,动液面也继续下降,说明抽油泵的排液能力和油井供液能力仍然存在问题。

(3) 对该井测试示功图,如图 1-91 所示。从所测示功图上看,图形右下角缺失,卸载线与增载线相互平行,说明该井供液能力存在问题。

(4) 对该井进行憋压,检查泵、管的漏失情况。常规憋压时,油压上升幅度比较慢，没有达到憋压要求；停机 5min 油压稍有下降。掺水憋压时，油压上升比较快，达到憋压要求；停机 5min 油压稍有下降。通过常规憋压，说明泵、管没有出现漏失。通过掺水憋压，说明泵的工况正常。所以，该井产液量下降的主要原因是沉没度过低，井液不够抽。

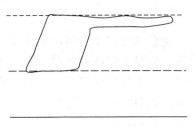

图 1-91　某井实测示功图

2．诊断结果

油层条件差或无能量补充，油层供液能力不足。

3．原因分析

油井供液能力主要来源于与油井相连通的注水井，如果注水井不注水或连通性差、注不进水，使油层能量得不到及时补充，供液能力下降，油井产液量就会下降。当注水受效后产液量才能逐渐恢复。

4．处理措施

（1）提高注水井的注水量，确保油层有足够的供液能力。

（2）在提高注水量的同时要搞好注水井分层注水工作，减缓或降低油井的含水率上升速度。

（3）对油水井实施增产增注措施，提高其供液能力。

例 1-21　某抽油机井，在对油井资料检查中发现，产液量、含水率都比较稳定，油压基本不变化。而录取的上、下行电流值在一月内出现了好几次交叉变化，有时上行电流大于下行电流，有时下行电流大于上行电流。试诊断抽油机井故障并处理。

1．诊断过程

（1）从生产数据上看，该井产液量、含水率都比较稳定，油压基本不变化，即该井生产比较稳定。但上、下行电流值在一月内出现了好几次交叉变化，说明井下载荷发生了交叉变化。

（2）发现问题后，进行生产数据核实，结果是除上、下行电流值变化外，其他生产数据基本稳定。

（3）对该井进行示功图测试。从示功图上看，示功图图形为正常，载荷没有发生变化，说明抽油机井工作正常。

2．诊断结果

电动机电流值出现较大交叉变化是数据录取不准引起的。

3．原因分析

电动机上、下行电流出现交叉变化只有在抽油机平衡率非常高的情况下才有可能出现，而且变化幅度非常小，这是输电线路、相间的电压、电流波动造成的。如果电动机上、下行电流值出现比较大的交叉变化，原因是油井泵况出现问题或录取资料不准确。该井泵况、产液量都正常，只能是录取的资料不准确。

4．处理措施

(1) 发现问题，技术人员应到现场进行核实，落实资料的真实情况。

(2) 岗位工人应认真录取抽油机井每一项资料，确保资料的真实性。

例 1-22 某抽油机井，在对油井资料检查中发现，产液量、含水率都比较稳定，油压变化不大。在正常生产的情况下，该井上、下行电流值突然上升，过几天后又恢复正常，并且上、下行电流值的变化不在同一时间。试诊断抽油机井故障并处理。

1．诊断过程

(1) 从生产数据上看，该井产液量、含水率都比较稳定，油压变化不大，即该井生产比较稳定。但在正常生产的情况下，上、下行电流值突然上升，过几天后又恢复正常，并且上、下行电流值的变化不在同一时间。根据抽油机的工作原理，电动机电流的大小直接反映出抽油机载荷的大小。正常生产井在生产时抽油机的载荷是相对稳定的，电动机的电流也是相对稳定的。当电流突然发生变化，说明井下载荷发生变化。

(2) 发现问题后，进行生产数据核实，结果是除上、下行电流值变化外，其他生产数据基本稳定。

(3) 对该井进行示功图测试。从示功图上看，示功图图形为正常，载荷没有发生变化，说明抽油机井工作正常。

2．诊断结果

电动机电流值突然变化是数据录取不准引起的。

3．原因分析

抽油井在泵况、液面正常的情况下载荷不可能发生大的变化，所以电动机电流突然上升又降回的情况是不可能出现的。如果录取的电流资料中出现了这类数据，在泵况、液面正常的情况下，只能是录取的资料不准确。

4．处理措施

(1) 岗位工人应认真录取抽油机井每一项资料，确保资料的真实性。

(2) 技术人员应及时发现资料中问题,将有问题的资料发回重新落实、再行整改。

例 1—23 某抽油机井,在一次热洗结束恢复正常生产后,对该井量油时发现产液量上升,产液量波动超过规定界限,含水率上升,而产油量却没有上升,其他生产数据均变化不大。试诊断抽油机井故障并处理。

1. 诊断过程

(1) 从生产数据上看,该井热洗结束恢复正常生产后,产液量突然上升,含水率上升,而产油量却没有上升,其他生产数据均变化不大,说明该井只是产水量增加。

(2) 由于产液量波动超过规定界限,连续几天核实资料,发现核实数据与以前数据相比基本没有变化,说明该井实际产液量不是波动的问题,确实上升了。

(3) 由于该井是热洗后产液量无故上升,于是检查地面流程,在检查中发现井口套管四通的温度较高,说明是地面热水漏进井内使该井的产液量上升、含水率上升。当阀门漏失量很小时,对抽油井的含水率影响不大,随着漏失量增加,影响就会显现出来。

2. 诊断结果

在热洗结束后热洗阀门关不严,使地面热水漏到井下引起产液量上升。

3. 原因分析

机械采油井在没有特定的情况下,产液量不可能出现突然上升。如果出现了突然上升,就可能是量油资料不准或地面热水漏失。该井的产液量上升是热洗阀门关不严,使地面掺热保温用的热水通过热洗阀门漏到井下,再由抽油泵抽出。热水漏失一方面增加了井下液量;另一方面可以起到降粘作用,从而提高抽油泵泵效,使产液量上升。由于不是油层生产出的液量,就不能准确地反映出油层生产情况,给油水井生产动态分析工作带来不利影响。

4. 处理措施

(1) 维修、更换热洗阀门,减小地面流程对油井生产的影响。

(2) 重新进行量油、化验,准确录取油井生产数据。

例 1—24 某抽油机井,生产一直比较正常,在一次量油时发现产液量突然上升,而其他生产数据基本没有变化。当发现产液量突然上升后,连续三天加密核实量油,发现核实数据与以前数据相比基本没有变化。试诊断抽油机井故障并处理。

1. 诊断过程

(1) 检查抽油机井的上、下行电流,上、下行电流是稳定的,说明抽油机载荷没有出现异常变化。

(2) 现场检查井口油压、套压数据，没有变化；检查井口热洗阀门、小循环阀门，关闭没有问题。说明井口流程不会使产液量上升。

(3) 注水受效是逐渐变化的，不会在短期内出现大的上升。

(4) 检查计量间流程情况，发现计量间掺热阀门出现问题。

2．诊断结果

计量间掺热阀门没关严或关不严，出现漏失，使该井产液量上升。

3．原因分析

油井生产一般都采用地面掺热保温，多井汇集计量的流程。计量间里的来油与掺热汇管上的阀门在长时间使用中，由于磨损、结垢、有脏物堵塞等造成关不严，对单井计量影响很大。计量间里的单井掺热阀门是汇管通向井口的控制阀门，单井掺热量的多少主要是由井口掺热调节阀进行调节。量油时，如果计量间掺热阀门关闭不严就会使一部分掺热水通过井口循环回来参与计量，使油井产液量上升。当阀门漏失量很小时，对抽油井产液量不会有大的影响；但随着漏失量增加，影响就会显现出来。

4．处理措施

(1) 及时检查、维修、更换掺热阀门，减少对单井产液量的影响。

(2) 认真查清油井产液量无故上升的原因，认真对待地面流程中的问题。

例1-25 某抽油机井，生产比较稳定，虽然产液量有波动，但没有超过规定界限。后来，在测试示功图时发现示功图为泵漏失的示功图，但产液量不但不降还稍有上升，经反复量油核实产液量，没有发现问题。试诊断抽油机井故障并处理。

1．诊断过程

(1) 对该井进行憋泵，检查泵、油管漏失情况。从井口憋泵数据上看，憋压时油压上升缓慢，没有达到憋压要求；停机 10min 油压快速下降，憋泵效果不好，说明泵、油管有漏失情况。

(2) 检查井口流程情况。通过检查、触摸，套管四通温度正常，说明热洗阀门没有漏失情况。

(3) 检查计量间流程情况。采用停机量油的方法检查：①停抽油机；②将计量间里该井的掺热阀门和井口掺热调节阀全部关闭，保证掺热对产液量没有影响；③倒流程对该井量油，结果发现该井仍然有一定的产液量。说明计量间里某单井汇管上的量油阀门有问题，造成该井计量偏高。

2. 诊断结果

计量间中有其他个别井的单井量油阀门没关严或关不严，使该井产液量计量不准。

3. 原因分析

计量间的主要功能是：汇集各单井产出的液量并将其输送到中转站；对各单井集中进行计量；对各单井进行保温、热洗等。计量间里每口井都有单井量油阀门，主要用于单井计量时使用。当对某单井进行量油时，如果其他井的单井量油阀门没关严或关不严，这口井产出的部分液量就可以通过单井量油阀门漏进量油汇管，与量油井的液量一起参与计量，使产液量本该下降的而没有下降或使产液量无故上升。在日常生产管理中，计量间里的单井量油阀门不严，会影响油井资料录取的准确性，从而影响单井生产动态分析。

4. 处理措施

(1) 及时检查、维修、更换单井量油阀门，减少对单井资料准确性的影响。

(2) 认真对待油井产液量无故上升或该降不降的情况，要仔细分析原因，查找问题的所在，杜绝此类事情的发生。

例 1—26 抽油机井作业完井开井后出油不正常或不出油的故障与处理。

1. 故障的原因

(1) 井筒内有脏物，泵吸入口被堵塞。

(2) 作业压井措施不当，油层污染或堵塞。

(3) 抽油杆断脱。

(4) 油井卡封、改层后，新生产层位供液能力不足。

(5) 柱塞未下入泵筒。

(6) 固定阀或游动阀严重漏失。

(7) 油管漏失。

2. 处理故障的方法

发现问题后，应先测示功图及动液面，根据示功图及动液面资料，判断原因，针对问题采取措施。

(1) 憋泵、碰泵，用水泥车洗井。

(2) 提出油层解堵作业设计，如洗井、酸化等。

(3) 采取对扣，如果无效，则需重新作业。

(4) 提出改造油层措施，合层或换层生产。

(5) 将柱塞下入泵筒，调整好防冲距。

(6) 油管漏失严重时需重新作业，上紧油管或更换油管。

例 1—27 抽油机井不出油，憋压时，压力值随抽油机上行压力增加，下行时又降到原值，光杆卸不了载，使电动机上行电流正常，下行电流比正常时小的故障与处理。

1．故障的原因

游动阀被卡死而打不开或固定阀常开。

2．处理故障的方法

(1) 热洗或碰泵。

(2) 作业排除故障。

例 1—28 抽油机井不出油，驴头上下载荷变化不大，抽油机上行电流变小，下行电流变大的故障与处理。

1．故障的原因

(1) 固定阀、游动阀同时失灵。

(2) 柱塞脱落或柱塞未进入泵筒。

(3) 抽油杆下部断脱。

(4) 泵筒或油管脱落。

2．处理故障的方法

(1) 发现问题后，测示功图及动液面，根据资料进一步证实原因。

(2) 进行作业检泵，恢复生产。

例 1—29 抽油机井产液量下降，泵效降低，液面上升，上下电流稳定，抽油机载荷变化不大，示功图正常，在憋泵过程中发现油压上升幅度缓慢，没有达到憋压要求，并且套压随油压变化而变化的故障与处理。

1．故障的原因

(1) 油管距井口附近有漏失。

(2) 油管挂不严，使油、套管串通。

2．处理故障的方法

(1) 作业检泵更换漏失的油管。

(2) 抬掉井口更换油管挂达到密封。

例 1—30 抽油机井光杆发黑、烫手的故障与处理。

1．故障的原因

(1) 光杆密封盒上得过紧。

(2) 油井不出油。

2．处理故障的方法

(1) 先检查密封盒上得是否过紧，若过紧，松密封盒压帽，使密封盒松紧度合适。
(2) 若不是密封盒过紧，查明油井不出油原因，采取措施解决。

例1-31 抽油机井调整防冲距后，泵效反而有所下降，抽油机上行一定距离时电流突然减小，观察抽油杆有跳动现象的故障与处理。

1．故障的原因

柱塞脱出泵筒。

2．处理故障的方法

下放柱塞重新校对防冲距。

例1-32 抽油机井不出油，上冲程电流猛增，电动机声音不正常的故障与处理。

1．故障的原因

柱塞被卡死在泵筒内。

2．处理故障的方法

(1) 热洗解卡。
(2) 检泵作业解卡。

例1-33 抽油机井产液量逐渐下降，抽油机上行电流增大，下行电流也逐渐增大，动液面上升，测示功图最大载荷大于最大理论载荷，最小载荷小于最小理论载荷，上下载荷呈不规则波动的故障与处理。

1．故障的原因

抽油泵泵筒或油管结蜡。

2．处理故障的方法

(1) 按规定进行热流体洗井、加化学清蜡剂清蜡。
(2) 根据该井结蜡规律，合理制定清蜡周期，减少蜡对油井生产影响。
(3) 进行作业清蜡。

例1-34 抽油机井泵效正常，产液量变化不大，上冲程时正常，下冲程至下死点时抽油杆跳动，井口能听到撞击声的故障与处理。

1．故障的原因

防冲距过小或未留防冲距，造成柱塞撞击固定阀。

2．处理故障的方法

上提柱塞，调整合适的防冲距。

例 1-35　抽油机井产液量稍有下降，泵效也有降低，手摸光杆有振动感觉，上冲程电流增加且不稳定，下冲程电流下降也不稳定，示功图反映上下载荷线呈锯齿形状的故障与处理。

1．故障的原因

油井出砂（柱塞受砂阻影响）。

2．处理故障的方法

(1) 建立合理的油井工作制度（减小生产压差），防止地层出砂。

(2) 减小泵冲数，减少砂量进入泵筒。

(3) 安装砂锚防砂。

(4) 使用防砂泵。

例 1-36　抽油机井回压显著上升，抽油机上行电流增大，产液量降低或不出油的故障与处理。

1．故障的原因

(1) 出油管线结蜡。

(2) 有脏物堵塞管线。

2．处理故障的方法

(1) 进行热洗清蜡，如果管线堵死需采取管线外加热解堵。

(2) 如果是脏物堵塞。首先判断脏物堵塞位置，然后进行憋压或割断管线解堵。

例 1-37　在注水采油工作制度没变化的情况下，取油样时发现抽油机井含水显著增加的故障与处理

1．故障的原因

(1) 井口掺水阀没有关。

(2) 井口掺水阀没关严或严重漏失。

2．处理故障的方法

(1) 关闭掺水阀后先放空，然后再取新油样。

(2) 更换漏失的掺水阀。

第二章 电动潜油泵井生产故障诊断与处理

第一节 基础知识

电动潜油泵井在生产过程中，总是不可避免地出现一些故障，使机组不能正常运转，影响其抽油效果和运转寿命。因此，采油工作人员在生产管理过程中必须及时发现故障、分析判明原因、采取相应措施，并观察效果、总结经验，以保证电动潜油泵井正常生产。

一、利用诊断技术诊断电动潜油泵井泵况与故障处理

（一）利用电动潜油泵运行电流卡片诊断泵况与处理

电动潜油泵运行电流卡片是反映电动潜油泵运行过程中潜油电动机的电流随时间变化的曲线。它是管理电动潜油泵井、分析井下机组工作状况的主要依据。电动潜油泵运行不正常，甚至发生极轻微的故障及异常情况，电流卡片都可以显示出来。

对运行电流卡片的分析一定要结合机组的基础数据和电动潜油泵井的生产情况，因为有些运行电流的变化可以从卡片直接反映出来，有些运行电流的变化很难直接从卡片分析出来。

1. 正常运行的电流卡片分析

（1）曲线分析：正常运行的电流卡片如图2-1所示。该卡片所记录的电流曲线表明：电泵机组的选型和设计是合理的，设计功率和实际功率基本接近，二者之差在10%以内。在这种情况下，电流曲线呈均匀的、对称于圆心的形状。电流波动范围±1A，是比较理想的电流曲线。正常运行中，电流曲线出现上下波动是允许的，但波动范围不允许超过规定值。卡片上出现任何一个较大的变化，都表明井内生产条件可能发生了变化。

(2) 措施方法：加强电动潜油泵井的日常管理，保证井下机组正常运行。

2. 电源电压波动的电流卡片分析

(1) 曲线分析：电源电压波动的电流卡片如图2-2所示。电流的变化可以看作是电压的变化。该曲线表示由于供电电压波动，造成电流和潜油电动机输出功率的变化，使电流曲线出现了"钉子"状的突变。一般要求电压波动不得超过电动机额定电压值的±5%。

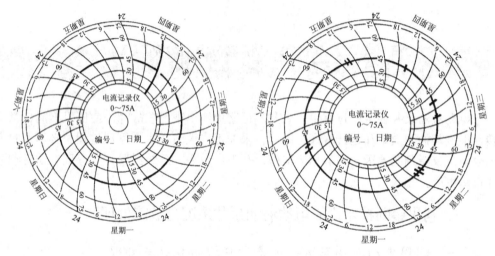

图2-1　正常运行的电流卡片　　　　图2-2　电源电压波动的电流卡片

(2) 产生原因：供电线路上大功率柱塞泵突然启动而引起的电压瞬时下降；附近抽油机井多口井同时启动；雷击现象等。

(3) 防止方法：在大面积停电来电后，等其他设备启动后再启电动潜油泵；给电动潜油泵井安装避雷器。

3. 气体影响的电流卡片分析

(1) 曲线分析：气体影响的电流卡片如图2-3所示。该电流卡片上电流曲线呈锯齿状，曲线呈小范围密波动，说明电泵选型基本符合设计要求，井液中含有较多气体。

(2) 产生原因：电流波动是由于井液中含有游离气体。在这种情况下，不但排量要降低，而且容易烧坏电动机；另外，泵内的液体被气体乳化也可能引起电流波动。

(3) 防止方法：在泵吸入口加气锚或旋转式油气分离器；合理控制套管气；保证

机组合理的沉没度（加深泵挂）；井液中加入破乳剂。

4. 泵发生气锁的电流卡片分析

（1）曲线分析：泵发生气锁的电流卡片如图 2-4 所示。该电流卡片表现为电动潜油泵刚启动，此时沉没度比较高，运行电流比较平稳，但是产量和电流都因液面的下降而逐渐减小，动液面基本接近设计值。随着液面的逐渐下降，电流也慢慢下降，然后因气体分离出来，电流出现上下波动，波动幅度随时间的延长越来越大。当液面接近泵的吸入口，电流波动最大，直到因气锁抽空而欠载停泵。

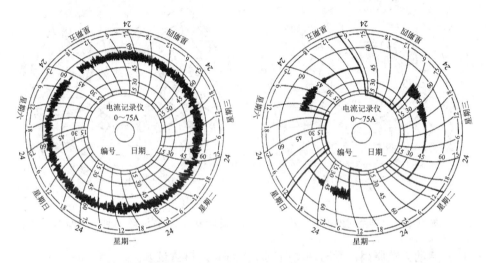

图 2-3　气体影响的电流卡片　　　　图 2-4　泵发生气锁的电流卡片

（2）产生原因：电动潜油泵在运行过程中由于某些因素影响，使井液中大量气体进入泵内，造成因气锁抽空，欠载停泵。

（3）防止方法：除防止气体进泵的措施外，还应缩小油嘴、间歇生产、选择与供液能力相匹配的机组等。

5. 泵抽空时的电流卡片分析

（1）曲线分析：泵抽空时的电流卡片如图 2-5 所示。该电流曲线表明电动潜油泵由于抽空而自动停机，间隔一定时间后，又自动启动。启动电动潜油泵后，井内无游离气体析出，电泵运行正常，电流也比较平稳。当井中液面接近泵吸入口，产液量、电流值均下降，直到无井液进入泵的吸入口，达到欠载整定值而停机。

（2）产生原因：若发生在电动潜油泵井投产初期，为选泵不适当；若生产一段时间后出现，为供液不足所致。

(3) 处理方法：缩小油嘴；加深泵挂；更换小排量机组。

6. 泵抽空，不合理启动的电流卡片分析

(1) 曲线分析：泵抽空，不合理启动的电源卡片如图 2-6 所示。该电流曲线表明电动潜油泵在运行中因欠载而自动停机，经过一段时间后又重新启动，但未成功。这说明在泵抽空后，井内液面尚未恢复泵就开始启动，造成启动不成功。

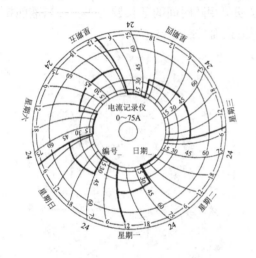

图 2-5　泵抽空时的电流卡片　　图 2-6　泵抽空，不合理启动的电流卡片

(2) 启动失败原因：延时启动时间不合理；泵排量过大。

(3) 处理方法：适当延长延时启动时间（一般要求欠载延时启动时间不少于 40min）；缩小油嘴；加深泵挂；在修井施工中更换小排量机组。

7. 欠载停机的电流卡片分析

(1) 曲线分析：欠载停机的电流卡片如图 2-7 所示。该电流曲线表示油井供液能力不足，电动潜油泵启动运行一段时间后，因抽空欠载而自动停机，曲线中的周期性启动是由自动控制实现的。

(2) 欠载原因：井液密度过低；产液量小，选泵不合理；延时继电器或欠载继电器部分出现故障；电动潜油泵运行电流值小于欠载电流整定值；泵轴断或花键套

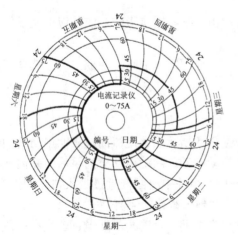

图 2-7　欠载停机，延时启动失败的电流卡片

脱离等。

(3) 处理方法：检修延时继电器或欠载继电器；更换与该井相匹配的机组；改变采油方式，改选有杆泵采油或其他无杆泵采油方法；对于泵故障应起泵检查并更换机组。

8. 欠载保护失灵的电流卡片分析

(1) 曲线分析：欠载保护失灵的电流卡片如图 2-8 所示。该电流曲线表示电动潜油泵启动后运行一段时间，电流慢慢下降，一直降到接近潜油电动机空载运行的电流，欠载继电器不动作，潜油电动机在空载条件下运行一段时间引起故障（电动机空转、温度升高导致电动机或电缆烧毁），过载停机。

(2) 产生原因：欠载继电器失灵；欠载保护电流过小。

(3) 处理方法：检修欠载继电器；调大欠载保护电流。

9. 正常过载停机的电流卡片分析

(1) 曲线分析：正常过载停机的电流卡片如图 2-9 所示。该电流曲线表示电动潜油泵正常运行一段时间后，由于受井下不正常因素的影响，工作电流不断上升，当电流值达到过载保护电流值时，过载保护装置动作而自动停泵。过载停泵未查明原因前不得强制启动。

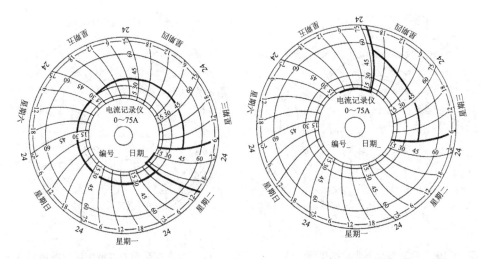

图 2-8　欠载保护失灵的电流卡片　　图 2-9　正常过载停机的电流卡片

(2) 过载原因：①正常过载停机的原因：井液密度、粘度的增加；洗井不彻底，井内有杂质；油管或地面管线结蜡；雷击造成缺相；机组本身故障，如机械磨损、电动机过热等。②瞬间过载停机的原因：机组故障，如电动机、电缆、电缆头被烧；控制屏有问题,如主回路某一相或记录仪、主控线路虚接,熔断器被烧等;电干扰,如雷电、变压器输出电压低等;套管变形卡泵。③过载电流值整定较低。

(3)预防及处理方法:对于正常过载停机应进行洗井;下泵前冲砂,同时对出砂井要考虑上提机组;定时清蜡和热洗地面管线;查出原因,处理缺相;更换机组。

10. 手动强制再启动的电流卡片分析

(1)曲线分析:手动强制再启动的电流卡片如图2-10所示。该电流曲线表明泵启动以后,正常运行一段时间,出现电力波动,使机组过载停机。此卡片还表明进行了多次人工启动,均未成功。

(2)产生原因:雷电;初级接头或熔断器被烧坏;机组偏载等。

(3)预防及处理方法:如果一次人工启动不生效,应该马上请有关技术人员来检查处理,不允许强制再启动。

11. 泵在有杂质的井液中运行的电流卡片分析

(1)曲线分析:泵在有杂质的井液中运行的电流卡片如图2-11所示。该电流曲线表明泵在启动以后,电动机运行不够平稳,使电流曲线明显波动,经过运行一段时间后,自行恢复正常。

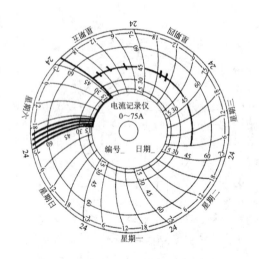

图2-10 手动强制再启动的电流卡片　　图2-11 泵在有杂质的井液中运行的电流卡片

(2)产生原因:井液中含有松散泥沙或碎石屑,一般在压井液压井作业后可能出现。

(3)处理方法:电动潜油泵井作业后应彻底洗井。

12．负载波动的电流卡片分析

（1）曲线分析：负载波动的电流卡片如图 2-12 所示。该电流曲线表明负载变化不规则、没规律。

（2）产生原因：井液密度发生变化或地面回压过高。

（3）处理方法：不宜手动再启泵，更不许自动启泵，应由现场技术人员检查处理后，方可投入运行。

（二）利用憋压诊断法诊断泵况与处理

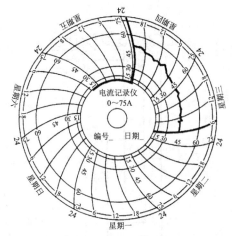

图 2-12　负载波动的电流卡片

如果电动潜油泵井的电流曲线比较平稳，看不出存在什么问题，但油井的液量偏低，小于泵的最佳排量范围，而流压又很高（即扬程很低），举升高度也没有达到该排量下应有的水平，这就要利用憋压诊断法进行分析。

利用憋压诊断法分析泵况，就是在潜油泵运转的生产状态下，迅速关闭井口回油阀门憋压，并在适当时刻停泵，记录整个憋压过程中井口油压与时间的关系并做出曲线，根据曲线反映的形式和特征值来分析泵况和计算各有关参量。

1．泵工况正常

关回油阀门前，油管中气液分布状态为气液混相流动，如图 2-13（a）所示。关闭阀门后，由于井口不出流，油管内流体停止流动，于是原来混在液体中的自由气在重力的作用下很快游离到油管上部，液体沉聚在下部，如图 2-13（b）所示。关闭阀后虽然井口流量为零，但是泵的排量并不同时为零，而是继续向油管内排液，使油管内液面上升，同时压缩管内流体，使其压力上升，若忽略气柱重力，则憋压时井口油压反映的是油管内液面处的压力。

（1）当油管中尚有较多自由气存在时，因液体的压缩系数远小于气体的压缩系数，油管内流体的压缩主要反映的是气体压缩规律。

憋压初期油管中尚有较多自由气时井口油压与时间的关系为：

$$p = p_o e^{\frac{Q_p}{V_g}t}$$

式中　p——憋压 t 时刻井口油压，MPa；

p_o——憋压初始时刻井口油压，MPa；

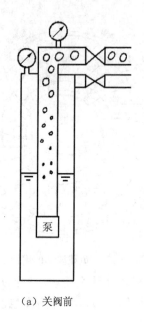 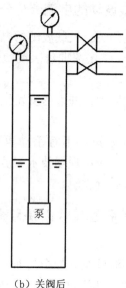

(a) 关阀前　　　　　　　　　(b) 关阀后

图2-13　关阀前后的气液分布

Q_p——泵入体积流量，m³/s；

V_g——油管内气体体积，m³；

t——憋压时间，s。

该阶段压力按指数规律上升。

(2) 当压力上升到一定程度，油管内自由气体积已很小或全部溶解于油中后，压力与时间关系则反映液体的压缩关系。

因为液体的压缩系数在井内压力十余兆帕范围内可近似视为常数，所以井口油压与时间的关系为：

$$p = \frac{Q_p}{\beta_L V_t} t + \left(p_1 - \frac{Q_p t_1}{\beta_L V_t} \right)$$

式中　β_L——油管内液体的压缩系数，MPa⁻¹；

V_t——油管容积，m³；

p_1——t_1时刻时的井口油压，MPa；

该阶段（当 $p > p_1$）压力与时间呈线性关系。

(3) 在憋压过程中，井口压力增加的同时，泵的出口压力也增加。

$$p_u = p + \gamma_L (L_p - L)$$

式中　p_u——泵排出口压力，MPa；
　　　γ_L——油管液体重度，N/m³；
　　　L_p——下泵深度，m；
　　　L——油管内液面深度，m。

泵的实际扬程为：

$$h_p = \frac{p + \gamma_L (L_p - L) - p_s}{\overline{\gamma}_m}$$

式中　h_p——憋压过程中泵的实际扬程，m；
　　　p_s——泵吸入口压力，MPa；
　　　$\overline{\gamma}_m$——泵内流体混合物的平均重度，N/m³。

当 $p > p_1$ 后，$L \approx 0$ 时：

$$h_p = \frac{p + \gamma_l L_p - p_s}{\overline{\gamma}_m}$$

当 h_p 增加到接近泵的实际最大扬程时，井口压力约为：

$$p_2 = k_\mu h_{p\max} \overline{\gamma}_m + p_s - \gamma_l L_p$$

式中　k_μ——粘滞扬程系数；
　　　$h_{p\max}$——泵在抽汲混气液的实际生产条件下所能达到的最大扬程，m。

这时泵入液量接近于零，套管环空液面开始上升，此后泵排出压力 p_u 的增加与液面恢复造成的吸入口压力 p_s 的增加同步，所以井口压力与时间的关系开始呈关井压力恢复的对数关系。

（4）停泵后，压力稳定不降，管柱形成封闭系统。泵工况正常的憋压曲线如图 2—14 所示。

2．管柱漏失

1）停泵前

当管柱存在漏失时，即憋压过程中泵入液量的同时，也有液体在管内外压差的作用下流出油管之外。憋压时压力上升速度为：

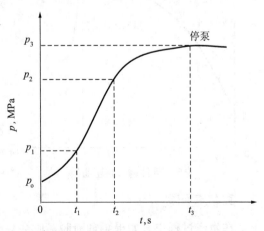

图 2—14　泵工况正常的憋压曲线

$$\frac{\mathrm{d}p}{\mathrm{d}t} = \frac{Q_p - Q_{le}}{\beta_m V_t}$$

式中 Q_{le}——漏失流量，m³/s；

β_m——油管内气液混合物的压缩系数，MPa⁻¹。

由于漏失流量 Q_{le} 是压力 p 的函数，且随 p 的增大而非线性增大。原压力和时间的关系被破坏，压力上升速度相对减缓。当压力增加到使漏失流量等于泵入流量时，达到相对稳定，泵入量、漏失量及管内外压差都不再变化，此后的压力上升与管外的压力恢复同步，于是压力上升与时间的关系开始呈现为对数关系。

漏失孔道越大，进入同步恢复状态所需的油管内外压差越小，即井口压力按对数关系上升的起始值越小。

2) 停泵后

停泵后，单流阀关闭，进液量为零，但由于油管内压力高于油管外压力，油管内液体于漏失孔道处继续外流，使得井口压力下降，管柱不能形成封闭系统。

停泵后，压力变化速度即为：

$$\frac{\mathrm{d}p}{\mathrm{d}t} = -\frac{\varepsilon \varphi A \sqrt{2gh}}{\beta_m V_t}$$

$$\varphi = \frac{1}{\sqrt{1+\xi}}$$

式中 ε ——由流体质点惯性引起的漏失孔道处流体断面收缩系数；

φ ——流量系数；

A ——漏失孔道截面积，m²；

g ——重力加速度，N/kg；

h ——漏失处油管内外液柱压差，m；

ξ ——孔口的局部阻力系数。

管柱漏失憋压曲线如图 2-15 所示。停泵初期油压较高，油管内外压差较大时压力降落很快，以后逐渐减慢，至压差 h 为零时不再下降。

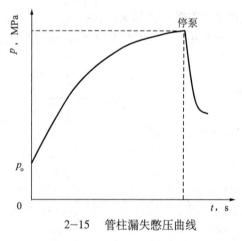

2-15 管柱漏失憋压曲线

3. 机泵问题

在生产过程中，如果泵轴断脱，则会只有断脱部位以下的叶轮工作，而断脱部位以上叶轮不再运转。在这种泵况下憋压，如果仍在工作的那些叶轮及管柱均无问题，则相当于一个同排量但扬程小的好泵工作。由于离心泵扬程与排量的特殊关系，会使油井生产表现为液量下降，流压上升。憋压的压力上升规律同正常工况类似，只是数值不同，可以通过憋压方式按正常工况下的所述方法计算实际最大扬程来确定它的缺失比例。

在全部叶轮都工作并且流道无损时应有：

$$h_{p\max} = k_\mu H_{p\max}$$

式中　$H_{p\max}$——下井前地面试泵时的最大扬程，m。

这时

$$\frac{h_{p\max}}{k_\mu H_{p\max}} = 1$$

如部分叶轮不工作或流道有损或泵自身漏失，则有：

$$\frac{h_{p\max}}{k_\mu H_{p\max}} = f < 1$$

式中　f——有效泵级百分数或有效工作效率。

如果泵轴从最下部断脱，全部叶轮都不工作，则该井实际上是自喷生产。憋压曲线是一条对数曲线，并且停泵对曲线无影响，压力仍按对数关系上升。泵轴从最下部断脱的憋压曲线如图 2-16 所示。

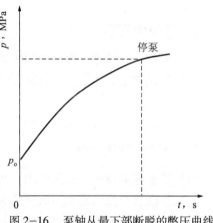

图 2-16　泵轴从最下部断脱的憋压曲线

二、利用问题假设法诊断电动潜油泵井故障与故障处理

（一）启泵操作时，井下机组不能启动

1. 故障的原因

（1）电源没有连接或断开。
（2）控制屏控制线路发生故障。
（3）地面电压过低。
（4）电缆或电动机断路或绝缘损坏。
（5）泵、保护器、电动机机械故障。
（6）油稠、粘度大、死油过多、结蜡严重、泥浆未替喷干净。

2．处理故障的方法

(1) 检查三相电源、变压器及熔断器是否正常；检查闸刀是否合上。

(2) 检查控制屏控制线路，即检查过载继电器整定值是否过小、检查控制屏的控制电压是否正常、检查控制屏控制线路熔丝是否完好，并排除故障。

(3) 根据电动机额定电压和电缆压降计算出地面所需电压，调整变压器挡位到正常值。

(4) 检查井下机组对地绝缘电阻和相间直流电阻，如绝缘达不到要求，则应检泵。

(5) 作反向启动试验，如达不到要求，则应检泵。

(6) 用低于60℃热水或轻质油洗井，然后再启动。

（二）井下机组绝缘值显著低落

1．故障的原因

(1) 泵排不出液体，电动机周围液体停止流动，散热条件变坏。

(2) 电动机在超负荷或低负荷下运转，使电动机电流增加，而使电动机温度升高。

(3) 液体自井内侵入电动机或电缆，绝缘被破坏，电阻降低。

2．处理故障的方法

(1) 检查泵的排量，查明原因，采取措施。

(2) 检查自耦变压器次边线路超负荷时，限制泵的排量使电流降低。

(3) 如绝缘被破坏，严重时取出井下机组进行修理。

（三）排量低或排不出液体

1．故障的原因

(1) 电动机损坏或转向不对。

(2) 地层供液不足或不供液。

(3) 地面管线堵塞。

(4) 油管结蜡严重。

(5) 泵轴断、分离器轴断或泵进口堵塞。

(6) 管柱有漏失。

(7) 油套环行空间内天然气压力过大，使液面低于泵吸入口，天然气进入泵内。

(8) 泵的扬程不够。

(9) 对于稠油井，初次开泵或停泵后再开泵，油管有可能不出油。

2．处理故障的方法

(1) 如转向不对，调整相序，使泵正转；电动机损坏应起出修理。

(2) 测动液面，提高注水井注水量；井下砂堵及时处理；加大泵挂深度；更换小排量泵。

(3) 检查阀门及回压，疏通地面管线。

(4) 进行清蜡，解堵。

(5) 起泵进行处理。

(6) 憋压检查，起泵进行处理。

(7) 放出油套环行空间内的天然气。

(8) 起出井下机组，换泵。

(9) 采用热油循环后再开泵。

（四）排量不正常

电动潜油泵井排量不正常是指电动潜油泵井的排量不在最佳排量范围内。在现场管理中，排量高于最佳排量上限值的情况很少，多数是排量低于最佳排量范围下限值的情况，油田一般要对此种情况进行诊断并处理。

1．故障的原因

(1) 注水量过低，油井供液不足或油井产能低。

(2) 含气量高，气体影响严重。

(3) 管柱有漏失，油管或泄油阀（或测压阀）漏失。

(4) 泵部分或全部叶轮不工作，分离器轴或泵轴断。

(5) 泥浆沉淀、结蜡或杂质堵塞泵叶轮流道。

(6) 油井含砂量过高或其他原因造成叶轮流道磨损严重而使泵排量下降。

2．故障诊断与处理的方法

(1) 首先进行量油，确定产量是否低于泵最佳排量下限值，其程度如何，然后测量机组运行电流，观察电流变化情况。

(2) 如果运行电流很低，接近潜油电动机的空载电流，并且憋压时，油压基本不上升，则说明泵或分离器轴断或花键套上串，使泵只有部分叶轮工作或全部不工作。处理方法是起泵检查或更换井下机组。

(3) 如果潜油电动机运行电流比额定电流稍低，憋压时，油压上升为正常憋压值的 60%～80%，且憋压到最大值时，立即停泵，油压有所下降。则说明管柱有漏失，包括油管螺纹连接处漏,测压阀(或泄油阀)漏,单流阀漏。处理方法是处理测压阀或起泵更换油管或单流阀。

(4) 如果运行电流较低,为额定电流的70%~80%(有意调低欠载电流),并且憋压时油压缓慢上升,最后基本接近憋压正常值。同时调查周围注水井在电泵转抽以后注水量有所下降或保持原注水量,且动液面较低,则说明供液不足。处理方法是提高周围注水井注水量或起泵更换小排量机组。

(5) 如果运行电流较低,并且波动比较大,电流卡片呈锯齿状,机组欠载频繁,计算泵吸入口气液比较大,则说明气体影响严重。处理方法是起泵,更换高效井下油气分离器,井口安装套管放气阀;加深泵挂深度;重新选泵,应用组合泵进行抽油。

(6) 如果运行电流过高,机组负荷过大,有过载现象,憋压时,油压上升缓慢,则说明泵叶轮流道有堵塞。处理方法是起泵,进行拆检清洗。

(7) 如果井中流体含砂量过高或其他原因,造成泵叶导轮磨损严重使泵排量下降,可化验油样确定。处理方法是起出机组,改为其他采油方式进行生产。

(8) 对于短周期内由于钻井等原因控制注水,而使油层供液不足,排量下降。处理方法是选用变频控制屏,降低电源频率至合适值进行生产,使泵在最佳排量范围内工作。

(五) 井下机组运行电流偏高

1. 故障的原因

(1) 机组下在弯曲井段。
(2) 电压偏高或偏低。
(3) 井液粘度过大或密度过大。
(4) 井液中有泥砂或其他杂质。
(5) 泵排量增大。
(6) 泵的摩擦阻力增加,如泵轴润滑条件破坏或泵体内部胶皮垫圈被磨损。

2. 处理故障的方法

(1) 适当上提或下放几根油管。
(2) 按需要调整电压值。
(3) 校对粘度和密度,起出井下机组,重新选泵。
(4) 取样化验,严重的可选择其他方式抽油。
(5) 限制排量。
(6) 如电压、电流、排量正常,大多情况为摩擦阻力增加,根据情况起泵修理。

(六) 井下机组运行电流不平衡

1. 故障的原因

(1) 井下机组出现故障。
(2) 电源或地面设备出现故障。

2. 处理故障的方法

(1) 将电动机引线顺时针调整一个位置,如控制屏上电流顺次移动,说明问题在井下电动机或电缆,起泵修理,否则不平衡原因在地面。
(2) 将变压器初级绕组引线顺次调整一个位置,如控制屏的电流相应移动,说明问题在电源,否则故障点在变压器,查明原因作相应处理。

(七) 过载停机(过载指示灯亮)

1. 故障的原因

(1) 过载电流调整不正确。
(2) 偏载运行。
(3) 泵的摩擦阻力增加。
(4) 电动机或电缆绝缘破坏。
(5) 单流阀漏失。
(6) 控制屏控制线路发生故障。

2. 处理故障的方法

(1) 过载电流应调整为额定电流的120%。
(2) 检查三相电流、熔断器及整个电路。
(3) 检查排量是否正常、含砂情况等,必要时起泵修理。
(4) 测量井下机组对地绝缘电阻和相间直流电阻,如绝缘达不到要求,则应起泵修理。
(5) 液体产生回流,使油管中产生真空,此时不能启泵,应起泵修理。
(6) 检查控制屏,进行修理。

(八) 欠载停机(欠载指示灯亮)

1. 故障的原因

(1) 欠载电流调整不正确。
(2) 泵或分离器轴断裂。
(3) 控制屏控制线路发生故障。

(4) 气体影响,引起电动机负荷减小。

(5) 地层供液不足或泵吸入口堵塞,导致泵抽空,电流急剧下降,无液体进泵,最后欠载停机。

2．处理故障的方法

(1) 欠载电流应调整为额定电流的80%。

(2) 检查泵的排量是否正常,憋压,必要时起泵修理。

(3) 检查控制屏线路、各接头及元件。

(4) 适当放套管气,起出更换分离器或加深泵挂。

(5) 测动液面深度,提高注水量;间歇生产;更换小排量泵。

(九) 井下机组运行 10～15min 后停转

1．故障的原因

(1) 欠载电流调整不正确。

(2) 欠载继电器与电路断开。

(3) 电动机运转保护器发生故障。

(4) 动液面过低或气塞。

(5) 欠载继电器的触点有灰尘。

(6) 压力开关控制器发生故障。

(7) 泵或分离器轴断裂。

2．处理故障的方法

(1) 欠载电流应调整为额定电流的80%。

(2) 检查各变流器和过载线圈的接头。

(3) 检查保护器继电器的指示灯是否正常。

(4) 测动液面深度,提高注水量;间歇生产;更换小排量泵。

(5) 清洗触点。

(6) 查出故障及时处理。

(7) 起出机组修理。

(十) 排量突然下降

1．故障的原因

(1) 泄油阀或测压阀损坏,泵内排出的液体一部分从泄油阀或测压阀倒流回油套环行空间。

(2) 油管螺纹漏失或油管破裂。

(3) 机组因某种原因掉入井内，油井不是泵抽，而是处于自喷生产状态。

(4) 机组串轴或某部分轴损坏，如轴断。可通过憋泵进行检查。

(5) 泵吸入口堵塞。

2．处理故障的方法

(1) 起出井下机组，重新更换泄油阀或测压阀。

(2) 起泵处理，重新上好螺纹或更换油管。

(3) 起出井下机组处理。

(4) 起出井下机组进行检修。

(5) 起出井下机组检查清洗。

(十一) 井下机组运行时扭矩过大

1．故障的原因

(1) 叶轮内或分离器内有堵塞物，如泥浆、砂子、胶皮等。

(2) 井况不好，如套管变形，机组在弯曲状态下运行。

(3) 油井排量过高，负荷增大。

(4) 其他原因，如泵轴不转或卡泵等机械故障。

2．故障的危害

机组在运行时，如扭矩过大：

(1) 会使电动机由于扭矩过大而被烧坏。

(2) 会产生应力集中，容易使机组的轴被拧断。

(十二) 配电盘不工作

1．故障的原因

(1) 配电盘无电压。

(2) 接线头或端子脱落。

(3) 遥控浮子开关或压力传动开关开路。

(4) 设备损坏。

2．处理故障的方法

(1) 检查初级系统、变压器、主开关熔断器；检查变压器电压和配电盘熔断器。

(2) 上紧端子螺栓，焊牢松脱的接头。
(3) 检查线路，发现故障进行处理。
(4) 调试设备。

（十三）配电盘工作，但熔断器被烧或过载继电器（高电流）断开

1．故障的原因

(1) 安装或运输时电缆损坏。
(2) 熔断器的容量过小，过载保护调整值偏高，过载继电器的缓冲液型号不对，延时孔开得过大。
(3) 卡泵。
(4) 由于井筒不直，设备拐弯处被卡住。
(5) 单流阀渗漏。

2．处理故障的方法

(1) 断开主开关，用万用表检查每一相缆芯是否良好，对地电阻是否合乎规定。如果阻值过低或等于零，表明电缆已损坏。再检查缆芯电阻，其阻值一般为 $1\sim6\Omega$，阻值大小因电动机型号而异。如果阻值非常大，表明缆芯已断或电动机绕组断线。
(2) 调整更换熔断器，检查过载调整值及过载缓冲液的型号，调整延时孔的开度。
(3) 假如经检查，电动机、电缆和供电电压都正常，有可能是因井液中含砂量过大而卡泵。这种情况可以在配电盘上强行启动试验或反转 $2\sim3$ 次，若不行，必须启泵检修。
(4) 一般将沉没泵管柱上下活动几次或稍微改变一下深度即可排除。
(5) 在井口未固定之前试泵，若单流阀渗漏，泵会发生倒转。检查方法是：用万用表测量交流电压，若发生倒转现象，则有电压指示，把情况记录在运行档案中，待下次启泵时检修。

（十四）过载继电器断路

1．故障的原因

(1) 电压偏低。
(2) 过载调整不合适。
(3) 过载继电器维修不正确。
(4) 单流阀泄漏。
(5) 电动机跑单相。

(6) 绝缘损坏。

(7) 电动机过载或损坏。

2．处理故障的方法

(1) 检查初级系统、变压器、主开关熔断器；检查变压器电压和配电盘熔断器。

(2) 过载调整值应是最大额定值的 120%。

(3) 检查阀的位置和缓冲器（减震器）的油位。

(4) 若单流阀泄漏，油管中的液体会发生回流而使油管产生真空，此时不应启动。

(5) 检查各相电压和电流。

(6) 检查对地电阻值。

(7) 报告检修人员处理。

（十五）电动潜油泵井生产回压过高

1．故障的原因

(1) 倒错流程。

(2) 回油管线冻堵，结垢。

(3) 油井产液量高，管线直径小。

(4) 系统压力高。

2．处理故障的方法

(1) 立即倒好流程。

(2) 进行解堵，清垢。

(3) 根据需要控制好排量或更换大直径管线。

(4) 检查系统压力高的原因，并及时处理。

（十六）其他

1. 井下机组运转时的电流欠载整定值不能低于额定值 80% 的原因

当电动潜油泵井产量较低，电流也较低时，不能把欠载保护调在低于额定电流的 80%。如低于此值，虽然表面上看机组能在产量低、电流小的情况下进行运转，但机组在低排量下长期运行，将出现两个严重问题：

(1) 产量低，机组不能很好散热，容易烧坏电动机或电缆。

(2) 机组长期处于低排量下运转，则要产生下推力，使叶轮下部严重磨损，结果导致产量继续下降，造成恶性循环。

2. 电动潜油泵井排量过高或过低对井下机组的影响

各种不同规格型号的泵,在特性曲线上均有合理的排量范围,超过这个范围,过高或过低都会对泵和电动机的正常工作产生不良影响。

(1) 对泵工作的影响。排量过高,则产生上推力,使叶轮上部严重磨损;排量过低,则产生下推力,使叶轮下部严重磨损,二者均将减少泵的使用寿命。

(2) 对电动机的影响。排量过高,则负荷过大,电流增大,容易烧坏电动机;排量过低,一则造成机组欠载甚至停机,如欠载频繁,多次停启,对电动机不利;二则电动机得不到充分冷却,也容易使电动机因过热而烧坏。

3. 电动潜油泵井巡回检查

电动潜油泵井巡回检查内容见表2-1。

表2-1 电动潜油泵井巡回检查表

序号	检查点	检查内容	解决方法	备注
1	井口	各阀门开关是否正确;井口掺水温度是否正常;流程有无渗漏;清蜡阀门一般应关小,稍留缝隙;出油声音、温度、压力是否正常;检查是否放过套管气	调节掺水温度,控制合理套压生产	摸,看
2	接线盒	接线盒接地线是否良好;接线盒的门是否关闭、锁紧;接线盒有无其他异常等	调整,更换	查,看
3	电缆	接线盒两侧电缆有无损坏;电缆敷设是否良好;电缆铠装接地是否完好	调整,更换	查,看
4	控制屏	控制屏总电闸位置;控制屏控制电压及机组工作电压;控制屏启动转换开关位置(机组正常运行时转换开关应置于"自动"位置;对间歇生产井,转换开关置于"手动"位置);指示灯;电流记录仪与电流显示计(主要检查电流曲线波动情况及原因)	调整,更换	查,看
5	变压器	警示牌;变压器端子接线;闻变压器是否有不良气味;听工作声音 注意:在变压器检查中要注意安全,站在护栏外检查,不得用木棒等乱触变压器	调整,更换 (发现异常由电工处理)	看,闻,听
6	井场	井场无油污、无积水、无杂草、无明火、无散失器材;必须有醒目的井号标志和安全警示标志	整改	看

三、电动潜油泵井动态控制图的制作与应用

(一) 动态控制图的制作

1. 供采协调原理与油井流压—排量效率（p_{wf}—η）的相关性

电动潜油泵井的生产状态是由两方面决定的：一是油井的供液能力；二是电动潜油泵的排液能力。

油井的供液能力主要是由地层压力、油层厚度、渗透率、流动压力、原油物性等参数决定。油井的供液能力可用流入动态曲线，即 IPR 曲线描述。最简单的描述是沃格尔方程：

$$\frac{q}{q_m} = 1 - 0.2\frac{p_{wf}}{p_t} - 0.8\left(\frac{p_{wf}}{p_t}\right)^2$$

式中　q——产液量，t/d；

　　　q_m——当流压为零时的油井产液量，t/d；

　　　p_{wf}——油井流压，MPa；

　　　p_t——油井静压，MPa。

方程表明了在地层压力一定的条件下，油层的供液量与油井流动压力的关系，由方程绘制的曲线如图 2-17 所示。

电动潜油泵井的排量随压头（扬程）改变而改变，而实际压头又随流压而变化。因此电动潜油泵井的流压和排量不是彼此独立的，而是通过排量——扬程曲线联系在一起的。电动潜油泵井在工作时，其供液能力与排液能力必须是协调的，在某一稳定的流压下，油层的供液量必须等于电动潜油泵的排液量，即在流压—排量（p_{wf}—Q）坐标上找到供排协调点，如图 2-18 所示。

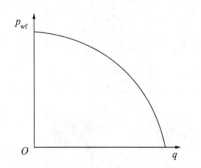

图 2-17　油层供液量与油井流动压力的关系

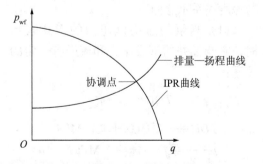

图 2-18　电动潜油泵井供排协调关系

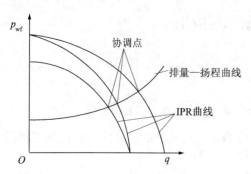

图 2-19 供液能力改变时供排协调变化情况

供排协调的原理是选择采油方式、选择泵型的基本方法，也是电动潜油泵井生产动态分析的基本方法。在单井动态分析中，如果油井的供液能力发生变化，流入曲线就发生变化，排出曲线与流入曲线协调点也就发生变化。流压越高，压头越低，排量越大；反之，流压越低，压头越高，排量越小。供液能力改变时供排协调变化情况如图 2-19 所示。

动态分析方法可以从单井扩展到井群（即宏观分析），但横坐标要变换成排量效率 η。因为电动潜油泵井的产液量与泵型（泵的额定排量 q_e）有关，$q=\eta q_e$。

不同泵型井的排液能力不能简单地用液量进行比较。引进排量效率，既反映了井的排液能力，又使不同泵型的井具有可比性。

上述分析说明，流压和排量效率在宏观上反映了电动潜油泵井群的供排协调关系，这就是控制图中流压与排量效率的相关性。

2. 流压与压头的关系

电动潜油泵井的排量 q 与总的压头 TDH 有着对应关系，这种对应关系集中反映在电动潜油泵的排量—扬程 $[TDH = f(q)]$ 这条关系曲线上。欲找出流压与排量效率的关系，首先要找出流压与压头的关系。

图 2-20 为常用的电动潜油泵井压力与深度关系示意图。

（1）当泵的压头以压力的形式表示时，它与油井的沉没压力和流压有一定的关系：

$$TDH = p_i - p_s$$

式中　TDH——泵的总压头，MPa；

　　　p_i——泵出口压头，MPa；

　　　p_s——沉没压力（或吸入口压力），MPa。

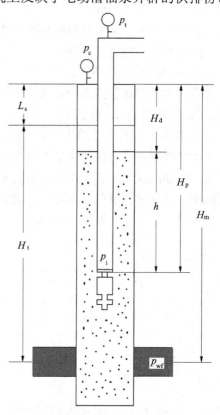

图 2-20　电动潜油泵井压力与深度关系

(2) 泵出口压头 p_i 由油压、油管内液柱压力、井液在油管内运动时产生的摩擦压头损耗等几部分压力构成：

$$p_i = p_t + G_o H_p + \zeta H_p$$

式中　p_t——油压，MPa；
　　　G_o——油管液柱压力梯度，MPa/m；
　　　H_p——下泵深度，m；
　　　ζ——液流管损系数，与油管直径、管壁粗糙度、流量等参数有关，MPa/m。

(3) 流压 p_{wf} 与沉没压力 p_s 有如下关系：

$$p_{wf} = p_s + \Delta p$$

式中　Δp——泵吸入口至油层中部段内混合液产生的压差。

一般电动潜油泵井满足 $H_m > H_p$。

$$\Delta p = G_h (H_m - H_p)$$

式中　G_h——泵吸入口至油层中部深度段混合液压力梯度，MPa/m；
　　　H_m——油层中部深度，m。

(4) 流压 p_{wf} 与压头的关系：

$$p_{wf} = \Delta p + p_i - TDH$$
$$= G_h(H_m - H_p) + p_t + (G_o + \zeta)H_p - TDH$$

根据电动潜油泵井的压力与深度的关系可知：当 H_m、H_p 一定时，p_s 越大，TDH 越小。反之，p_s 越小，TDH 越大。因此，对同一种泵型，下泵深度相同，但由于供液能力不同，即流压不同，使 p_s 不同，其实际压头并不相同，故排量也不相同。因此存在 $p_{wf} = f(q) = f(\eta)$。

3. 流压与排量效率的关系及其修正

电动潜油泵的排量与扬程关系曲线，可以回归成下面的关系：

$$TDH = G_w(c - aq^2 - bq)$$

$$G_w = 0.0098$$

式中　G_w——水柱产生的压力梯度，MPa/m；
　　　c，a，b——回归系数，可根据井实际数据回归统计得出。

将排量转化为排量效率表示：

$$TDH = G_w(c - a\eta^2 - b\eta)$$

电动潜油泵出厂时的特性曲线是以清水为介质作出的。用于油井时,井液的粘度和气体对其都会产生影响,必须进行校正。根据实测的电动潜油泵井扬程数据统计,其平均工作扬程为 5.1MPa,用实测排量效率计算出相应情况下泵在清水中的扬程,其平均值为 8.84MPa。根据这些数据,确定泵因粘度、气体等影响的校正系数为 0.58,则经修正后的扬程与排量效率的关系为:

$$TDH = 0.58G_w(c-a\eta^2-b\eta)$$
$$= 5.684 \times 10^{-3}(c-a\eta^2-b\eta)$$

上式即为电动潜油泵在抽吸油、气、水三相介质时的扬程与排量效率的关系式。

流压与排量效率的关系为:

$$p_{wf} = G_h(H_m-H_p) + p_t + (G_o + \zeta)H_p - 5.684 \times 10^{-3}(c-a\eta^2-b\eta)$$

由于油层中部深度 H_m、下泵深度 H_p、油压 p_t 及泵型不同,则在 $p_{wf}-\eta$ 坐标系上可作出无数条 $p_{wf}-\eta$ 曲线,从宏观角度看,只要把这个曲线族的边界找出即可。

4. 动态控制图区域的划分及各区的供采关系

电动潜油泵井动态控制图是以流压 p_{wf} 为纵坐标,以排量效率 η 为横坐标构成的平面图,如图 2-21 所示。

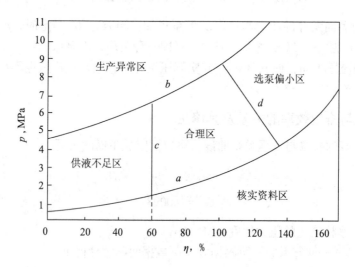

图 2-21 电动潜油泵井动态控制图

1) 动态控制图各区域的划分

根据流压与排量效率的关系，确定 a、b、c、d 各线。

(1) a 线为流压—排量效率的下限，由流压与排量效率的关系作出。

(2) b 线为流压—排量效率的上限，由流压与排量效率的关系作出。

(3) c 线为排量效率下限。

最佳排量范围是电动潜油泵机组的一个重要性能参数。如果叶轮在大于泵的最佳排量范围的上限工作，由于作用在叶轮出口端的力小于作用在入口端的力，因而产生一个向上的推力，使叶轮在上止推状态下工作，上部产生磨损。如果叶轮在低于最佳排量范围的下限工作，那么叶轮出口端的力就比较大，使叶轮在下止推状态下工作，导致叶轮下部磨损。不同泵型的最佳排量范围有所不同。

根据电动潜油泵特性曲线，统计油田应用最广泛的几种主要泵型的最佳排量范围，平均最佳区在 $\eta=0.6$ 和 $\eta=1.35$ 之间。在流压—排量效率的上下界限 b 线和 a 线之间 $\eta=0.6$ 的位置作一条垂线 c，作为划分合理区和供液不足区的界限。

(4) d 线为排量效率上限界限。

在 a 线上 $\eta=1.35$ 点作一条与 b 线相交的法线，作为划分合理区与选泵偏小区的界限。作法线有三点原因：

①根据油田合理开发界限的要求，能将合理区的流压限制在较低的范围内。

②法线外边的井点密度比法线内部井点密度稀。

③法线内外的井点移位（供液能力改变）时沿垂直法线变化。

上述 a、b、c、d 四条线将控制图划分为五个区，如图 2-21 所示。五个区分别为合理区、供液不足区、选泵偏小区、核实资料区和生产异常区。

2) 动态控制图各区域的供排关系

(1) 合理区：合理区的井工作状态最好，该区域的井不仅供排协调，而且由于叶轮在自由浮动的最佳状态下工作，机组寿命最长，系统效率最高。

(2) 供液不足区：该区域的井流压较低，泵效低。根据流压和排量效率的协调关系来分析，该区的井主要是排大于供。一是注水不够或油层渗透率降低；二是选泵偏大。

(3) 选泵偏小区：该区域的井流压较高，泵效高，供大于排。这主要是选泵偏小或注水量增大，供液量不断上升而造成泵偏小，这是一个潜力区。

(4) 核实资料区：该区域的井超过了供排协调的可能范围，多数井是资料有较大的偏差，个别靠近曲线的井也可能是实际情况，资料核实后可以划入其他区。

(5) 生产异常区：该区域的井流压较高，泵效低。问题主要出在排液方面，有些井基本丧失了排液能力，流压大于 9MPa，基本处于自喷状态，排量效率很小时是机组出了故障。而 $\eta > 0.6$ 和 $p_{wf} < 9MPa$ 的井则可能是油嘴、输油管线结垢等憋压现象造成的。

(二) 动态控制图的应用

(1) 动态控制图可挖掘电动潜油泵井生产潜力。用动态控制图分析油井生产状况后，可根据不同区域的井，采取不同的生产措施，挖掘油井的生产潜力。电动潜油泵采油的特点之一就是机组按设计安装后，排量可调整的范围较小。因而要求尽量提高设计符合率。

①对合理区内的井，当油压高于1.0MPa，沉没度大于400m时，可采取放大油嘴的挖潜措施，降低流压。

②对供液不足区的井，一是采取提高水井的注水量；二是利用检泵机会，设计小排量的泵，使抽井供排协调。按照动态控制图管理办法，对排量效率低、流压低的井，换小排量的电动潜油泵，可以使排量效率提高。

③对选泵偏小区的井，利用检泵的机会实施换大泵措施。

④对核实资料区的井，进行资料核实，该区域的井通过资料核实后可以划入其他区，再根据情况采取措施。

⑤对生产异常区的井，采取检泵措施，使该区域的井全部进入了合理区。

(2) 动态控制图是提高机组寿命和系统效率的得力工具。在油井管理中，应对电动潜油泵井进行分析统计，用控制图对电动潜油泵井进行分类，分类后分别对各区域内的井进行技术管理，提高电动潜油泵系统效率。

(3) 动态控制图是抓好电动潜油泵井日常生产技术管理的重要方法。利用动态控制图，可较直观地掌握了油井生产状况，明确应采取哪些措施（如调整油嘴、套压，加强资料工作，提高资料准确性等），找出工作中的重点，提高工作效率，避免了工作的盲目性。

第二节 案 例

例2-1 某电动潜油泵井，在对半年的生产数据对比中发现，该井产液量逐渐下降，电动潜油泵的排液效率变差，油压下降，套压和动液面上升，回压下降，电动潜油泵的电流值变化不大。试诊断电动潜油泵泵况并处理。

1. 诊断过程

(1) 根据生产数据，该井油压下降，说明电动潜油泵的举升能力下降，即泵的扬程下降。

(2) 该井套压和动液面上升，说明油层的供液能力没有变化，即油层能量充足。

(3) 该井回压下降，说明井口产液量减少，管线中的流量少。

(4) 该井电动潜油泵的电流值变化不大，说明电动潜油泵工作正常。

(5) 对该井进行憋压，憋压时油压上升缓慢，基本上达到憋压要求，停泵后油压稳定不降，管柱能形成封闭系统。

通过以上诊断认为，在电动潜油泵工作正常的情况下，泵的排液效率下降、扬程下降，这种情况通常是井筒内油流阻力增大，压力损失增大造成的。电动潜油泵在举升过程中，能量在井筒中被油流阻力消耗掉。

2．诊断结果

油管内结蜡导致井筒内油流阻力增大，油井产液量下降。

3．原因分析

油管结蜡是逐渐形成的。当蜡在管壁上沉积下来并结到一定厚度时就会使油管内径变小，油流通道变窄，导致井筒内油流阻力增大，排液效率就会下降，井口产液量就会下降。压力损失增大，井口油压就会下降。井口产液量下降，井口回压就会下降。由于地层的供液能力没有变化，电动潜油泵排液效率下降就会导致井口套压、液面的上升。电动潜油泵工作正常，泵的排量减小使电动机工作电流变化不大或稍有下降。

如果油管结蜡严重，油管内的蜡就会发生堆积，电动潜油泵会因阻力增加过大而出现憋泵情况，电流也会随之增大。此时如果不采取措施，有可能发生烧泵事故。因此，在生产管理中必须掌握电动潜油泵井的结蜡规律，提前做好清防蜡工作，防止蜡对油井产液量的影响。

4．处理措施

(1) 进行清蜡，减小油流阻力。

(2) 摸索电动潜油泵井的结蜡规律，制定合理的清蜡周期。

(3) 严格执行清蜡制度，做好清蜡工作，保证油流畅通。

(4) 做好油井的防蜡工作。

例 2-2 某电动潜油泵井，井下机组排量为 $100m^3/d$，投产正常运行一段时间后，发现产液量逐渐下降，工作电流逐渐升高，最终过载停机，试图再启动，由于工作电流仍然较高而失败。试诊断电动潜油泵泵况并处理。

1．诊断过程

(1) 从生产数据上看，该井投产后生产一直比较稳定，说明油层供液能力充足，电动潜油泵工作正常，供排协调。

(2) 测量机组对地绝缘电阻和相间直流电阻均正常，检查网路电源及控制屏均正常,说明电动潜油泵没有问题。然后又重新启机,工作电流很高,3min 后过载停机,启动若干次均如此。

(3) 对该井进行热洗处理。热洗处理后,启动机组正常运转,运行电流接近机组额定电流值,且运行一直很平稳。

2．诊断结果

电动潜油泵井长时间没有清蜡或油井中压井液没有替喷干净。

3．原因分析

该井投产后,长期没有清蜡或油井中压井液没有替喷干净,所以泵叶导轮流道结蜡或泥浆沉淀,导致电动机负荷增大,造成机组运转电流过大,使机组过载停机。

4．处理措施

(1) 进行定期清蜡,减小油流阻力。
(2) 摸索电动潜油泵井的结蜡规律,制定合理的清蜡周期。
(3) 严格执行清蜡制度,做好清蜡工作,保证油流畅通。
(4) 做好油井的防蜡工作。
(5) 若为压井液没替喷干净,有泥浆沉淀,洗井后恢复生产。

例 2-3　某电动潜油泵井生产一直比较稳定,但在一次量油时发现,该井的产液量大幅度下降,油压下降,套压上升,动液面上升,回压下降,电动潜油泵电流值变化不大。试诊断电动潜油泵泵况并处理。

1．诊断过程

(1) 核实该井生产数据,经过连续三天量油、录取井口资料,证明数据准确无误。
(2) 根据生产数据,该井油压下降,说明电动潜油泵的举升能力下降,即泵的扬程下降。
(3) 该井套压上升,动液面上升,说明油层的供液能力没有变化,即油层能量充足。
(4) 该井回压下降,说明井口产液量减少,管线中的流量少。
(5) 电动潜油泵的电流值变化不大,说明电动潜油泵工作正常。
(6) 对该井进行憋压,憋压时油压上升缓慢,远远没有达到憋压要求,停泵后油压迅速下降,管柱不能形成封闭系统,说明油管有漏失情况。

2．诊断结果

油管漏失导致油井产液量大幅度下降。

3．原因分析

油管漏失会使油管、套管之间连通,电动潜油泵排出的部分流量通过漏失部位泄漏到油套管环形空间，再通过泵的吸入口吸入，形成往复循环。由于液体没有全部被举升到地面，所以井口产液量大幅度下降。油管漏失使井口排量减少，泵的扬程在井筒内损失，井口压力下降；憋压时油压上升缓慢达不到要求，停机后压力又会迅速下降。井口产液量下降，回压下降，油套管环行空间的液面就会上升，套压上升。

4．处理措施

（1）进行检泵作业。

（2）在日常管理中，认真观察油井生产数据的变化，出现异常应立即查实电动潜油泵的工作状况。

例 2—4 某电动潜油泵井生产一直比较稳定，但在一次井下测压工作完成后量油时发现，该井产液量大幅度下降，油压下降，套压上升，动液面上升，回压下降，电动潜油泵的电流值变化不大。试诊断电动潜油泵泵况并处理。

1．诊断过程

（1）核实该井生产数据，经过连续三天量油、录取井口资料，证明数据准确无误。

（2）根据生产数据，该井油压下降，说明电动潜油泵的举升能力下降，即泵的扬程下降。

（3）该井套压和动液面上升，说明油层的供液能力没有变化，即油层能量充足。

（4）该井回压下降，说明井口产液量减少，回油管线中的流量少。

（5）电动潜油泵的电流值变化不大，说明电动潜油泵工作正常。

（6）对该井进行憋压，憋压时油压上升缓慢，远远没有达到憋压要求，停泵后油压迅速下降，管柱不能形成封闭系统，说明油管有漏失情况。

（7）该井产液量大幅度下降，是在测压后出现的，诊断为测压阀出现问题。

2．诊断结果

测压阀（泄油阀）漏失。

3．原因分析

由于测压阀漏失会使油管、套管之间互相连通，电动潜油泵排出的部分流量通过测压阀泄漏到油套管环形空间，再通过泵的吸入口吸入，形成往复循环。由于液体没有全部被举升到地面，所以井口产液量大幅度下降。测压阀漏失使井口排量减少，泵的扬程在井筒内损失，井口压力下降。憋压时油压上升缓慢达不到要求，停机后压力又会迅速下降。井口产液量下降，回压下降，油套管环行空间的液面就会上升，套压上升。

4．处理措施

（1）打捞测压阀阀芯进行更换或重新投测压阀阀芯。

（2）如果检查测压阀没有问题，应进行检泵作业。作业时要检查测压阀引压管、油管是否有刺漏，如有需更换。

例 2-5 某电动潜油泵井，油层条件较好，但油层轻微出细砂，井下机组排量为 250m^3/d，采用 17mm 油嘴生产。前半年生产情况一直比较好，但后来产液量开始出现下降，而且还经常性地出现欠载停机情况。从生产数据上看，该井油压下降，套压和沉没度上升，回压下降，泵的工作电流下降。试诊断电动潜油泵泵况并处理。

1．诊断过程

（1）从生产数据上看，该井产液量下降，油压下降，说明电动潜油泵的排量效率降低，扬程降低。

（2）该井套压和沉没度上升，说明油层的供液能力没有变化，即油层能量充足。

（3）该井回压下降，说明井口产液量减少，管线中的流量少。

（4）电动潜油泵的工作电流下降，说明电动潜油泵负荷减少，能耗减少。

（5）对该井进行憋压，憋压时油压上升缓慢，达不到憋压要求，停泵后油压稳定不降，管柱能形成封闭系统，说明油管、测压阀没有漏失情况。

根据以上诊断认为，电动潜油泵的工作状况不好，排量效率降低使该井的产液量、扬程、工作电流等生产数据下降。

2．诊断结果

泵在运转过程中机械磨损大导致泵漏失，油井产液量下降。根据作业检查确认，油层出砂造成泵叶轮磨损。

3．原因分析

电动潜油泵在运转过程中，由于液体与叶轮、叶轮与导轮之间互相摩擦，就会产生机械磨损。如果井液中含砂或含杂质多、井液粘度大，电动潜油泵的磨损就会更严重，电动潜油泵做功能力就会下降并出现漏失，使油井的井口产液量下降、油压下降、工作电流下降，当电流值下降到低于欠载电流整定值时，电动潜油泵就出现欠载停机，油井停产。而且在憋压时由于泵漏失使油压憋不起来，达不到憋压要求。

4．处理措施

（1）对于机械磨损导致的泵漏失，应进行检泵作业。

（2）对于出砂比较严重的井应采取防砂措施，使电动潜油泵在良好的环境下运转。

例 2-6 某电动潜油泵井，井下机组排量为 250m³/d，自投产以来，机组欠载运行，工作电流、油压及产液量值同步发生变化，工作电流在 28～40A 之间变化，油压在 0.5～1.8MPa 之间变化，产液量在 145～190 m³/d 之间变化，变化周期为 15min。试诊断电动潜油泵泵况并处理。

1．诊断过程

（1）经调查，该井油层条件较好，注采系统完善。电动潜油泵转抽以后，提高了相连通注水井的注水量，沉没度较高，在 400m 左右，说明该井供液能力能够满足泵抽需要。

（2）经调查，该井在生产时，井底流压大于饱和压力，说明不存在气体影响。

（3）量油时产液量最高可达到 190m³/d，此外工作电流随出油声变化而变化，说明井下机组工作正常。

（4）该井装有测压阀，在憋压时，油压最高只能达到 7.8MPa，说明管柱有漏失现象。进一步观察生产情况，在油压达 1.8MPa 时，产液量和工作电流开始同步下降，在降到某一值时——油压为 0.5MPa，产液量为 145m³/d，电流为 28A 时，各个参数又重新开始上升，处于周期性变化状态。

2．诊断结果

根据以上诊断初步认为，该井测压阀密封有问题。

3．原因分析

由于该井测压阀密封有问题，在高压时（油压 1.8MPa），测压阀漏失，造成产液量、工作电流及油压同时下降；在低压时（油压 0.5MPa），测压阀密封，使产液量、工作电流及油压同时上升。根据现场投堵试验，认为测压阀下部密封圈损坏。

4．处理措施

（1）不进行检泵，采取补救措施，更换油嘴，把油压控制在 0.8～1.2MPa 之间。

（2）在以后生产中，不能用测压阀测压，防止改变测压阀现状，也不能进行憋压。

（3）测一次动液面，以便进一步观察。

例 2-7 某电动潜油泵井，井下机组排量为 200m³/d，投产初期产量为 200m³/d 左右，其后产量基本保持在 185～190m³/d 之间，并稳定生产相当一段时间。但后来该井产液量突然下降到 83m³/d，油压、工作电流也随之下降，生产不正常。试诊断电动潜油泵泵况并处理。

1．诊断过程

（1）经调查，该井注采系统比较完善，电动潜油泵转抽以后，周围注水井注水量有所增加，油层压力有所上升，并且相邻的采油井产液量也有所上升，说明该井不存在供液不足问题。

(2) 经调查，该井先后两次测动液面都比较高，有一定的沉没度，生产气油比也比较低，说明该井不存在气体影响问题。

(3) 核实该井生产数据，核实数据与变化后数据相比基本没有变化，说明该井生产发生了明显变化。

(4) 检查计量设备，对压力表、量油分离器进行检查，没有发现问题及堵塞现象，说明核实的生产数据准确。

(5) 对该井进行憋压，憋压时油压上升缓慢，远没有达到憋压要求，停泵后油压稳定不降，管柱能形成封闭系统，说明油管、测压阀没有漏失情况，只是泵的扬程下降。

根据以上诊断认为，电动潜油泵的举升能力下降，扬程下降是造成生产数据变化的主要原因。

2．诊断结果

井下机组出现机械故障。根据作业检查确认，泵轴断裂造成只有部分叶轮工作。

3．原因分析

电动潜油泵是由多级叶轮组成的多级离心泵。当泵轴在某个部位发生断裂，断裂部位以上的叶轮就会不再运转。这样，就相当于泵的叶轮级数减少，使泵的扬程减小，油压下降、工作电流减小。电流没有低于欠载值还可以保持电动潜油泵井的正常运转。从油井的生产变化情况看，由于泵的扬程减小，能量降低，使油井的产液量、油压、回压下降。因为地层供液能力没有变化，电动潜油泵排量下降使油井的动液面、套压上升。在对其进行憋压时，油压上升缓慢，达不到憋压要求。

电动潜油泵的泵轴断裂处越是靠近电动机，泵的工作负荷就越小，其产液量、油压、电流下降就越大。当电流下降值达到或低于欠载电流整定值时，电动潜油泵会因为欠载而停机，油井停产。

4．处理措施

(1) 进行检泵作业，恢复电动潜油泵的正常举升功能。

(2) 注意日常生产数据的变化，出现异常立即查实电动潜油泵的工作状况。

例 2-8　某电动潜油泵井，井下机组排量为 $250m^3/d$，投产初期产液量为 $250m^3/d$ 左右，其后液产量基本保持在 $220 \sim 230m^3/d$ 之间，并稳定生产相当一段时间。但后来该井产液量突然下降到 $150m^3/d$，以后又继续下降到接近自喷产液量值，工作电流在32～38A之间波动，生产极不正常。试诊断电动潜油泵泵况并处理。

1．诊断过程

（1）经调查，该井油层条件较好，注采系统比较完善，电动潜油泵转抽以后，提高了相连通注水井的注水量，说明该井不存在供液不足问题。

（2）经调查，该井先后两次测动液面都比较高，有一定的沉没度，生产气油比也比较低，说明该井不存在气体影响问题。

（3）对该井进行憋压，憋压时油压上升缓慢，远没有达到憋压要求，停泵后油压稳定不降，管柱能形成封闭系统，说明油管没有漏失情况。

根据以上诊断认为，井下机组出现机械故障，可能是泵或分离器轴上窜或断裂，造成只有少数叶轮工作或全部叶轮不工作。

2．诊断结果

井下机组出现机械故障，导致油井产液量下降接近自喷产液量。根据作业检查确认，分离器轴上窜，造成连接花键套脱落，使全部叶轮不工作。

3．原因分析

当井下机组分离器轴上窜，造成连接花键套脱落，使电动潜油泵的全部叶轮不工作。从油井的生产变化情况看，油井产液量下降到接近自喷产液量、油压下降、回压下降、动液面上升、套压上升；憋压时，油压上升缓慢，达不到憋压要求。

4．处理措施

（1）进行检泵作业。

（2）在日常管理中，认真观察油井生产数据的变化，出现异常应立即查实电动潜油泵的工作状况。

例2-9 某电动潜油泵井，从生产数据上看，该井生产一直比较稳定，但出砂比较严重，在一次输电线路检修电动潜油泵停产后，再启机时却发现，电流过载无法启动。试诊断电动潜油泵泵况并处理。

1．诊断过程

（1）从生产数据上看，该井生产一直比较稳定，说明油层的供液能力与电动潜油泵的排液能力协调。

（2）测量井下机组对地绝缘电阻和相间直流电阻均正常，检查网路电源及控制屏均正常，说明电动潜油泵井下机组没有问题。然后重新启机，仍无法启动。

（3）对该井进行洗井处理，洗井后仍然无法启动。

根据以上诊断认为，泵被卡住导致不能启机。

2．诊断结果

泵被砂卡。

3．原因分析

根据电动潜油泵结构特点，电动潜油泵是由多级小直径叶轮与导壳组成。如果抽吸的液体中含有砂粒、石子等，在电动潜油泵正常运转时是随液体一起运动，不会沉落在某些部位造成卡泵，只会增大机械之间的磨损。当电动潜油泵由于某种原因停机时，砂粒、石子等就会沉淀或卡在机械运转和不运转部位的缝隙间，造成卡泵。当再次启机时就会无法启动，电流显示过载。此时，检查井下机组正常，电流值很高。

4．处理措施

(1) 当砂卡使电动潜油泵无法启动时，首先要进行洗井，利用水力助推带动叶轮运转，将砂粒从缝隙中洗出，使电动潜油泵解卡。洗井过程中如果电动潜油泵能够启机，说明已经解卡，可以利用水力和叶轮转动两个推力将砂粒排出泵外，防止再次卡泵。

(2) 可以将电动机反转运行，使卡泵物体脱离。

(3) 如果以上措施还不能解卡，应进行作业检泵处理。

例 2-10 某电动潜油泵井，该井供液能力稍差，井下机组排量为 $150m^3/d$，额定工作电流为 34A，因机组烧毁而待作业。在查找原因时发现，该井的电流卡片上曾反映多次启、停机，原因是欠载（即机组工作电流降至 31A 时就出现欠载停机），最后由于频繁的启、停机，使井下机组烧毁而停产。试诊断电动潜油泵泵况并处理。

1．诊断过程

(1) 由于该井供液能力稍差或气体等因素的影响，使工作电流低于井下机组的额定工作电流，如果井下机组的欠载整定值调整合适，井下机组能够正常运行。

(2) 从生产情况上看，该井供液能力稍差，使井下机组欠载停机，并且井下机组工作电流降至 31A 时就出现欠载停机。

(3) 电动潜油泵井下机组烧毁是由于频繁的启、停机而造成的。

2．诊断结果

欠载整定值偏高，造成电动潜油泵井的频繁启、停机是烧毁机组的主要原因。

3．原因分析

有些井由于供液能力稍差或气体等因素的影响，使工作电流低于井下机组的额定工作电流。如果井下机组的欠载整定值调整得过高，使一些油井本不应欠载的出现了欠载。该井就是这种情况，稍出现欠载就使机组停机，然后再启机。这样频繁的启机、停机对井下机组寿命就有很大的影响，再加上井下机组本身质量不太合格，就很容易在短时间内出现烧毁机组的情况。

4．处理措施

（1）在电动潜油泵井投产时，首先要检查过载、欠载电流整定值的调整情况，保证电动潜油泵井下机组的工作电流在一个合理范围内。

（2）认真分析电动潜油泵井下机组欠载停机的原因，针对具体原因采取相应措施。

（3）准确录取电动潜油泵井生产数据，为准确分析电动潜油泵井的工作状况提供依据。

例 2-11 某电动潜油泵井生产一直比较稳定，但在一次量油时突然发现，该井的产液量明显下降，油压上升，套压不变，动液面上升，回压下降，电动潜油泵电流值上升。试诊断电动潜油泵泵况并处理。

1．诊断过程

（1）发现问题后，核实该井生产数据，经过连续三天量油、录取井口资料，证明数据准确无误。

（2）根据生产数据，该井油压上升，说明地面管线液流阻力增大。

（3）该井动液面上升，说明油层的供液能力没有变化，即油层能量充足；套压不变，是套管定压放气阀工作，把上升的套压放掉，使套压不变。

（4）该井回压下降，说明井口产液量减少，回油管线中的流量少。

（5）该井产液量下降，是由于液流阻力增大影响了泵的排液能力。

（6）综合以上诊断，结合生产数据油压上升而回压下降，说明在井口油压表与回压表之间有问题。

2．诊断结果

井口油嘴堵塞导致油井产液量下降。

3．原因分析

当电动潜油泵井油嘴堵塞而没有堵死时，实际就相当于缩小油嘴直径，限制了油井产液量。在电动潜油泵井的排液效率和油层供液能力没有发生变化的情况下，由于产液量在井口受到了限制而下降。油嘴被堵塞后，井筒、井口形成憋压，液体流速减慢，油压升高。油套管环形空间的液面会因产液量下降而上升，套压就会升至套管定压放气阀的定压值。因为回油管线液量少，回压就会下降。

4．处理措施

（1）检查油嘴、清除堵塞物。

（2）在日常管理中，认真观察油井生产数据的变化，及时发现问题与故障、及时处理。

例 2-12 某电动潜油泵井，井下机组排量为 250m³/d。该井在生产一段时间后，有些生产数据在逐渐发生变化，产液量逐渐下降，产油量逐渐下降，油压逐渐上升，套压逐渐上升，动液面逐渐上升至井口，回压逐渐上升，工作电流稍有上升。试诊断电动潜油泵泵况并处理。

1．诊断过程

（1）根据生产数据，该井产液量逐渐下降，说明电动潜油泵的排量效率下降。

（2）该井油压、回压逐渐上升，说明地面回油管线液流阻力增大。

（3）该井套压、动液面逐渐上升，是由于电动潜油泵的排量效率下降，而油层的供液能力没有出现大的变化，说明油层能量充足。

（4）该井工作电流稍有上升，说明电动潜油泵的负荷稍有增大。

综合以上诊断，地面回油管线液流阻力增大是影响电动潜油泵排量效率下降的主要原因。

2．诊断结果

地面回油管线堵塞导致油井产液量下降。

3．原因分析

当油井的地面回油管线由于结垢、结蜡，使管线的内径逐渐减小、液流阻力逐渐增大、回压升高。回压的上升就会连带油压、套压上升。由于管线内径变小，阻力增大，就限制了电动潜油泵井的排液量，使排量效率降低，油井的产液量下降。由于油层供液能力没有变化，随着产液量的下降，沉没度就会上升。由于地面回油管线结垢或结蜡都是逐渐形成的，对电动潜油泵井的影响以及生产数据的变化也是逐渐显现出来的。在逐渐变化的数据中，如果采用短期对比的方法是看不出来变化，只有通过较长时间的生产数据对比才能发现油井出现的问题。

在生产管理中，有的电动潜油泵井的油压、回压会突然上升，管线的液流阻力会突然增大，这说明地面流程是突然出现堵塞。如井口回油阀门、计量间量油阀门工作后没有开或没开大，阀门闸板脱落，回油管线管壁结垢或结蜡后脱落等都会导致管线突然堵塞，使油井油压、回压突然上升。如果出现这类突发故障，不能及时发现和处理，轻则导致油井井口、回油管线憋压使井口、计量间发生刺漏造成跑油事故，重则导致电动潜油泵烧毁使油井停产。

4．处理措施

(1) 如果是结蜡的影响，可以通过热洗地面回油管线，恢复正常输油。

(2) 如果是脏物的影响，应切开管线进行排除，恢复正常输油。

(3) 如果是结垢的影响，应进行管线酸洗，结垢严重的应更换管线。

例 2–13　电动潜油泵井下机组在运转中常见的过载故障与处理案例汇总。

电动潜油泵机组在井下运转，由于环境和条件十分恶劣，不可避免地会发生各种不同性质的故障。从故障种类上可以分为过载故障和欠载故障。不论是那一种故障一旦出现就要根据其症状特点，迅速准确地判断出故障性质，有针对性地采取排除故障的措施，从而保证油井能在短时间内恢复生产。当井下机组出现过载停机故障时，应重点按下列步骤和内容进行检查：

(1) 检查过载整定值和过载延时动作时间值是否符合规定要求。

(2) 检查三相直流电阻是否平衡，其不平衡度不得大于 2%，对地绝缘电阻要符合规定。

(3) 检查三相电源电压应符合规定 $-5\% \sim +10\%$，三相不平衡度不得大于 3%。

(4) 检查地面管线有无堵塞。

(5) 通过化验分析油井是否因出砂严重而出现砂卡。

(6) 根据保护跳闸特征分析是否发生机械性损伤引起卡泵。

(7) 检查分析流道是否出现泥浆或异物堵塞。

(8) 检查接触器三相触头的接触性能是否完好，有无单相和虚接现象。

1．过载故障症状一

电动潜油泵井下机组启动以后运转电流正常，运转一段时间后电流逐渐上升，超出过载整定值时就过载停机。

(1) 故障原因：该故障是多发生在新机组投入运转后才发现的异常现象。①电动机组装时定子清理的不干净，铁屑和毛刺残留在定子槽周围。通电后在磁场作用下铁屑和毛刺就会竖起来，从而使转子和定子相互摩擦引起电流升高。②机组下井之前，因为储存的时间太长，出现严重的锈蚀。施工中又没有很好的盘轴使其转动灵活后再往井里下，结果造成摩擦阻力增大，引起电流超出正常值。

(2) 故障处理：第一种故障只能作业起泵更换电动机；第二种故障可以将机组相序调换一下，同时把启动时间适当延长一些，运转一段时间后电流就会降到正常值。

2．过载故障症状二

电动潜油泵井下机组启动初期电流在 $80 \sim 120A$ 之间波动，当启动延时时间过去后就过载停机。

(1) 故障原因：该故障多发生在投产初期，因为用泥浆压井，泥浆进入流道空间。施工结束后因为替喷不干净,所以运转起来的叶轮受到泥浆的阻力,摩擦力增加引起电流大幅度的升高。

(2) 故障处理:施工结束一定要把泥浆清洗干净后再启动机组。故障一旦发生就要重新洗井,直到排出的井液不见泥浆为止,同时还要反方向转动使电流降到正常值以后再将转向调正过来。

3. 过载故障症状三

电动潜油泵井下机组在井下运转了一段时间以后电流逐渐上升,当高出过载整定值时出现故障停机。检查和测量井下机组的直流电阻和对地绝缘电阻都很正常。

(1) 故障原因:①油井出砂严重,泥砂从吸入口进入流道,经过长时间的积累就会出现砂卡。②受油井环境的影响,叶轮上出现严重的结垢,达到一定程度时就会增加叶轮的旋转阻力,引起电流升高。③作业施工中泥浆不干净,废弃异物混杂在泥浆中被压到井底,造成井液污染。机组运转以后这些异物随井液经吸入口进入流道引起阻塞,由于旋转阻力增加,引起电流升高。

(2) 故障处理:如果属于流道进入异物堵塞而引起的电流升高,故障处理的办法是调整电源相序,延长启动时间,使机组反方向的运转,当电流逐渐降到正常值时,可以通过洗井排除故障;如果反方向运转后,机组电流仍然很高,应作业起泵。

4. 过载故障症状四

电动潜油泵井下机组在油井中运转了相当时间以后出现过载停机。检查直流及绝缘电阻很正常。重新启动机组观察分析,电流随着时间的推移逐渐升高,提高过载整定值,运转一小时,电流可升到额定电流的 2 倍。

(1) 故障原因:该故障多属于保护器缺油,止推轴承损坏,同心度偏移,出现偏磨,增加了旋转阻力。另外电动机轴与保护器轴不同心使转子偏摆,也可造成转子与定子摩擦阻力增大,引起电流升高。该故障在电流卡片的运转曲线上可以很直观的分析出来,因为曲线是随着时间的推移,线性平稳的上升到过载整定值。

(2) 故障处理:作业起泵,更换井下机组。

5. 过载故障症状五

电动潜油泵井下机组在井下运转过程中突然出现过载停机。测量三相电源电压,电压正常;测量三相直流电阻,电阻符合规定要求。重新启动机组观察,出现瞬时脱扣跳闸。

(1) 故障原因:根据症状分析是典型的机械卡泵故障。常见的原因有:叶轮和导轮损坏;叶轮和导轮之间被异物卡死;分离器胶套长期运转后出现老化变形,发生抱轴等。该故障一旦发生，电动机转子不能旋转，形成短路，使电流要比额定电流高出许多倍。该故障一出现电源开关的短路保护装置就瞬时跳闸。

(2) 故障处理：作业起泵。

6. 过载故障症状六

电动潜油泵井下机组运转过程中三相电流出现严重的不平衡，引起过载停机。检查机组的直流和对地绝缘电阻，都很正常，测量供电电压，电压不但不平衡而且不稳定，其值分别为1200V、1180V、800V。计算结果表明三相电压不平衡度为17.7%，远大于3%的规定要求。因为三相电源电压的不平衡，引起了三相电流的不平衡。

(1) 故障原因：经过检查造成三相电源电压不平衡的原因是供电线路的电柱上有一个喜鹊窝。其上端与高压导线接触，下端与水泥柱相连。在阴雨天气时高压电通过喜鹊窝与大地相接，使电压损失增加。

(2) 故障处理：停电拆除喜鹊窝排除故障。

7. 过载故障症状七

电动潜油泵井下机组在运转中出现故障停机。用万用表 $R \times 1\Omega$ 挡测量三相直流电阻，电阻为无穷大。改用 $R \times 1k\Omega$ 挡，测量结果分别为 $110k\Omega$、$118k\Omega$ 和 $50k\Omega$，对地绝缘电阻为 $150k\Omega$、$80k\Omega$ 和 $5k\Omega$。而且测量数据不稳定，每测一次其值都有所变化。

(1) 故障原因：该故障多数是因为插接式电缆头与电动机头连接部位的 O 形密封圈出现老化变质，失去密封性能，井液侵入后破坏了相间及对地绝缘电阻，引起短路放电将电缆头心线烧断。虽然心线已被烧断，但是电弧烧过之后产生的炭黑在缆头周围形成了一层不大好的导体，所以用万用表仍能测出一定的阻值。

(2) 故障处理：提高作业施工质量；必须注意对 O 形密封圈的质量和性能进行严格的筛选以保证密封的可靠性；采用绕包式电缆头。

8. 过载故障症状八

电动潜油泵井井下机组运转过程中电流升高，引起过载停机。测量直流和对地电阻，均正常。作业将机组起到地面检查，转动灵活，无堵卡现象。重换一套机组下到原泵挂深度，启动运转因为电流高仍然过载停机，检查机组各项参数，都很正常。

(1) 故障原因：怀疑泵挂深度周围出现套管弯曲变形，压迫机组失去同心，运转摩擦力增加，电流上升。

(2) 故障处理：在地质条件允许的情况下，改变原泵挂深度，使机组不在弯曲井段运转。

9. 过载故障症状九

电动潜油泵井下机组在运转过程中因电网停电而停止运转。电网恢复供电以后启动机组，出现过载停机。测量三相直流电阻和绝缘电阻，均正常，证明机组的电气性能正常。适当增加过载整定值，延长启动时间，重新启动机组并用钳形电流表测量三相电流，结果为 A 相 95A、B 相 83A、C 相没有电流。

(1) 故障原因：电源缺相。在电源开关下端测量三相电压，均正常，从接线盒处拆除与井下的连接电缆，在启动接触器的下端测量各相对地电压，A 相 660V、B 相 660V、C 相 0V。经检查，缺相的原因是接触器 C 相的静动触头接触不上去。

(2) 故障处理：调整衔铁弹簧压力，改变动触头行程距离。

10. 过载故障症状十

一台排量为 700m³/d 的井下机组投产运转初期在额定电流下正常运转，三天后过载停机。检查机组的直流参数和地面电压都很正常，重新启动机组运转观察，电流不稳定，其值在 50～120A 之间剧烈的摆动几次，然后稳定在 120A 左右，启动时间过后过载停机。

(1) 故障原因：根据症状分析是下节电动机轴断，负载全部由上节电动机承受，所以电流比额定电流升高 2 倍。

(2) 故障处理：作业起出机组，发现上节电动机与下节电动机的连接处轴断。更换电动机。

11. 过载故障症状十一

电动潜油泵井井下机组在运转过程中电流比原运转电流升高了 20% 左右，油压由原来的 0.8MPa 升到了 5.5MPa。

(1) 故障原因：根据症状分析是因为地面管线堵塞，引起电流和油压升高。该故障出现后如果不及时处理，机组长时间过载运转，容易将电动机烧毁。因为管线堵塞以后，电动机产生的热量不能随着井液带出地面，使电动机温度越来越高，时间一长就会损坏。

(2) 故障处理：清扫地面管线。

12. 短路故障症状

电动潜油泵井井下机组在运转过程中发生过载停机。检查三相直流电阻，发现已经出现不平衡，其值分别为 3.2Ω、3.4Ω、3.4Ω，计算结果表明三相直流电阻的不平衡度已超出了 2% 的规定要求。

(1) 故障原因：电动机绕组发生了层间或者是匝间短路故障。造成该故障原因是：①电动机本身的绝缘强度不够；②电动机星点注油孔的铅垫损坏不严，保护器机械密封失效，保护器各出气孔、注油孔铅垫失效，螺栓不紧，井液进入电动机内，破坏了绕组间的绝缘引起短路故障。

（2）故障处理：作业起泵。

例 2-14 电动潜油泵井井下机组在运转中常见的欠载故障与故障处理案例汇总。

欠载不同于过载，因为过载故障一旦发生会直接影响机组，使其不能运转。而欠载故障出现之后，机组的电气性能无异常。其表现症状是泵效下降，产液量比额定排量有较大幅度的下降，而且运转电流减小，低于欠载值时就会欠载停机。欠载故障一旦发生就应按照下列内容和步骤进行检查：

（1）检查欠载值是否按机组运转电流 0.8 倍值整定的，如果不符合要求可重新整定。

（2）检查欠载状态的时间恢复值是否在 10s 左右，如超出此值应重新调整。

（3）检查动液面能否满足泵抽。

（4）验证和检查泄油阀、测压阀和油管柱有无漏失现象。

（5）根据电流曲线和套管压力分析是否因油井含气量大产生气蚀，引起抽空。

（6）根据运转电流的大小和憋压，验证泵、分离器是否出现断轴和串轴现象。

（7）憋压验证活门是否下移，没完全捅开。

（8）检查和验证吸入口是否被堵。

（9）调查了解是否因周围钻井、水井停注而影响泵抽。

（10）对于新投产的机组还应该核对相序，检查机组转向是否正确。

（11）对于运转时间很久的机组，还应根据憋压上升的时率，分析是否因叶轮出现较大的磨损，使泵效降低。

1．欠载故障症状一

一台排量为 200m^3/d 井下机组额定电流 38A，运转电流 31A，出现欠载停机。经验证，泵效和供液情况良好，检查欠载整定电流为 30.5A。

（1）故障原因：按规定，欠载整定电流应按机组运转电流的 0.8 倍整定，其值为 25A。故障原因是欠载整定值调的比规定值大很多，所以出现了假欠载停机。

（2）故障处理：按规定调整欠载整定值。

2．欠载故障症状二

一台新投产的井下机组启动运转 10s 后欠载停机。按住欠载旁通按钮，启动机组运转观察发现，指示欠载恢复时间发光管自机组启动到欠载停机一直没有熄灭。

（1）故障原因：欠载恢复时间整定过长（20s），引起欠载停机。

（2）故障处理：按规定把欠载恢复时间电位器调到 10s。

3．欠载故障症状三

一台井下机组原来运转很正常，最近一段时间突然出现频繁的欠载停机。检查泵效和欠载整定电流值正常。

（1）故障原因：经调查，因为该井周围的水井停注，所以影响了油井正常供液。

（2）故障处理：适当地减小欠载整定电流值。将欠载自动恢复再启动时间由原来的 2h 延长到 4h，使机组维持在间歇运转状态。

4．欠载故障症状四

一台排量为 200m³/d 井下机组额定电流 38A，启动运转初期电流正常，井口排液声响很大。运转 1d 后电流下跌到 19A，仅占额定电流值的 50%，井口排液声响消失，油压为零。

（1）故障原因：根据症状分析是分离器以上出现断轴或串轴故障。因为电动机处在空载状态下运转，所以运行电流只有额定电流的 50% 左右。起泵检查，发现是分离器轴从花键套处断开。

（2）故障处理：作业换泵。

5．欠载故障症状五

一台排量为 200m³/d 井下机组，投产初期运转电流和产液量均很正常，一天后出现欠载停机。憋压验证压力上升很快，1min 上升到 8MPa，证明泵效良好，管柱无漏失现象。机组每次停止运转 2d，然后再启动，只能在正常电流下运转 3h，以后电流逐渐下降并再次欠载停机。

（1）故障原因：根据症状分析是液面恢复太慢，因此怀疑是活门下移，没被彻底捅开。

（2）故障处理：作业起泵。

6．欠载故障症状六

一台排量为 250m³/d 井下机组额定电流为 43A，投产时运转电流为 32A，憋压检查压力不上升，井口无排液声响。

（1）故障原因：根据运转电流值分析电动机是带着一定负载运转的，因此怀疑是井下管柱有漏失现象。

（2）故障处理：作业把泵起到地面检查，发现测压阀内没有阀芯。井液在井下形成循环，举升不到地面，所以井口无出液声，运转电流也比正常值低。处理方法是更换测压阀。

7．欠载故障症状七

一台排量为 200m³/d 井下机组原产液量正常，运转一段时间后，产液量比原来减少了50%左右,而且电流也比正常时低。测量动液面正常,憋压验证压力上升缓慢,4min 才上升到2MPa。

(1) 故障原因:根据症状分析是测压阀阀芯密封不严,出现漏失现象。
(2) 故障处理:更换测压阀阀芯。

8. 欠载故障症状八

一台排量为425m³/d 井下机组原来运转一直很正常,产液量为350t/d。近期内产液量下降,卡片上的电流曲线出现无规律大幅度的波动,套压由原来的0.9MPa 上升到5MPa,出现欠载停机。

(1) 故障原因:根据症状分析是因为油井含气量大,出现气塞,影响了泵效。经过检查,套管定压放气阀损坏,失去自动调压功能,气体得不到排放,在套管内形成一定的压头,排斥井液向泵吸入口移动,当气体接近泵吸入口时,就会产生气塞,引起泵抽空。此时机组负载很小,电流也随之大幅度下降,出现频繁的欠载停机。
(2) 故障处理:更换套管定压放气阀。

9. 欠载故障症状九

一台排量为200m³/d 井下机组原来运转正常。一年以后产液量比额定排量下降了60%左右,运转电流比额定电流下降了30%左右。检查供液情况良好,憋泵验证压力上升缓慢,10min 油压上升到3MPa 后不再上升。检查测压阀阀芯密封良好。

(1) 故障原因:调查井史,发现该井出砂严重。分析是泵叶导轮出现严重磨损,引起泵效下降。作业起泵检查,发现叶轮磨损严重,部分叶轮和导轮已经损坏。
(2) 故障处理:作业换泵。

10. 欠载故障症状十

一台排量为250m³/d 井下机组带有泄油阀。原先运转一直很正常,一次关井清蜡之后,再开井启动机组运转,产液量出现大幅度下降,运转电流也比关井前减少了30%左右,憋泵验证压力上升缓慢,10min 油压只上升到1.5MPa,就不再上升。

(1) 故障原因:根据症状分析是泄油阀出现问题。作业把机组起到地面检查,发现泄油阀上的空心螺栓被砸断。致使泵内举升的液量一部分从泄油阀又流回到油套管环形空间。由于液体举升高度减小,所以电动机负载减轻,运转电流减小,举升到地面的液量下降。
(2) 故障处理:更换泄油阀。

11. 欠载故障症状十一

一台排量为200m³/d 井下机组,产液量为200t/d,运转电流为35A。运转一段时间后电流降到27A,产液量降到100t/d,并出现欠载停机。测量动液面为290m,说明油层供液充足。怀疑测压装置出现渗漏，验证测压阀性能完好，管柱无渗漏现象。

（1）故障原因：根据症状分析是机组性能出现异变。作业把机组起出地面检查，发现分离器失效，诱导轮与轴的配合出现滑动，失去吸入井液的功能。

（2）故障处理：更换分离器。

12．欠载故障症状十二

一台排量为 $50m^3/d$ 井下机组正常运转 200d 以后产液量开始下降，运转电流也比正常值低 20% 左右，并出现欠载停机。适当调低欠载整定电流又运转一段时间，产液量继续下降，直到井口无排液声响。关井憋压，油压上升缓慢，5min 上升到 2MPa，停泵后油压迅速降为零。

（1）故障原因：根据症状分析是管柱存在漏失。作业把机组起到地面检查，发现与泵头上端连接的油管有漏孔，单流阀被杂质和死油堵死。分析认为井液逐级被叶轮举到油管的漏孔处又从漏孔处流回油套管环行空间，形成循环。由于井液的举升高度降低，机组的负载减小，引起电流下降。又因井液从漏孔旁流，所以久而久之，单流阀就被蜡、死油及其他杂质堵死。

（2）故障处理：更换油管和单流阀。

第三章 螺杆泵井生产故障诊断与处理

第一节 基础知识

螺杆泵同其他采油设备一样，如果管理不当、工况不合理或产品质量有问题，就会出现一系列故障。所以，采油工作人员在生产管理过程中必须及时分析泵况、发现问题、分析判明原因并采取相应措施解除故障，以保证螺杆泵井正常生产。

一、螺杆泵抽油系统合理工况参数分析

螺杆泵抽油系统能否正常工作以及寿命的长短、效益的高低与合理工作参数的确定有直接的关系。

（一）螺杆泵抽油系统的合理转速

螺杆泵的转速对螺杆泵抽油系统影响较大，提高螺杆泵的转速有其有利的地方，也有其不利的地方。

1. 提高螺杆泵转速的有利因素

（1）螺杆泵转速越高，泵效越高。螺杆泵的工作特性，既有柱塞泵硬特性的特点，又有离心泵软特性的特点。特别是在泵漏失比较严重、其他条件不变的情况下，提高泵转速可以提高泵效。

（2）螺杆泵转速越高，泵的举升压头越高。在正常情况下，螺杆泵的压头与泵的级数和单级承压能力有关。泵的级数越多，单级承压能力越大，泵的举升压头越大。提高单级承压能力，必须增加泵的过盈量，这样会增加摩阻，降低螺杆泵抽油系统效率。而通过提高泵的转速可以提高泵的压头，在泵的举升压头不够时或潜力较小时，可通过提高泵的转速提高泵的压头。

（3）泵的转速越高，泵的理论排量越大。螺杆泵的理论排量与泵的转速成正比，

所以在排量选择时，要考虑泵的转速调整。

（4）在泵的压头相同、排量相同的条件下，高转速时的扭矩小。

2．提高螺杆泵转速的不利因素

（1）螺杆泵转速越高，螺杆泵定、转子的磨损越大。

（2）螺杆泵转速越高，单位长度内的定子、转子间产生的热量越大，会引起橡胶热胀，定子、转子之间的扭矩增加，使整个抽油系统的负荷上升。

（3）螺杆泵转速大，抽油杆与油管的摩擦力增大，加剧油管、抽油杆的磨损。

（4）螺杆泵转速提高，杆管系统受力的疲劳程度增加。地面驱动装置受力条件变差，电动机功率变大。

螺杆泵转速高低都有其优缺点。一般国外推荐200～400r/min。国内油田多数用100～300r/min。螺杆泵转速应视具体情况而定，若压头、泵效太低时，大泵浅井排量不够时，泵的举升压头较小时，可适当提高泵的转速（250～350r/min）；深井、小排量、低含水、供液不足的井应选用60～150 r/min。

（二）驱动螺杆泵抽油的合理电动机功率

驱动螺杆泵抽油的电动机的功率的配备除考虑正常条件外，还应考虑特殊条件下的需要。

（1）电动机驱动功率应考虑螺杆泵光杆所需实际功率，即正常工作时的功率。

（2）正常工作时的启动功率。一般电动机的启动电流是电动机正常工作电流的3倍，为了保证在电动机启动时不烧毁电动机，应留有保险系数。

（3）螺杆泵停泵，用防反转止动，扭矩不释放，再启动电动机时，实际是满载启动，这时启动扭矩较大。

考虑上述因素后，电动机功率不能取得太小，以免特殊情况时烧毁电动机。若选择的电动机功率过大，电动机在工作时利用率太低。另外，油井启抽时多数泵抽压差较小，负荷较小。因此，选择的电动机功率应是正常工作时功率的1.5～2倍。

（三）螺杆泵合理沉没度的确定

沉没度是螺杆泵抽油系统的一个重要参数，沉没度过高，影响油井产量。若控制得过低，不仅影响泵的吸入状况，使泵效降低，还使定子、转子间的摩阻增大，螺杆泵定子橡胶发热抽油系统工况变差，螺杆泵定子破坏加快。因此，在抽油过程中，必须控制好泵的沉没度。泵的沉没压力计算式为：

$$p_{沉} = p_c + \frac{\gamma L_{沉}}{100}$$

式中　p_c，$p_沉$——套管压力和泵吸入口处的沉没压力，MPa；
　　　$L_沉$——泵吸入口到动液面的深度（泵的沉没度），m；
　　　γ——油套环形空间内动液面到泵吸入口处液体的相对密度。

在螺杆泵生产过程中，必须控制 $p_沉$。正常情况下，$p_沉$=lMPa、p_c < 0.5MPa 较好。若 p_c 过大，由于测试误差，可能导致 $L_沉$ 趋于零。由于动液面测试误差较大，$p_沉$ 也不能过小。根据测试的准确程度，适当将 $p_沉$ 提高一点。

（四）螺杆泵的合理压头

螺杆泵的压头是螺杆泵抽油系统能正常运行的基本的参数，是维持螺杆泵能否正常运转的关键指标。若螺杆泵的压头低于油井所需压头，油井不能生产。

螺杆泵的压头，由单级承压能力和级数决定，可以由水力特性曲线查出。在实际应用中，影响螺杆泵工作压头的因素包括抽吸介质的粘度、螺杆泵有效的工作级数、螺杆泵单级承压能力等。单螺杆泵水力特性曲线如图3-1所示。

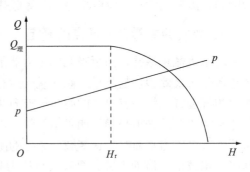

图 3-1　单螺杆泵水力特性曲线

1. 举升流体所需压头

$$\Delta p = p_a - p_吸$$

式中　Δp——螺杆泵在工作时实际举升液体所需压头，MPa；
　　　$p_吸$，p_a——螺杆泵吸入口和排出口的压力，MPa。
式中，p_a 包括螺杆泵举升液体在油管中自重产生的压头、沿程损失产生的压头、油井井口回压。

2. 螺杆泵举升的剩余压力

在正常抽油系统中，螺杆泵应该有剩余压力，即：

$$\Delta p_剩 = H_泵 - \Delta p$$

式中　$\Delta p_剩$——在正常抽吸过程中的螺杆泵零排量压头与所需剩余压力，MPa；
　　　$H_泵$——螺杆泵零排量时的压头，MPa。

剩余压力值应该大于螺杆泵水力特性曲线上最大压头（零排量压头）减去泵效快速降低拐点处压头的差值。螺杆泵高泵效段压头，除满足举升所需压头外，应留一定的保险系数，以免举升条件变差或泵本身压头随着泵磨损的不断增加，泵的有效举升压头也在不断下降，一般留 20% 为宜。

3．螺杆泵剩余压头的实测分析方法

螺杆泵在正常工作的过程中，可通过井口憋压，测量油井产液来分析泵的有效剩余压力。当油井阀门关闭后，井口油压的最高值（放掉井口游离气）是螺杆泵最大剩余压力。当油井阀门逐渐关闭，油井出液开始降低（泵容积效率 85%～90%）时的压力，是螺杆泵的有效剩余压头。正常情况下，有效剩余压头应是总的最大举升压头的 0.25～0.35 倍左右。若有效剩余压头接近零，应采取提高泵的转速，增加油层出液能力，提高沉没度，调整防冲距，降低井口回压，减少油管内油流摩阻等方法。

4．螺杆泵井最佳套压点的确定

对于机械采油井，当泵吸入口压力低于饱和压力时，原油会脱气。游离出的游离气越多，对泵效影响越严重。原油脱气后有一部分游离气进入油套环形空间，若抽油泵带防气装置，将会有更多的游离气流向油套环形空间。在油井井口，只有放气，才能达到游离气的进出平衡。如果不放气，当油套环形空间充满游离气，并且气压达到与泵吸入口压力平衡时，这些被分离出的游离气将会进泵，影响泵抽油效果。如果把套压适当放低，液面上升，泵吸入口压力基本没有变化。但是，并非套压越低越好。在实际生产中，要想达到最高的产量，调试最佳套压也是一项重要措施。

最佳套压调试方法是：把套压从高往低调，或从低往高调，录取得随套压变化的产量数值，找出最大产量点，即最佳套压点。在游离气不进泵的前提下，理论上套压越高越好。所以设定套压值应低于该数值，若高于该值，游离气进泵影响泵效。最高值与设定值之差是保险值，它的大小取决于油井动液面深度和测试精度等。

5．螺杆泵井最佳热洗清蜡周期的确定

原油一般都含有蜡，不同的原油含蜡量不相同。在开采原油的过程中，当原油温度和压力降低到一定程度时，蜡就会从原油中结晶析出。析出的蜡沉积在管壁上或抽油杆上，影响抽汲液的流动，影响油井产量，因此螺杆泵采油井必须定期清蜡。

（1）热洗清蜡。若采用热水定期清蜡，在生产管理中必须确定每口螺纹泵采油井最佳的热洗清蜡周期。最佳热洗周期是指在热洗周期中油井的累计产液量很高，热洗所发生的经济费用包括产液量损失最低时的热洗周期。螺杆泵采油井热洗周期应由油井产液量的变化、电动机工作电流的变化和光杆扭矩的变化等来综合确定。在油井修井作业时，观察起出的油管和抽油杆柱上的结蜡状况有助于热洗周期的确定。例如某油井在计量中发现产液量下降，测试电动机工作电流明显上升，光杆扭矩比正常扭矩增大，采取热洗措施后，油井产液量回升，电流下降，光杆扭矩正常，则由上次热洗或作业开井至本次热洗之间的生产时间作为热洗周期。反复摸索油井的结蜡规律，可

得到该油井的最佳热洗周期。若螺杆泵不具备热洗功能的，热洗时应提出转子，否则会将转子洗掉。

（2）清防蜡剂清、防蜡。在生产管理中应根据油井的产液量、含水、结蜡规律等技术参数确定出油井的加药量及加药周期。使用最少的药量、最简单的工艺达到最好的清防蜡效果。

二、利用诊断技术诊断螺杆泵井泵况与故障处理

螺杆泵井的泵况检测及故障诊断主要是根据其泵况特征（即扭矩、轴向力、电流、沉没度、油压、套压、产液量等参数）的变化。螺杆泵井正常泵况特征表现为：泵效、沉没度、电流等生产参数在正常范围内，没有大幅度波动；系统运行稳定；工作扭矩图和轴向力图为平稳直线，扭矩值在正常范围内。

1．电流法

电流法是指通过测试驱动电动机的工作电流，根据工作电流的大小来诊断螺杆泵井故障的方法（表3-1）。

表3-1　用电流法诊断螺杆泵井故障汇总表

工作电流	工况特征	故障形式
接近电动机空转电流	无排量，油套管不连通	抽油杆断脱，定子脱胶
	无排量，油套管连通	油管脱落或油管严重漏失，油管头严重漏失
接近电动机正常运转电流	排量较小，液面较高	下部油管漏失，定子橡胶磨损严重、失效，尾管进油部分结蜡或有砂子
	无排量，液面较高	尾管进油部分蜡堵或砂堵
	排量较小，液面较低	泵严重漏失，举升高度不够，气体影响，油层供液能力差
明显高于电动机正常运转电流	排量正常，油压正常	油管结蜡严重
	排量降低，油压明显升高	出油管线堵塞
	排量正常（投产初期）	定子橡胶溶胀大（定子橡胶耐油性能差），定子不合格
	排量正常	抽油杆磨油管
电动机电流周期性波动	井口脉动出液	转子不连续转动，泵不合格

2．憋压法

憋压法是指在螺杆泵工作的条件下，通过关闭井口回压阀门进行憋压，来观察井口出油压力（油压）和套管压力的变化进行诊断螺杆泵井故障的方法（表 3-2）。

表 3-2　用憋压法诊断螺杆泵井故障汇总表

油压、套压	工况特征	故障形式
油压不上升且不同于套压	无排量	抽油杆断脱
油压不上升且接近套压或油压上升异常缓慢且与套压变化规律一致	无排量或排量很小	油管脱落，泵严重漏失，油管严重漏失，油管头严重漏失
油压上升缓慢且不同于套压	排量小，泵效低，动液面深	泵严重漏失，气体影响，供液能力极差
油压与套压接近	排量小或无排量，油套偶尔连通	定子橡胶脱落
油压上升到某一值稳定	排量小或正常	螺杆泵压头不够或正常

3．扭矩法

扭矩法是指测试光杆扭矩（即螺杆泵工作扭矩），根据光杆扭矩的变化来诊断油井故障的方法。

光杆扭矩可用光杆扭矩测试仪直接测得，也可用系统效率测试车测试驱动电动机的有功功率与转数间接获得。可测动扭矩，也可测静扭矩。光杆扭矩可用下式表示：

$$M = M_p + M_f + M_y$$

式中　M——光杆实际扭矩；

M_p——满足实际举升高度所需的有功扭矩；

M_f——克服定子、转子间的摩擦扭矩；

M_y——克服抽油杆与举升液体间的摩擦阻力扭矩。

用扭矩法和轴向力法诊断油井故障见表 3-3。

4．液量变化法

油井产液量是现场非常直观的资料，天天取、天天用，比较准确可靠，因此用产液量资料作为分析的依据比较现实（表 3-4）。

表 3-3 用扭矩法和轴向力法诊断油井故障汇总表

工作扭矩或轴向力	工况特征	故障形式
$M \approx M_y$	无排量,油套不连通	抽油杆底部断脱
	无排量,油套连通	油管脱落(定子脱离转子)
$M \approx M_f + M_y$	无排量或排量较小,油套连通	油管脱落,油管严重漏失(定子没有脱离转子)
	无排量或排量较小,液面不在井口	泵磨损严重,举升能力不稳,下部油管漏失
	排量正常,液面在井口	工况不合理,调参提高排量
M_f 变化异常	无排量,液面在井口	定子橡胶脱落或定子橡胶被烧坏
$M = M_p + M_f + M_y$	排量小,泵效低,液面较深	泵漏失严重,举升高度不够,气体影响,油层供液能力差等
$M_y \gg M_{y0}$	排量正常	结蜡严重
轴向力小于杆浮重	无排量	抽油杆底部断脱
轴向力明显小于杆浮重	无排量	抽油杆上部断脱
轴向力大于杆浮重	无排量,油套不连通	油管断脱(定子脱离转子)
	无排量,油套连通	油套连通
轴向力波动	有排量	防冲距偏小,转子磨挡销,抽油杆横振严重

注:M_{y0} 为正常的摩擦阻力。

5. 综合法

由于螺杆泵的特殊性,加之故障形式又很复杂,所以仅凭一种方法诊断某些故障,符合率还不会很高,所以实际诊断时多采用综合法。

综合法是将电流法、扭矩法与油压和套压变化以及光杆是否反转(停泵时)等情况综合起来判断。

表3-4 用液量变化法诊断油井故障汇总表

特征	问题	可能原因	推荐的处理方法
无液流	驱动轴不转动	1. 皮带和皮带轮滑动或掉	上紧或更换皮带或皮带轮
		2. 电动机无动力源	全面检查电路系统，进行处理
		3. 电动机损坏	更换或维修电动机
		4. 承载齿轮或轴坏	更换或维修
		5. 电动机连线不正确	查看电动机连线方式，重新接线
	驱动轴以正常速度转动	1. 抽油杆断脱	打捞并起出抽油杆柱及泵，重下，测试光杆扭矩是否降低
		2. 油管柱严重漏失	起出管柱更换漏失油管并上紧，如因抽油杆磨漏，加抽油杆扶正器
		3. 油管柱脱落	重新起出油管柱，下管柱时要求上紧扣
		4. 转子损坏，定子转子不匹配，泵失效	作业处理，检泵或换泵
		5. 施工下转子时，转子没有进入定子的正确深度	调整转子防冲距
		6. 泵因长期运转，磨损严重	一般为定子橡胶磨损损坏，检泵作业
		7. 转子下到限位销处	上提转子调整合理的防冲距
		8. 定子橡胶脱落、破碎	检泵处理，换合格定子
		9. 泵定子安装倒置	起泵重新作业，调整安装方向
无液流	驱动轴以低于正常速度运行	1. 皮带轮选择不正确	重新选配皮带轮
		2. 皮带打滑	调整皮带，如果皮带磨损换新
		3. 电动机问题	检查电动机转速
		4. 电源连接错误	检查变压器接线点的电源
		5. 电动机转速不适当	换新电动机
	超过一定运转时间产量下降	1. 温度过高	超过定子橡胶的允许温度，改换橡胶或调整环境温度
		2. 化学腐蚀使定子橡胶变软	禁用腐蚀橡胶的物质
		3. 岩屑堵塞泵	用清水反冲泵
		4. 泵上方存砂	反洗井
		5. 定子腐蚀性损坏	换定子后，提高泵速

续表

特征	问题	可能原因	推荐的处理方法
产量低	产量不变，但比预计产量低（驱动轴转速不变）	1. 泵吸入部分堵塞	上提转子出定子后反洗井
		2. 转子尺寸不当	起出转子，更换直径合适转子
		3. 防冲距不对	检泵核对泵下入深度
		4. 油井抽空	调参，降低产量
		5. 气液比过高	加深泵挂深度，采用防气措施
		6. 转子磨损	提高泵速或更换转子
		7. 油管漏失	作业更换漏失油管并上紧
产液偏低或出液不平稳	驱动轴转速小于正常转速	1. 皮带轮选择不正确	检查核算皮带轮大小进行调整
		2. 皮带打滑	上紧或更换皮带轮
		3. 电源接线不正确、断相等	检查电源，改变电源线
		4. 电动机功率不对，电动机损坏	检查电动机转速，更换电动机
		5. 电动机转速不够	更换电动机
	流速波动	1. 泵吸入口处气液比高	加深泵挂深度或加气锚
		2. 转子靠近限位销	上提转子保证合理的防冲距
		3. 采油井井斜、抽油杆别劲	井斜可加密抽油杆扶正器
		4. 泵润滑不好	更换高精度转子
密封圈漏失	液体从密封圈处漏失	1. 输油管线堵塞憋压	打开输油管线，清洗管线
		2. 井口漏失	调整压紧密封圈
		3. 密封盖没调平、上紧	调平压紧密封圈
		4. 输油管线回压过高	调整输油管线，降低回压
		5. 密封圈磨损	更换密封圈、压紧

三、利用问题假设法诊断螺杆泵井故障与故障处理

为了更系统地研究螺杆泵采油技术，假设问题已出现，分析螺杆泵井可能表现出的现象。若油井现象与假设现象相同，则认为假设正确；若假设中所要求数据不全，可根据假设要求专门去落实、测取。

螺杆泵井常见的故障有抽油杆断脱、油管漏失严重或油管脱落、蜡堵、吸入部分堵、定子橡胶脱落、泵漏失、气体影响、泵工作参数不合理等。

1．抽油杆断脱故障与处理

1）抽油杆断脱原因

抽油杆断脱现象一般多发生在含水低、含蜡高的油井。造成抽油杆断脱的原因如下：

（1）管理不善，没有定期洗井或洗井不彻底，造成油井结蜡严重，使抽油杆在油管内旋转过程中，摩擦力增加。结蜡严重时，使抽油杆被卡，当过流保护失灵或过流保护电流调的过高、保护时间设置过长等，就可使抽油杆扭断（断脱位置可发生在结蜡点以上）。

（2）泵下入较深，举升高度过高，抽油杆材质不合格，达不到强度要求，被扭断。

（3）扶正器布置不合理，造成管、杆摩擦，磨断抽油杆；同时抽油杆在长期拉、压、扭不合理受力条件下工作，受疲劳应变过大而断脱。

（4）在正常抽油生产过程中，地面设备发生故障或停、断电，造成停机。当地面设备没有防反转或防反转失灵、停机时，惯性作用使抽油杆高速反转，也会造成抽油杆倒扣脱扣。

2）抽油杆断脱特征

抽油杆断脱后，油井无产液量；电动机电流瞬时下降；停机抽油杆不反转；采用人工盘转抽油杆扭矩很小。

3）抽油杆断脱诊断方法

（1）电流法：抽油杆断脱后，电动机正常运转电流瞬时下降，接近空载电流。

（2）憋压法：抽油杆断脱后，油套不连通。当关闭生产阀门憋压时，油压不上升或上升很慢；油压和套压不一致。

（3）扭矩法：抽油杆断脱后，停机时，光杆无反转。

4）抽油杆断脱处理方法

发现抽油杆断脱后，先上提抽油杆。根据上提杆自重，初步判断断脱深度，采取作业方式或打捞抽油杆和泵转子。如果属蜡堵，必须彻底清蜡和洗井后，重新下抽油杆柱。

5）抽油杆断脱预防措施

作业时，抽油杆扣要按标准扭矩上紧螺纹，正常生产过程中经常监测螺杆泵运行状况，尤其要密切观测电动机电流变化情况。如有电流升高，应全面检查，找出原因。同时要确保洗井加药周期并保证清蜡彻底。

2．油管脱落故障与处理

1）油管脱落原因

螺杆泵转子在定子内转动，定子受到一个反向扭矩的作用。它的大小不仅取决于泵本身，同时与原油物性有关。如果原油粘度高、含蜡高，反扭矩大，螺杆泵下部锚定工具失灵或没有锚定，在反扭矩作用下，使定子上部油管卸扣，造成油管脱落。

2）油管脱落特征

油管脱落后，油井无产液量；电动机运行电流小；停机光杆不反转；抽油杆下放探不到底。

3）油管脱落诊断方法

（1）憋压法：油管脱落后，螺杆泵转子和定子脱离，失去抽吸能力，油套连通。关闭生产阀门憋压时，油压、套压相等。

（2）扭矩法：油管脱落后，停机时，光杆扭矩很小。

4）油管脱落处理方法

处理油管脱落，应采用作业打捞脱落部分，重新下泵。

5）油管脱落预防措施

施工作业时，必须严格检查泵与管柱螺纹有无损伤。对损伤管件必须更换掉，同时涂螺纹油并上紧。在泵下部装防脱工具来防止油管脱落。

3．蜡堵故障与处理

1）蜡堵原因

螺杆泵采油对稠油井有较强的适应性，但对含蜡高、结蜡严重的油井，与其他机械采油方式效果一样。如果管理不善或热洗清防蜡不彻底，就会造成结蜡，甚至蜡堵。使油井无法正常采油而停机，甚至造成抽油杆扭断。

2）蜡堵特征

螺杆泵采油井结蜡严重时，电动机启动困难，电动机运转电流明显增高。甚至三角皮带打滑，无法启动，光杆扭矩增大。

3）蜡堵诊断方法

（1）电流法：形成蜡堵后，电动机正常运转电流明显增高。造成蜡卡后启动困难，三角皮带打滑等。

(2) 扭矩法：蜡堵后，停机时，光杆高速反转，光杆扭矩比正常扭矩增大。

4）蜡堵处理方法

发现油井结蜡，应用吊车上提光杆及转子，使转子脱离定子 1～1.5m 以上。油套连通后，采用热洗法彻底洗井或加药清蜡。如果洗井洗不通，起出抽油杆彻底清蜡。

5）蜡堵预防措施

加强管理，以防为主。预防油井内形成结蜡条件，关键在于制定合理的洗井加药周期，并保证清蜡彻底，也可根据具体条件采用定期加药方式，防止结蜡或蜡堵。

4．机组启动困难故障与处理

1）机组启动困难原因

(1) 定转子的静摩擦力和动摩擦力增加，加大了螺杆泵的启动扭矩和工作扭矩。

(2) 螺杆泵每个腔室相互并不连通，泵转子在运转过程中，不同腔室内的液体压力由于油管内液体的作用逐渐增加，同时因定子、转子是窄面接触，所以每个腔室的液体压力表现为静吸附力。螺杆泵启动时，转子必须克服静摩擦力和静吸附力。

(3) 螺杆泵停机过长。启动时，转子因静摩擦力和静吸附力所产生的抗阻扭矩造成启动困难或不能启动。

2）机组启动困难特征

机组启动时，电动机运转电流直线上升，有时皮带打滑，光杆卡子打滑。如电控箱电流设置偏高，过流时间设置过长等还可能造成抽油杆扭断。

3）机组启动困难处理方法

一旦发生机组启动困难，不可强行启机。处理时应采用额定负荷大于杆重 1 倍的吊车或起吊设备和专用工具缓慢上提光杆。上提高度约 1m，并重复起下几次。发现上提负荷等于抽油杆自重时，方可启机。

4）机组启动困难预防措施

螺杆泵采油井下泵完成作业后，应快速投产运转，若确定某种原因需要停机，则停机时间不得超过 6h。

5．螺杆泵减速器轴承坏故障与处理

1）减速器轴承坏诊断方法

螺杆泵减速器轴承损坏后，减速器内会有很大的震动和噪声，同时运转电流增大，造成过载停机，泵杆反转，释放不动。卸去皮带后，电动机皮带轮能盘动。

2）减速器轴承坏处理方法

(1) 更换减速器轴承。

(2) 现场不方便时更换减速器。

6．螺杆泵砂卡故障与处理

1）砂卡故障原因

（1）停电停抽后，密封腔内砂粒很快下沉到密封接触线附近，可造成再启动负荷增大而停机。

（2）由于油层偶然大量出砂会造成运转中过载停机。

这两种情况解卡后，泵一般能够正常运转。

2）砂卡故障处理方法

（1）按停泵操作规程进行停泵。

（2）缓慢释放掉反转扭力。

（3）上提光杆解卡，必要时进行洗井。

（4）下放光杆到原位置。

（5）安装好皮带、护罩。

（6）按启泵操作规程进行启泵抽油。

7．螺杆泵运转而油井不出油故障与处理

1）油井不出油故障原因

（1）油层供液不足，泵抽量大于油井供液量，沉没度过小。

（2）由于油层供液不足造成胶筒损坏，不能正常工作。

（3）油井出砂严重，造成泵砂卡。

（4）螺杆泵长时间运行，定子、转子磨损间隙增大产生漏失，泵效降低。

（5）螺杆泵转速太高，使重油或较稠的油难于进泵，吸入口处的液流速度低于泵抽速度。

（6）光杆或抽油杆断脱，油管漏失。

（7）皮带断。

2）油井不出油故障处理方法

（1）进行参数调整，使泵的排量与油井供液能力匹配。

（2）及时测试动液面，使沉没度小于400m。

（3）控制工作制度进行调速，使地面出砂量小于5%；稠油的流动速度大于泵抽速度。

（4）泵长期磨损损坏、泵卡及抽油杆断应作业检泵。

（5）更换皮带。

8．螺杆泵采油系统停机反转原因及危害

1）停机反转原因

（1）螺杆泵停机后或卡泵时，储存在抽油杆柱中的变形扭转势能会快速释放，使

抽油杆柱快速反转。

（2）螺杆泵停机后，在油管及外输管线内井液压差作用下，螺杆泵会变成液压螺杆电动机，使转子及连接的抽油杆柱快速反转。油套压差越大，抽油杆柱反转速度越快，持续时间越长，直到油套压差恢复平衡为止。

（3）抽油杆柱反转过程是由慢到快、由快到慢两个过程组成。在这个过程中，抽油杆柱会产生激励振动，当它的激励频率与抽油杆柱自身频率或井口自振频率相同时，会产生共振，反转速度瞬间会达到高速飞车状态。

2）停机反转危害

（1）螺杆泵的反转会使杆柱脱扣、光杆甩弯，地面驱动装置零部件的损坏。

（2）螺杆泵的反转会造成部分零部件过热，点燃井口游离气，造成井口燃烧爆炸。

（3）螺杆泵的反转不仅会危及设备的安全，还会危及现场维修操作人员的安全，成为生产事故的隐患。

9．螺杆泵井伤人事故与预防

1）事故原因

（1）违章操作，抽油杆运转时违章擦洗井口。

（2）检查井口时没有戴安全帽。

（3）运转部位无防护罩。

（4）防护罩连接不牢固飞出。

2）预防措施

（1）检查人员应戴安全帽。

（2）抽油杆运转时严禁擦洗井口或进行相关作业。

（3）运转部位有防护罩并定期检查防护罩。

3）应急措施

（1）有人受伤，向上级汇报并立即送医院抢救。

（2）立即停抽，检查原因后恢复生产。

10．井下泵出现故障与处理

井下泵故障包括泵严重砂蜡卡、泵严重漏失、定子橡胶脱落、泵脱落等。井下泵一旦出现故障只好上作业进行检泵。

11．地面驱动装置出现故障与处理

地面驱动装置的齿轮、轴承、油封等零件因管理不当或制造缺欠等原因也会出现故障，这类故障一般通过维修即可解决，主要零部件不能维修只有更换。

由于螺杆泵采油井问题较多,现象千变万化,但基本原理不变,特殊情况具体分析,常见的问题及分析见表3-5。

表3-5 螺杆泵井常见问题原因分析及处理方法汇总表

类别	现象	原因	原理	危害	解决方法
油管漏失	1.产量低或无产量; 2.电动机运转电流低于正常运转电流; 3.油井憋压不起; 4.有油套连通现象	1.作业时油管扣没上紧,漏失; 2.作业时油管扣已损坏,没检出仍使用后漏失; 3.停机时造成丝上部油管倒扣松动漏失; 4.油管被抽油杆磨漏	1.油管内举升的高压液体从没上紧油管螺纹处漏到油套环形空间; 2.正常抽油时,转子在定子内旋转,定子承受反扭矩,如果泵下部没装或装有防转锚失灵,这个反扭矩足以使泵上部油管倒扣,松动漏失; 3.因抽油杆布置的扶正器不合理,有可能磨油管	油井产量降低,漏失量严重时井口无产量,被迫停机	起出井内全部杆柱及管柱,经检查处理后重新下井
油管挂处油套连通	1.产量低或无产量; 2.转速正常,但电动机运转电流低于正常运转电流; 3.油、套压力变化相同	1.两道紫铜密封环碰伤或加工粗糙; 2.橡胶密封圈损坏,密封不好; 3.油管挂顶丝顶得不紧	在输油管线回压作用下,液体从油管挂和锥体的紫铜环及密封圈间漏回油套环形空间	危害与油管漏失相同	作业或用大载荷吊车上提井下全部管柱、杆柱,检查处理或更换油管挂
油管严重结蜡	1.产量偏低; 2.油压正常; 3.电动机正常运转,电流明显增大; 4.油井憋压正常上升	油管内上部严重结蜡	油液含蜡质,举升过程中温度下降,蜡从油中析出,粘结在油管壁和抽油杆上,使通道变小,抽油杆摩擦扭矩增大,使功率增加,压力增高	如果结蜡严重且不能及时清洗,可造成因扭矩增大,扭断抽油杆而停产	1.制定合理的清防蜡措施,定期彻底洗井; 2.可定量加稀释药剂等
油管脱	1.无产量,油套连通; 2.电动机正常运转,电流接近空载电流	作业时油管扣没上紧,造成上部油管倒扣	正常抽油时,转子在定子内旋转,定子承受反扭矩,如果泵下部没装或装有防转锚失灵,这个反扭矩足以使泵上部油管倒扣,松动漏失。当倒扣达一定圈数就造成脱扣	影响产量	作业打捞或起、下泵作业
抽油杆脱	1.无产量; 2.电动机运转电流小,接近空载电流; 3.停机光杆无反转; 4.扭矩小	1.驱动方向错; 2.停机造成高速反转; 3.抽油杆扣没上紧	油管内严重结蜡,抽油杆被死油抱紧增加了抽油杆在旋转中的摩擦扭矩,当停机时,抽油杆没设置或设置的防反转失灵,造成抽油杆高速反转,使抽油杆倒扣直到脱扣;电动机错相	停产	打捞抽油杆

续表

类别	现象	原因	原理	危害	解决方法
抽油杆磨油管	1. 产量正常，压力正常；2. 电动机运转电流略高于正常运转电流；3. 有时在地面可听到轻微的周期磨击声	1. 抽油杆弯曲；2. 油管弯曲；3. 抽油杆扶正器布置不合理	由于抽油杆扶正器布置不合理，没有起到扶正抽油杆的目的，当抽油杆旋转时，由于离心力作用，产生一个很大挠度碰击油管	如长期磨损，会造成管或杆磨漏或杆磨断，造成井下落物事故	1. 更换弯曲的抽油杆；2. 加密或重新布置抽油杆扶正器
转子下到定位销，防冲距调整得不合适（转子没下入定子或下的过小）	1. 定子橡胶脱落破碎；2. 不出油	防冲距尺寸计算有误	下放转子遇阻，杆柱丈量不清	不能正常抽油生产，需重新调防冲距，如下入过多或过少，易把定子橡胶转碎	上提下放抽油杆，反复多次，核对转子是否达到限位销，计算和调整防冲距
定子橡胶脱落破碎	1. 无产量；2. 电动机运转电流忽高忽低，没有规律性的变化；3. 扭矩偏小；4. 液面较高	1. 定子橡胶性能不符合要求；2. 定、转子过盈量过大；3. 定子橡胶与管壁粘结不牢；4. 气液比过高；5. 供液不足；6. 转子进入定子量过小	1. 橡胶性能（如强度、硬度、溶胀、收缩性等质量）低；2. 定、转子匹配过盈量大，摩擦扭矩大，易磨损；3. 定子橡胶粘结不牢，使橡胶脱落；4. 气液比过高，气进入泵内，润滑降温不佳，容易磨损橡胶；5. 如果泵抽空，泵内无液体，造成干磨，使橡胶老化烧焦；6. 转子进入定量过小，泵工况变差，运转不能平稳，受力极差，可将橡胶绞碎	油井停抽	1. 如果泵质量不合格，应请厂家协商解决。2. 如果工况问题，应检泵作业，执行操作规程
泵吸入口堵塞	1. 产量低，无产量；2. 电动机运转电流接近正常运转电流；3. 液面在井口或动液面明显上升	泵吸入口或筛管堵塞	如果油层出砂或井筒内施工作业时洗井不彻底有各种杂质，均可堵塞泵吸入口或筛管。油层出砂量大，如不能随液体泵到地面，可造成砂埋	因泵抽不到足够量液体，必然造成定子转子干磨，加剧定子橡胶及转子磨损，降低泵效	泵吸入口堵塞，可上提转子脱离定子进行彻底反洗井

续表

类别	现象	原因	原理	危害	解决方法
井口偏	1. 井下抽油杆与驱动头不同心，杆与密封盒轴线度偏大，与杆别劲；2. 电动机运转电流比正常运转电流偏高	驱动头与井口水平面不垂直，故抽油杆与密封盒轴线不重合	钻井下套管后，打井口水泥帽时，套管大法兰与水平面不垂直或大法兰与套管连接时不垂直，或井筒不垂直于地平面	抽油杆运转受力不好，在交变载荷作用下，易扭断抽油杆	1. 驱动头和井口法兰接装时加调偏钢圈或采用其他方式调整；2. 驱动头输出轴与井下抽油杆连接调偏装置
电动机电源线错相	电动机反转	错相	需在电动机通电前，将电动机与驱动头的连接皮带拆掉，通电后判断电动机正反转，如果电动机反转，将三相动力线，任两相调换一下重接	抽油杆倒扣、脱杆	电动机反转需调换三相中任意两相重接
油套环形空间存在死油盖子	1. 测不到真实动液面，在液面变化时多次测其动液面不变，尤其是间歇抽油，抽液前和抽液后测得液面深度相等；2. 套管放气无气流；3. 产量无明显变化；4. 实际电流与对应液面电流不符	油套环形空间温度低于凝固点温度或结蜡温度	动液面处在结蜡井段，蜡从油液里析出粘结在套管内壁和油管外壁上，同时因温度下降，使油凝固变稠，随时间推移，蜡和稠油盖子逐渐变厚，井下分解出气体压力顶不开这层蜡和稠油盖子	1. 油套环形空间内气体放不出，井底分解出天然气很容易进入泵内，不但影响泵效，同时定转子润滑不佳，干磨烧泵；2. 形成死油盖子后，油套环形空间集气，在气压作用下，油层液体受阻不能正常流入井筒，造成产量下降；3. 无法测动液面，生产管理困难	1. 上提转子脱离定子1.5m左右，将70℃热水用高压水泥车憋通后，彻底正（反）循环；2. 生产管理制定合理的洗井加药制度，定期清蜡；3. 可定期、定量往井内加注防蜡剂或稀释剂

12. 螺杆泵井巡回检查

螺杆泵井巡回检查内容见表3-6。

表3-6 螺杆泵井巡回检查表

序号	检查点	检查内容	解决方法	备注
1	井口	各阀门开关是否正确；密封圈松紧程度；渗漏情况；压力及温度变化	及时添加或更换密封圈；调节掺水	摸、看
2	斜支撑或配重	支撑螺杆是否松动；配重螺栓是否松动	调节背紧螺母	查
3	减速箱	有无异常响声；查看油面；渗漏情况；箱体温度	齿轮与轴配合松动，位移，轴承磨损损坏应更换	查、摸
4	皮带及皮带轮	皮带松紧情况；皮带轮固定键是否松动	皮带松弛调整中心距，更换固定键	看、摸
5	电动机	检查温升；运行声音；固定螺栓；测电流	调整、更换、紧固	看、摸、听
6	防反转	固定螺栓紧固情况；刹带、滚柱、磨损情况	校正、调整、更换	看、听、查
7	电控箱	接触、漏电情况；开关灵活程度；熔断器是否合乎要求	调整、更换	看
8	光杆卡子	光杆卡子、转动轴与光杆是否相符；锁紧螺栓情况	更换、紧固	看、查
9	井场	井场无积油、无积水、无杂草、无明火、无散失器材；必须有醒目的井号标识和安全警示标识	整改	看

四、双憋曲线在螺杆泵抽油方面的应用

双憋曲线定性解释法诊断螺杆泵工况，就是分别在螺杆泵运行和停机两种状态下，通过关闭井口回压阀门憋压的方式，各测取一条压力与时间关系曲线。基于流体传压理论，根据泵抽时因泵况不同而反映出来的各种压力变化规律，对所测曲线进行定性分析，以反映出泵的各种工作状况。

双憋曲线定性解释法诊断螺杆泵井泵工况的理论依据、憋压方式与诊断抽油机井相同。

（一）双憋曲线定性解释法的特点

（1）独立性强。目前诊断泵况的方法大多需要单项资料的纵向对比和多项资料的横向对比才能作出结论。这对于下泵时间短、生产不稳定及因设备和管理等因素资料不足或不可靠时，就会使分析陷入困境。而本方法可以单独使用，单独分析，不依赖其他资料。

（2）灵活性强。使用本方法由于不依赖其他资料，也不需用专门的仪器。因此不

必多人多方面配合,一个人就可以单独上井实施,随时可以进行诊断。特别适合基层管井人员、采油工人随时落实泵况,使之及时发现问题,及时处理,减少问题井对产量的影响。

(3) 可靠性强。由于本方法是靠压力反映泵况,而不像抽油机井示功图是靠载荷分析泵况。由于载荷受摩擦力、沉没压力、吸入阻力及自喷能力等多种不定因素的影响,因此靠载荷分析难度大、可靠性差。而本方法的压强传递泵况就可以消除这些复杂力的干扰,因此可靠性强。

(4) 分析简单。由于本方法判断不需复杂仪器和计量设备,因此也不会因仪器设备本身的故障和准确程度而干扰诊断的可靠性。

(二) 典型双憋曲线举例

1. 好泵正常工作憋压曲线

好泵正常工作憋压曲线如图 3-2 所示,抽憋曲线压力线性上升,停抽线不起压。图 3-2 (a) 升压较快,斜率较大;图 3-2 (b) 憋压线斜率较小。斜率的大小与油井含水、含气、井深、泵的理论排量有关。

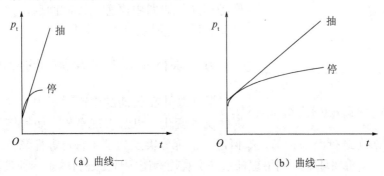

图 3-2 好泵正常工作憋压曲线

2. 泵压头不够憋压曲线

泵压头不够憋压曲线如图 3-3 所示,憋压曲线的前段、后段变弯曲。前段的直线的斜率可能大,也可能小,与井况有关。

3. 抽油杆断脱憋压曲线

抽油杆断脱憋压曲线如图 3-4 所示,抽憋、停憋曲线变化趋势相同。如果油井没有自喷能力,抽憋、停憋油压都等于零。

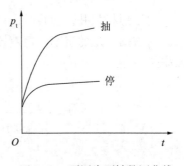

图 3-3 泵压头不够憋压曲线

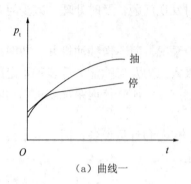
（a）曲线一

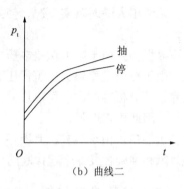
（b）曲线二

图 3-4　抽油杆断脱憋压曲线

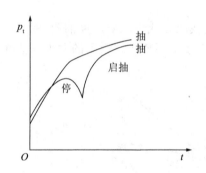

图 3-5　泵漏失憋压曲线

4．泵漏失憋压曲线

泵漏失憋压曲线如图 3-5 所示，泵漏失情况下，抽憋曲线比停抽曲线压力高，但最后的变化趋势相同。如图中停憋一段时间后，又启抽，压力又上升，这时泵口压力也上升。

五、螺杆泵井宏观控制图的应用

螺杆泵井在长期的生产运行中，井、泵状况都会发生变化，也会出现事故。如何搞好这些变化的分析，如何进行潜力预测，如何进行措施分类及处理，将是螺杆泵生产管理中不可缺少的一个重要环节。利用螺杆泵井宏观控制图实现上述目的是一种较理想的方法。

（一）基本概念

对于螺杆泵井，当泵吸入口压力低于原油饱和压力时，原油脱出的游离气在螺杆泵腔内占据一定的空间，使液体的容积效率降低，理想情况下全部气体进泵时的容积效率是：

$$\eta = \frac{1 + \dfrac{f_w \gamma_o}{\gamma_w (1-f_w)}}{B_o + \gamma_o R_p \dfrac{p_a - p_{吸}}{p_b} \cdot \dfrac{273 + T_{h泵}}{288 p_{吸}} \cdot Z + \dfrac{f_w \gamma_o}{\gamma_w (1-f_w)}} \tag{3-1}$$

式中 η——螺杆泵的容积效率（泵效），%；

f_w——油井综合含水率，%；

γ_o——原油比重，g/cm³；

γ_w——水比重，g/cm³；

B_o——原油体积系数，%；

R_p——进泵气油比，小数；

p_a——泵排出压力，MPa；

$p_{吸}$——泵吸入口压力，MPa；

p_b——饱和压力，MPa；

$T_{h泵}$——下泵深度温度，℃；

Z——气体压缩因子，小数。

式（3-1）的物理意义可描述为分子项是液体（油、水）的体积；分母项是油、气、水三相体积之和。它表示地面液体的容积效率。

$$\eta_{正} = \frac{\eta_{标}}{\eta_{理}} \times \eta_{实}$$

式中 $\eta_{标}$——取区块平均参数代入（3-1）式求得的泵效，%；

$\eta_{理}$——实际井参数代入（3-1）式求得的泵效，%；

$\eta_{实}$——实际泵效，是实际产液量和理论排量的比值，%。

控制图就是流压和泵效的关系简图（图3-6），通过控制图来分析螺杆泵井工作状况，是一种不同抽吸条件下泵效的可比模型。纵坐标是用校正系数校正过的泵效，横坐标是流压。图中虚线部分表示螺杆泵井在图上的理论点，即是根据式（3-1）所要求参数的平均值而计算的随压力变化的泵效数值所作曲线；虚线上部的实线是虚线上扩20%而得，虚线下部两条实线是该虚线下扩20%和40%而得（这个数值根据实际可以调整）。图中几条直线是根据合理流压，合理泵效而确定的。

根据油田开发方案，确定流压的合理区，依次确定泵效合理区。控制图区域划分为优质区、合格区、参数偏大区、参数偏小区、断脱漏失区（或划分为优质、一类、二类、三类、四类）。

(二) 控制图主要功能

(1) 判断泵况，即根据抽油井在图中的不同位置，可对泵况作大致的判断，可以粗略地知道单井或区块管理水平；

(2) 挖掘地层潜力，即按控制图从左至右的顺序，地层潜力越来越大，可以对地层能量最高的井有选择地采取技术措施；

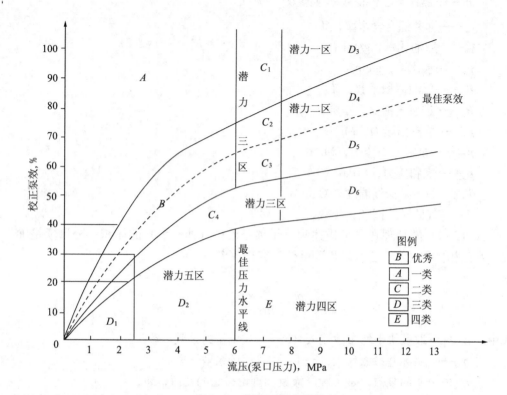

图 3-6 螺杆泵井宏观控制图

（3）编制增产措施计划、方案规划、实现计算机的全面技术管理。

（三）控制图的应用方法

（1）录取（3-1）式中必备资料，根据（3-1）式计算出校正泵效 $\eta_{正}$。
（2）根据 $\eta_{正}$ 和流压确定油井在控制图中的位置。
（3）根据油井在控制图中位置判断井、泵是否存在问题及问题性质，根据不同区域采取相应措施。

（四）措施

利用控制图可指导技术人员对螺杆泵井采取技术措施，使螺杆泵在最佳范围内工作。如在潜力区，泵工作正常，地层有潜力没有充分利用，可加大抽吸参数，提高油井产量。在不同区域的技术措施见表 3-7。

表 3-7　控制图各区问题及技术措施

序号	区号	主要问题	技术措施	具体措施
1	A	资料有误	核实资料	核实液量、流压、动液面、套压等
2	B	正常	加强管理	加强管理
3	C_1	泵效过高	核实资料	核实产液量、抽吸参数
4	C_2C_3	压力偏高	放大参数	上调转速
5	C_4	泵效偏低	提高泵效	核实是否结蜡严重、泵滑、油管漏、泵举升压头下降
6	$D_3D_4D_5$	流压过高	放大抽吸参数	换大泵或上调转速
7	D_6	流压过高、泵效低	放大抽吸参数、提高泵效	上调转速、核实泵、管是否漏
8	D_2	泵效偏低、泵参数大	缩小泵参数、核实泵况	下调转速或换小泵核实泵况及产液、压力值
9	D_1	流压太低	提高产能、降低泵参数	地层增产、换小泵

表 3-7 中列出了技术措施和具体方法。表中共列三类措施，一是提高设备抽吸能力；二是提高地层出液能力；三是处理设备问题和故障。

（五）可挖潜预测

地层、设备是否有能力必须进行可挖潜预测。

1. 地层潜力预测

从控制图中可以看出地层是否有潜力，但还达不到定量预测的水平。下面仅介绍简单的经验定量预测方法。

产能预测完全是基于目前的实际条件作出来的。它的最大缺陷是没考虑今后可能会发生哪些重大变化，所以还应在产能预测基础上对将来可能采取的压裂、补孔、射孔、酸化、含水上升、堵水等情况进行综合性地预测。处理产能评价的方法是：

$$Q_1 = IQ$$

$$I = \frac{i + i_1 + i_2 + i_3 + i_4 + i_5}{i}$$

式中　Q_1——采取综合措施后的油井产液量，m³/d；

Q——预测的产液量，m^3/d；

I——措施对采油指数的综合影响，无量纲；

i，i_1，i_2，i_3，i_4，i_5——目前全井和将来压裂、酸化、补孔、堵水、含水上升等对采液指数的影响系数。

通过以上两式，可预测出油井到底有多大产能。

2. 设备潜能预测

设备挖潜的主要措施有：将泵转速上调到最大（一般不超过300r/min）；调换泵型；改变泵深；加防气装置等。

上述各项措施的效果评价可利用式（3-1）计算 $\eta_{标}$；然后利用调整后的参数计算泵的理论排量。

$$Q_{实} = \eta_{标} Q_{理}$$

在计算的基础上分析哪种措施最简单且措施后能进入控制图的优质区内。

第二节 案　　例

例 3-1　某螺杆泵井，螺杆泵理论排量为 $33m^3/d$，实际产液量为 28t/d，工作电流 19A，生产比较稳定。该井生产半年后，在一次量油时发现产液量突然下降为 9t/d，工作电流 11A。试诊断该井产液量突然下降的原因并处理。

1. 诊断过程

螺杆泵井的产液量变化有两种情况：一种是产液量突然发生变化，说明机、杆、泵、井突然出现问题与故障；另一种是产液量逐渐发生变化，说明油井在生产过程中由于磨损、结蜡等原因逐渐出现了影响生产的问题与故障。

（1）根据电动机工作电流明显降低的现象，初步诊断为抽油杆断脱。

（2）观察油压变化：当关闭生产阀门进行憋压时，油压缓慢上升，达不到憋压要求，说明螺杆泵抽油效果不好。

（3）比较油压与套压：当关闭生产阀门进行憋压时，油压和套压不一致，油压为0.35MPa，套压为0.95MPa，说明油、套管不连通。

（4）观察光杆运动情况：停机时，光杆没有出现反转现象，说明螺杆泵没有反向扭矩。

（5）进行停机量油，产液量为 8.6t/d，说明该井有一定的自喷能力，而螺杆泵没有起到抽油作用。

2. 诊断结果

抽油杆断脱使螺杆泵失去抽油能力。根据作业检查确认是抽油杆脱扣。

3. 原因分析

抽油杆是传递动力给螺杆泵使其旋转进行抽油的。当螺杆泵井正常生产时,地面驱动装置带动抽油杆旋转,而井下螺杆泵在动摩擦的作用下旋转要比地面光杆滞后。当地面进行停机,抽油杆突然失去动力停止旋转时,螺杆泵滞后的扭矩就会带动抽油杆做反向旋转,即抽油杆倒转。为防止抽油杆倒转,螺杆泵井安装了防倒转装置,但是停机时抽油杆还是有短距离的倒转现象。抽油杆断脱后,螺杆泵失去抽油作用,因而停机时光杆不反转。但螺杆泵转子仍在定子内,油、套管不连通,所以憋压时,油压和套压不一致。由于该井有自喷能力,因此抽油杆断脱后油井的产液量为自喷产量;憋压时,油压缓慢上升。

4. 处理措施

(1) 进行检泵作业,恢复螺杆泵正常抽油能力。

(2) 认真观察螺杆泵井的生产数据变化,发现问题、故障及时诊断、处理。

例 3-2　某螺杆泵井,螺杆泵理论排量为 $40m^3/d$,实际产液量为 36t/d,生产比较稳定。但在正常生产的情况下油井突然不出油,后经反复核实仍然没有产液量。试诊断该井突然不出油的原因并处理。

1. 诊断过程

(1) 观察油压变化:当关闭生产阀门进行憋压时,憋不起压力,套压没有变化,说明螺杆泵没有起到抽油作用。

(2) 比较油压与套压:当关闭生产阀门进行憋压时,油压和套压不一致,说明油、套管不连通。

(3) 观察光杆运动情况:停机时,光杆没有出现反转现象,说明螺杆泵没有反向扭矩。

2. 诊断结果

抽油杆断脱使螺杆泵失去抽油能力。根据作业检查确认是抽油杆断裂。

3. 原因分析

抽油杆断脱后,不能将地面动力传递给螺杆泵使螺杆泵失去旋转抽油作用,因而停机时光杆不反转。但螺杆泵转子仍在定子内,油、套管不连通,所以憋压时,油压和套压不一致。由于该井没有自喷能力,所以憋压时,憋不起压力,产液量下降为零。

4．处理措施

(1) 进行检泵作业，恢复螺杆泵正常抽油能力。

(2) 认真观察螺杆泵井的生产数据变化，发现问题、故障及时诊断、处理。

例 3-3 某螺杆泵井，螺杆泵理论排量为 $90m^3/d$，实际产液量为 80t/d，工作电流 35A，生产比较稳定。该井生产一年后，在一次量油时发现油井不出油，工作电流 21A。试诊断该井不出油的原因并处理。

1．诊断过程

(1) 该井问题出现后，连续三天量油核实资料，该油井仍无产液量。

(2) 观察油压变化：当关闭生产阀门进行憋压时，憋不起压力，说明螺杆泵没有起到抽油作用。

(3) 观察油压与套压：当关闭生产阀门进行憋压时，油压和套压相等，均为 0.95MPa，说明油管有漏失，造成油、套管连通。

(4) 观察光杆运动情况：停机时，光杆没有出现反转现象，说明螺杆泵没有反向扭矩。

2．诊断结果

油管脱落使螺杆泵失去抽油能力。

3．原因分析

因为油管脱落后，螺杆泵转子和定子脱离，油、套管连通，油压、套压相等。而且因为螺杆泵定子和转子相互脱离，失去抽油能力，所以停机时光杆不反转。

4．处理措施

(1) 进行检泵作业。

(2) 认真观察螺杆泵井的生产数据变化，发现问题、故障及时诊断、处理。

例 3-4 某螺杆泵井，生产比较稳定。在一次量油时发现该井的产液量突然下降，油压有所下降，其他生产数据基本没有变化。诊断该井产液量突然下降的原因并处理。

1．诊断过程

(1) 该井问题出现后，连续三天核实资料，发现核实数据与以前数据相比基本没有变化，说明该井录取的资料没有问题。

(2) 观察油压变化：当关闭生产阀门进行憋压时，油压上升缓慢，达不到憋压要求，停机 10min 压力下降，压力稳不住，说明螺杆泵抽油效果不好。

(3) 比较油压与套压：当关闭生产阀门进行憋压时，套压随油压的变化而变化，说明油管有漏失，造成油、套管之间连通。

(4) 观察光杆运动情况：停机时，光杆有短距离的反转现象，说明螺杆泵存在反向扭矩。

2．诊断结果

油管漏失使油井产液量下降。根据作业检查确认油管接箍螺纹处刺漏。

3．原因分析

造成油管漏失的原因很多，如油管接箍螺纹刺漏、腐蚀穿孔漏、管壁砂眼漏、裂缝漏失等，而本井故障是油管接箍螺纹处刺漏。

螺杆泵井在生产过程中，如果井下油、套管连通，会使抽汲的一部分液量通过管柱泄漏点漏到油套环行空间，再通过泵的吸入口吸入，形成往复循环。这样，就使泵的扬程降低，产液量下降。由于泵的扬程降低，井口的油压下降，憋压时油压上升缓慢，套压随着油压的变化而变化。另外，油管挂不严，也会使泵抽出的液体在油、套管之间形成循环，造成油井的油压下降、产液量下降。

4．处理措施

(1) 进行检泵作业，检查井下的所有油管及螺纹。

(2) 认真观察螺杆泵井的生产数据变化，发现问题、故障及时诊断、处理。

例3-5 某螺杆泵井，螺杆泵理论排量为30m^3/d，实际产液量为27t/d，工作电流为18A。该井生产一年后，产液量为22t/d，工作电流逐渐上升为30A，且电动机启动困难。试诊断该井电动机启动困难的原因并处理。

1．诊断过程

(1) 产液量变化：实际产液量由27t/d降为22t/d，说明该井生产状况变差。

(2) 观察光杆运动情况：停机时，光杆高速反转，光杆扭矩比正常扭矩增大，说明阻力增加。

(3) 电流变化：电动机运转电流逐渐上升，且电动机启动困难，说明该井井下载荷增大。

2．诊断结果

结蜡严重使油井产液量下降，电动机运转电流上升。

3．原因分析

如果螺杆泵井管理不善或热洗清防蜡不彻底，就会造成油井结蜡。当油井结蜡严重时，井液阻力增大，使电动机运转电流明显升高，电动机启动困难，甚至三角皮带打滑无法启动；停机时，光杆高速反转，光杆扭矩比正常扭矩大。

4．处理措施

（1）用吊车上提光杆及转子，使转子脱离定子 1～1.5m。油、套管连通后，采用热洗法彻底洗井或加药清蜡。如果洗井洗不通，起出抽油杆彻底清蜡。

（2）制定合理的洗井、加药清蜡周期，并保证油井清蜡彻底；根据具体条件采用定期加药方式，防止油井结蜡。

例 3-6 某螺杆泵井，螺杆泵理论排量为 $40m^3/d$。该井停电 9h 后启动时，电动机电流直线上升，由 20A 很快上升到 69A，且皮带打滑。为防止电动机烧坏，不敢再启动。停机时，发现光杆高速反转。试诊断该井启动困难的原因并处理。

1．诊断过程

（1）该井停电时间为 9h，按规定油井停机时间过长。

（2）来电后启动时，电动机电流直线上升，且皮带打滑，分析认为可能是停机时间太长，导致启动困难。

（3）观察光杆运动情况：停机时，光杆高速反转，光杆扭矩比正常扭矩增大，说明阻力增加。

2．诊断结果

停机时间太长，导致螺杆泵启动困难。

3．原因分析

螺杆泵是一种容积式泵。由于螺杆泵定子橡胶的刚性较低，所以实际上采用螺杆泵的定子和转子间存在一定量的过盈，这样定子与转子的接触已不是线接触，而是窄面接触。从而增加了定子和转子间的静摩擦力与动摩擦力，螺杆泵的启动扭矩、工作扭矩也因此而增加。另外，每个封闭腔室互不连通，且泵在井下，随着时间的延长，每个腔室内的液体压力由于油管内液体的作用有所增加，又因定子和转子是窄面接触，所以每个腔室的液体压力表现为静吸附力。螺杆泵启动时，转子既要克服静摩擦力，又要克服静吸附力。当螺杆泵停机时间过长，就可能出现启动不起来的现象。所以螺杆泵作业后，要立即投产，临时停机也不能超过 6h。

4．处理措施

发生机组启动困难，不可强行启机，用吊车缓慢上提光杆及转子，上提高度约 1m，并重复起下几次。上提发现上提负荷等于抽油杆自重时，方可启机。

例 3-7 某 GLB800-14 型螺杆泵井，从生产数据中发现，该井产液量逐渐降低，油压也逐渐下降，工作电流下降幅度较大，液面在井口，沉没度比较高。试诊断该井产液量降低的原因并处理。

1. 诊断过程

(1) 驱动电动机工作电流下降幅度较大,说明该井井下载荷降低。

(2) 该井液面在井口,沉没度比较高,说明该井油层供液能力充足。

(3) 观察油压变化:当关闭生产阀门进行憋压时,油压缓慢上升,达不到憋压要求,说明螺杆泵抽油效果不好。停机后,油压有所下降,说明泵、管有漏失情况。

(4) 比较油压与套压:当关闭生产阀门进行憋压时,油压和套压不一致,说明油、套管不连通。

2. 诊断结果

螺杆泵漏失使油井产液量下降。根据作业检查确认泵的橡胶衬套部分脱落。

3. 原因分析

根据螺杆泵结构和工作原理可知,转子与定子密切配合形成一系列的封闭腔,当转子转动时,封闭空腔沿轴线方向运动时将吸入端吸入的液体向排出端运移。如果定子的橡胶衬套磨损或脱落,转子和定子之间就形成不了封闭空腔。当转子转动时,空腔内的液体会沿转子与定子之间的空隙向下漏失,螺杆泵失去抽油能力。由于该井的液面在井口,沉没度比较高,具有一定的自喷能力,所以,在螺杆泵出现漏失后还保持有一定的自喷产量;当憋泵时油压缓慢上升,停机后压力下降但幅度不大,是该井的自喷能力所致。

如果油井没有自喷能力,当螺杆泵漏失严重时产液量就会降为零,而且憋泵时压力值不变或上升很小,停机时油压会快速下降。

4. 处理措施

(1) 及时发现问题,及时采取检泵措施,恢复螺杆泵正常抽油能力。

(2) 该井沉没度比较高,检泵时应更换大一级排量的螺杆泵,提高油井的产液量。

(3) 对于沉没度比较高的螺杆泵井,在生产中应及时观察油井产液量、压力的变化,及时调整泵的运行参数,提高螺杆泵抽油能力和油井的产液量。

例3-8 某螺杆泵井,一次岗位工人在检查、录取资料中发现,该井的回油温度不正常,比上一天高出许多,超过了油井对回油温度要求。然后到井上进行温度控制,但回油温度始终没有控制下来。试诊断该井故障并处理。

1. 诊断过程

(1) 由于该井的回油温度突然升高,超过了规定温度,于是岗位工人在井口进行控制掺水,经过反复调整、控制回油温度仍降不下来,说明不是掺水控制问题。

(2) 核实该井生产数据,在量油时发现不上液面,油井产液量视为零,说明螺杆泵没有起到抽油作用。

（3）观察油压变化：当关闭生产阀门进行憋压时，油压上升非常缓慢，停机后压力又降回原值，说明螺杆泵的工况出现问题，没有起到抽油的作用。

（4）观察光杆运动情况：停机时，光杆没有出现反转现象，说明螺杆泵没有反向扭矩。

2．诊断结果

抽油杆断脱或油管断脱使螺杆泵失去抽油能力。

3．原因分析

当油井正常生产时，采出的井下液体在井口油嘴保温套处与掺热管线中的热水混合一起来提高液体温度，从而保证地面管线畅通与油井的正常生产。当螺杆泵出现问题起不到抽油作用时，井口就无产液量，但掺热管线中的热水照常掺入回油管线内。这时，回油管线内都是掺入温度较高的热水，而且掺热量还会随着回油管线压力下降而增大，使油井的回油温度升高。在井口无产液量的情况下想把回油温度调整、控制下来是很困难的。因此，油井的回油温度突然升高，且经过反复调整、控制温度降不下来，通常是泵的工况出现问题所造成的。

4．处理措施

（1）采取检泵措施，恢复螺杆泵正常抽油能力。

（2）在日常生产管理中，应认真分析螺杆泵井每一项生产数据的变化，并通过这些变化及时发现生产中存在的问题与故障，及时采取措施，保证油井正常生产。

例 3-9　某螺杆泵井，技术人员在对资料进行检查中发现，该井产液量在一切都正常的情况下无原因地降低。试诊断该井产液量降低的原因并处理。

1．诊断过程

（1）观察油压变化：当关闭生产阀门进行憋压时，油压上升很快，达到规定憋压要求，说明螺杆泵工作正常。停机 15min 油压稍有下降，说明泵、管没有漏失。

（2）检查计量设备。经过冲洗分离器量油玻璃管，没有发现有堵塞现象，说明量油正常。

（3）核实该井产量。经几次量油，核实的产液量与报表数据相差较大，即核实的产液量高于报表数据，说明量油数据不准确。

2．诊断结果

原资料录取不准确使油井产液量无原因降低。

3．原因分析

造成原资料录取不准确的原因很多，如量油资料录取的方式、方法不正确，态度不认真或错误地使用资料等。

由于资料不准确,就不能真正地反映油层的供液情况与油井排液情况,给油井生产动态分析工作带来不利影响。

4．处理措施

(1) 发现问题,技术人员应到现场进行核实,落实资料的真实情况。

(2) 岗位工人应认真录取螺杆泵井量油资料,确保资料的真实性。

例 3-10 某螺杆泵井位于油水过渡带上,该井产液量一直不太高,量油波动比较大,泵况不好。在一次量油时发现井口产液量出现了上升。试诊断该井产液量上升的原因并处理。

1．诊断过程

(1) 观察油压变化:发现问题后,对该井进行憋压,当关闭生产阀门时,油压上升缓慢,达不到憋压要求,说明螺杆抽油效果不好;停机 5min 油压下降,憋不住压力,说明泵、管有漏失情况。

(2) 检查计量设备。经过冲洗分离器量油玻璃管,没有发现有堵塞现象,说明量油正常。

(3) 检查计量间和井口流程情况。发现没有影响资料准确性的问题。

2．诊断结果

根据上述分析,认为泵漏失。由于该井间歇出油,产液量波动大,掩盖了泵漏失情况。

3．原因分析

如果不是连喷带抽的油井,只要出现泵漏失就会影响到产液量。如果排除人为因素的影响,泵漏失后产液量不降只有两种情况,一是油层压力特低,脱气严重,油井间歇出油,井口产液量时而多,时而少;二是掺热流程中的某阀门不严,影响量油的准确性。该井位于油水过渡带,油层条件差,间歇出油比较严重,产液量波动大而掩盖了泵漏失情况。

4．处理措施

(1) 延长该井量油时间、增加量油次数,能准确地反映出该井实际液量情况。

(2) 岗位工人应准确录取资料数据,避免人为因素的影响。

第四章 注水井生产故障诊断与处理

第一节 基础知识

在注水井管理过程中，采油工作人员必须认真、准确地录取注水井每一项原始资料、数据，及时地观察、分析注水井的注水状况及变化，及时地查找、处理注水井各方面的问题，才能保证注够水、注好水，使油田具有较旺盛的生产能力。

一、利用注水井生产情况诊断注水井泵况

在注水井日常管理中，注水压力、注水量等都是变化的，主要变化的原因有管理因素、设备因素及地层因素等。

（一）油、套压的变化分析

对于正注井，油管压力（油压）表示注水井井口压力，即注入水自泵站加压，经地面管线、配水间到注水井井口的剩余压力。即：

$$油管压力 = 泵压 - 地面管损$$

对于正注井，套管压力（套压）表示注水井油套管环形空间的井口压力。下封隔器的井，套管压力只表示第一级封隔器以上油套管环形空间的井口压力。即：

$$套管压力 = 油管压力 - 井下管损$$

1．引起油压变化的原因分析

（1）地面因素：泵压的变化；地面管线发生漏失或堵塞；阀门闸板脱落；压力表失灵均可引起油压变化。

（2）井下因素：引起油压升高的因素有水嘴堵或滤网堵。引起油压降低的因素有

封隔器失效、管外水泥窜槽、底部单流阀密封不严、配水嘴脱落或刺大、油管漏或油管脱落等。

(3) 地层因素：引起油压升高的因素有长期注水使地层的吸水能力下降及射孔孔眼堵塞。引起油压降低的因素有由于提高注水压力沟通了地层的一些微裂缝；采取增注措施后，使地层的渗透率增加；地层欠注；有水淹层。

2．引起套压变化的原因分析

第一级封隔器失效会使套压升高；油管头不密封会引起套压变化。

通过上述分析可知，根据油、套压的变化可以判断地面设备及井下设备所发生的故障。

（二）注水量的变化分析

注水量是注水井的主要配注指标。因此，根据注水量的变化可分析注水井是否正常。

1．注水量上升的原因分析

(1) 地面设备的影响：流量计指针不落零，造成记录的流量数值偏高；地面管线漏失，注水流程错，可造成注入量上升的假象；实际孔板的孔径比设计的小，造成记录的压差偏大；泵压升高均可以造成注水量上升。

(2) 井下设备的影响：封隔器失效；油管漏失或油管脱落；配水嘴被刺大或脱落；底部单流阀密封不严；套管外窜槽等都会引起注水量上升。

(3) 油层的影响：油水井采取增注措施后使地层的渗透率增加，有新的小层吸水；提高注入压力后，沟通了一些微小裂缝；有水淹层均可造成注水量上升。

2．注水量下降的原因分析

(1) 地面设备的影响：流量计指针的起点落到零以下，造成记录流量数值偏小；地面管线不同程度的堵塞；实际安装的孔板孔径比设计的大，造成记录压差偏低；阀门的闸板脱落；来水压力下降等均可以造成注水量下降。

(2) 井下设备的影响：配水嘴或滤网堵；射孔的孔眼堵塞都会引起注水量下降。

(3) 油层的影响：在注水过程中，由于注入水水质不合格引起油层堵塞，使地层的渗透率下降；油层压力回升，使注水压差减小，这两点因素都会导致注水量下降。

（三）封隔器失效的原因分析

(1) 注水井开、关井次数过多，或在开、关井过程中倒错流程。

(2) 注水站突然启泵或停泵，使注水压力剧烈波动，造成封隔器胶皮筒破裂。

(3) 注水井油套压差小于封隔器坐封压差,或配水嘴过大,使封隔器胶皮筒未胀开；管柱底部单流阀密封不严；配水器失灵。

(4) 套管变形或封隔器卡在射孔炮眼上,导致封隔器不密封。

二、利用注水井吸水能力诊断注水井故障与故障处理

保持和提高注水井的吸水能力,是完成配注指标,保证注水开发效果的一个重要问题。但是,许多注水开发的油田,在开发过程中都不同程度的存在着注水井吸水能力下降的现象。

(一)反映注水井吸水能力的参数

注水井吸水能力的大小,主要采用下面的几个指标来描述。

1. 吸水指数

地层吸水能力大小可以用吸水指数来表示。吸水指数是指在单位注水压差的作用下,每日地层能吸入的水量,用公式表示如下：

$$I_w = \frac{Q}{p_{wf} - p_{ws}}$$

式中　I_w——吸水指数,$m^3/(MPa \cdot d)$；

　　　p_{wf}——井底压力(流压),MPa；

　　　p_{ws}——地层压力(静压),MPa；

　　　Q——日注水量,m^3/d。

正常注水时,不可能经常关井测注水井静压,为了求取吸水指数,常采用测指示曲线的办法,测量在不同流压下的日注水量,然后用公式计算出吸水指数(即两个工作制度下注水量和流压差之比),用公式表示如下：

$$I_w = \frac{Q_2 - Q_1}{p_{wf2} - p_{wf1}}$$

式中　Q_1、Q_2——不同流压下的日注水量,m^3/d；

　　　p_{wf1}、p_{wf2}——与日注水量相对应的流压,MPa。

在进行不同油层吸水能力对比分析时,需采用比吸水指数(或称每米吸水指数)为指标,它是指地层的吸水指数与地层有效厚度的比值,单位为"$m^3/(MPa \cdot d \cdot m)$",也表示1m厚地层在1MPa注水压差下的日注水量。

2. 视吸水指数

用吸水指数进行分析时,需对注水井进行测试取得流压资料后才能进行。在注水井日常管理分析中,为了及时掌握地层吸水能力的变化情况,常采用视吸水指数表示吸水能力。视吸水指数是指日注水量与井口压力的比值,用公式表示如下:

$$I_{ws} = \frac{Q}{p_{wh}}$$

式中 I_{ws}——视吸水指数,m³/(MPa·d);

p_{wh}——井口压力,MPa。

在未进行分层注水时:正注时井口压力取套管压力,反注时井口压力取油管压力。

3. 相对吸水量

相对吸水量是指在同一注入压力下,某水层吸水量占全井的吸水量的百分数,用公式表示如下:

$$相对吸水量 = \frac{某水层吸水量}{全井吸水量} \times 100\%$$

相对吸水量是表示各水层相对吸水能力的指标。有了各小层的相对吸水量,就可以由全井注水指示曲线绘制出各小层的分层注水指示曲线,而不必进行分层测试。

(二) 注水井吸水能力下降的因素分析

根据现场资料分析和实验室研究,注水井吸水能力下降的因素可综合为以下四个方面。

1. 与注水井井下作业及注水井管理操作等有关的因素

(1) 进行作业时,因用压井液压井使压井液浸入注水层造成堵塞。
(2) 由于酸化等措施不当或注水操作不平稳而破坏地层岩石结构造成砂堵。
(3) 未按规定洗井,井筒不清洁,井内的污物随注入水被带入地层,造成地层堵塞。以下情况的注水井需要洗井:转注前的排液井;停注 24h 以上的井;注水水质不合格的井;已经到洗井周期的井;动井下管柱的井;注水量明显下降的井。

2. 与注入水水质有关的因素

1) 铁的沉淀

注入水由注水站经管线到达井底的过程中,由于注入水对管壁的腐蚀而产生堵塞物[如$Fe(OH)_3$、FeS等],造成地层堵塞。

(1) $Fe(OH)_2$沉淀的生成。

根据电化学腐蚀原理,二价铁离子(Fe^{2+})进入水中,生成$Fe(OH)_2$,注入水中溶解的氧进一步将$Fe(OH)_2$氧化,生成$Fe(OH)_3$的沉淀。当水的pH值>3.3~3.5时,生成的$Fe(OH)_3$呈胶体质点状态;当pH值接近于6~6.5时,呈凝胶状态;当pH值>8.7时,呈棉絮状的胶体物。所以,注入地层后的氢氧化铁,当pH值>4~4.5以后,将起到明显的堵塞作用,从而降低了地层的吸水能力。

$$Fe^{2+} \longrightarrow Fe(OH)_2 \longrightarrow Fe(OH)_3 \downarrow$$

当注入水中含有铁细菌时,铁细菌的代谢作用也会产生$Fe(OH)_3$的沉淀。

(2) FeS沉淀的生成。

当注入水中含有H_2S时,管壁腐蚀将会变得更加严重。H_2S与电化学腐蚀产生的二价铁离子Fe^{2+}作用,生成FeS的黑色沉淀物。

$$H_2S + Fe^{2+} \longrightarrow FeS \downarrow + 2H^+$$

即使注入水中不含H_2S气体,当含有硫酸盐还原菌时,也会由于水中的SO_4^{2-}被这种菌还原生成H_2S,H_2S再与Fe^{2+}作用,生成FeS沉淀而堵塞油气层。

$$2H^+ + SO_4^{2-} + 4H_2 \longrightarrow H_2S + 4H_2O$$

一些注水井内排出的水为黑色,并带有臭鸡蛋味就是因为含有H_2S和FeS的缘故。

2) **碳酸盐沉淀**

当溶解有重碳酸钙、重碳酸镁等不稳定盐类的水注入地层后,由于温度的变化,这些溶解盐会析出生成沉淀,堵塞地层孔道,降低吸水能力。

水中游离的二氧化碳、重碳酸根及碳酸根在一定的条件下,保持着一定的平衡关系:

$$CO_2 + H_2O + CO_3^{2-} \rightleftharpoons 2HCO_3^-$$

当水注入地层后,由于温度升高,将使重碳酸盐发生分解,平衡左移,溶液中的CO_3^{2-}的浓度增大。当水中含有大量的Ca^{2+}时,在一定条件下将会有$CaCO_3$从水中析出,而堵塞地层孔道。

另外,在水中硫酸盐还原菌的作用下,由下面的反应也会生成$CaCO_3$沉淀。

$$Ca^{2+} + SO_4^{2-} + CO_2 + 8H^+ \longrightarrow CaCO_3 \downarrow + H_2S + 3H_2O$$

3) **细菌堵塞**

若注入水中含有细菌(如硫酸盐还原菌、铁细菌等),这些细菌在注水系统和地层中会大量繁殖堵塞地层,使地层的吸水能力下降。这些细菌的繁殖除了菌体本身会造成地层堵塞外，还由于它们的代谢作用生成 $Fe(OH)_3$、FeS 等沉淀而堵塞地层。

硫酸盐还原菌是一种厌氧菌，在缺氧的条件下繁殖；铁细菌则是在有氧的条件下繁殖。

注入水中所含的细菌和水一起进入地层会在一定范围内生长繁殖，通过对一些井的调查发现，带入地层的硫酸盐还原菌按排液量计算的活泼发育半径约为 3~5m。因此，菌体和代谢产物对地层造成的堵塞不仅是在井壁渗滤表面，而且会发生在较深地带。这样，在解除细菌所造成的堵塞时将增加一定的困难。

4) 机械杂质堵塞

注入水中所含机械杂质超标，则注入水进入地层将对地层造成堵塞，使地层吸水能力下降。

3. 组成油层的粘土矿物遇水后发生膨胀

许多砂岩油层均存在着粘土夹层，岩石胶结物中也含有一定数量的粘土。因此，在注水过程中往往由于粘土遇水发生膨胀造成地层堵塞，使地层吸水能力下降，甚至在井壁处造成岩石崩脱和坍塌。

粘土遇水膨胀的程度与构成粘土矿物的类别、含量及水的性质有关。粘土中蒙皂石的含量越高，遇水膨胀的程度越大；清水比盐水更容易使粘土膨胀。所以，注地层水可以减少粘土的膨胀。

4. 注水井区地层压力上升

由于长期注水会使地层压力回升，减小了注水压差，使地层的吸水量下降。

以上前三个因素是指在注水过程中，由于地层孔道被各种堵塞物或粘土膨胀造成堵塞，使地层吸水能力降低。第四个因素则是注水过程中的正常现象。

(三) 防止地层吸水能力下降的措施

在注水过程中应当采取以预防为主的措施，防止地层产生堵塞。

1. 对于由于井下作业不当及注水井管理操作不当引起地层堵塞的预防

(1) 注水井作业时应采用不压井不放喷作业，防止泥浆堵塞地层。
(2) 注水井注水操作要平稳，防止由于操作不当引起的砂堵。
(3) 酸化时，酸液的浓度要合适。

2. 对于注入水水质不合格引起地层堵塞的预防

(1) 及时取水样化验分析，发现水质不合格时，应立即采取措施，保证不把不合格的水注入地层。

(2) 按规定冲洗地面管线、储水设备和洗井，保证管线、储水设备和井内清洁。

(3) 注意防腐，防止管壁上的腐蚀物污染水质和堵塞地层。

(4) 在注水管理上应采取注入水水质处理一条龙配套技术。

3．对于粘土膨胀引起地层堵塞的预防

对于粘土含量高的地层，尽量使用地层水回注，或者在注水前向地层挤入粘土防膨剂。

（四）恢复地层吸水能力的措施

地层吸水能力的降低，绝大多数是由于地层被堵塞引起的，所以，要恢复地层吸水能力，就必须解除堵塞。

1．无机堵塞物造成的地层堵塞

无机堵塞物通常采用盐酸或土酸处理地层的方法解除。其中可被盐酸溶解的堵塞物主要有 $CaCO_3$、$Fe(OH)_3$ 和 FeS。泥质堵塞物虽然不溶于盐酸，但土酸（盐酸和氢氟酸的混合液）对它有较大的溶解能力。

2．有机堵塞物造成的地层堵塞

有机堵塞物主要为藻类和细菌类。细菌随注入水进入地层，在井底周围生长繁殖造成堵塞。对有机物堵塞一般采用杀菌剂解堵，常用甲醛、次氯酸钠作为杀菌剂。但对于细菌的代谢产物（主要是 FeS 沉淀）光使用杀菌剂是不能清除的，通常采用杀菌与酸处理联合进行，这样即可以杀菌，又可以清除代谢产物及沉淀物对地层的堵塞。

3．粘土遇水膨胀造成的地层堵塞

试验表明，注入地层水、盐水、pH 值为 3～5 的酸性水以及用表面活性剂溶液等，在一定程度上可减少粘土膨胀。解除堵塞一般也采用酸处理的方法。

（五）调整注水井吸水剖面的方法

对于多油层注水开发的油田，一口注水井多是同时注几个油层（合注）。由于各油层的非均质性，使各层的吸水能力差别很大，高渗透层或有裂缝层段吸水很大，极易发生注入水突进，油井过早水淹，而中、低渗透层吸水很少或不吸水，又很难发挥中、低渗透层的作用。因此，在非均质地层注水，必须设法减小各层段吸水的非均衡性。解决的途径，一是控制或降低高渗透层的吸水能力；二是改造井底地带中、低渗透层（即

提高渗透率），从而调整或改善吸水剖面上的不均衡性。

1. 对中、低渗透层进行酸处理

用酸液提高中、低渗透层的绝对渗透率。酸处理的原理和方法与一般酸处理相同。经酸处理后的中、低渗透层，由于提高了岩层的渗透率，故在原注水压力下提高了注水量，达到改善吸水剖面的目的。

2. 提高注水压力

一般在所选择的注水压力下，高渗透层吸水，低渗透层不吸水。因此，为了调整或改善吸水剖面，可采用提高注水压力的方法。提高注水压力即提高了注水压差，使在低注水压力下不吸水的低渗透层吸水，从而增加了吸水层厚度。

高压注水可使地层产生裂缝，因此在易产生垂直裂缝的油层，为了防止注入水窜到非注水层位，必须严格控制注水压力，使注水压力低于地层破裂压力。注水压力的大小由所需注入量来决定。

必须注意，高压注水中、低渗透层增加吸水量的同时，必须对高渗透层适当控制，才能保证水线均匀推进，获得良好的注水效果。

3. 选择性堵水

对多油层注水开发的油田，采用分层注水及分层改造低渗透层是使水线均匀推进的有效措施。但油田进入中后期，注水井井下技术状况变差（如井下套管破损等），不能分层配注的笼统注水井越来越多。由于不能分层配注，高渗透层超注，中、低渗透层却完不成配注任务的现象就越严重。因此，在注水井选择性封堵高渗透层大孔道是调整和改善吸水剖面、使水线均匀推进、防止油井过早水淹、提高油层采收率的重要措施。通常采用的选择性封堵方法有单液法封堵和双液法封堵。

三、利用注水井指示曲线诊断注水井故障与故障处理

（一）注水井指示曲线的概念

注水井指示曲线是指在稳定流动的条件下，注入压力与注水量之间的关系曲线。注水井指示曲线又可分为全井注水指示曲线和分层注水指示曲线。

全井注水指示曲线是指全井注入压力与注水量之间的关系曲线。

分层注水指示曲线是指在分层注水的情况下，各层段注入压力（经过水嘴后的压力）与小层注水量之间的关系曲线。

（二）注水井指示曲线的绘制

1. 资料的录取及整理

注水井测试时，首先测全井指示曲线。全井指示曲线用等差降压法一般要测 4～5 个压力点，即由大到小控制注水压力，测试压力点的间隔为 0.5MPa，每点压力对应的注水时间，一般需要稳定 30min 左右（或 10min 以上）。

在测得全井资料后，便开始分层测试。以三个层段为例（自上而下依次为 Ⅰ 层、Ⅱ 层和 Ⅲ 层），先将流量计下到 Ⅲ 层上部，测得的是 Ⅲ 层的注水量 $Q_Ⅲ$；然后上提流量计到 Ⅱ 层上部，测得的是 Ⅱ+Ⅲ 层段的注水量 $Q_Ⅱ+Q_Ⅲ$；最后流量计到 Ⅰ 层的上部，测得的是全井的注水量 Q。测试时，一般需要改变 4～5 次注入压力，每改变一次注入压力，就可以得到相对应的各层段注水量及全井注水量。

1) 计算各层段的注水量

整理资料时，分别计算出各层段的注水量，并绘出注水井指示曲线。

第 Ⅰ 层段的注水量为：$Q_Ⅰ = Q - (Q_Ⅱ + Q_Ⅲ)$

第 Ⅱ 层段的注水量为：$Q_Ⅱ = (Q_Ⅱ + Q_Ⅲ) - Q_Ⅲ$

第 Ⅲ 层段的注水量为：$Q_Ⅲ$

2) 计算全井的注水量

$$Q = Q_Ⅰ + Q_Ⅱ + Q_Ⅲ$$

将全部测试数据整理后列于表 4-1 中。

表 4-1 注水井分层测试成果表

注水量, m³/d \ 注入压力, MPa \ 层段	10.5	10.0	9.5	9.0	8.5	备注
全井	135	113	95	82	70	
Ⅱ+Ⅲ	114	96	82	71	61	
Ⅰ	21	17	13	11	9	
Ⅱ	71	60	52	45	39	
Ⅲ	43	36	30	26	22	

2. 描图

根据注入压力与各层段注水量及全井注水量的对应关系,绘出各层段及全井注水指示曲线,如图4-1所示。

若压力坐标为井口注入压力,得到的是视注水指示曲线,其斜率的倒数为视吸水指数;若将压力坐标换算成井底注水压差,得到的是真注水指示曲线,其斜率的倒数为地层的吸水指数。真注水指示曲线只反映地层吸水能力的变化,而视注水指示曲线不仅反映地层的吸水能力,而且能反映井下配水管柱的工作情况。一般为了方便测试都采用井口注入压力,即视注水指示曲线。

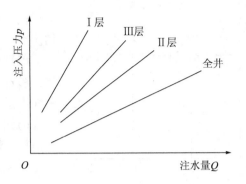

图4-1 注水井指示曲线

3. 计算各层段吸水百分数

$$各层段吸水百分数\ a = \frac{各层段吸水量 Q_i}{全井注水量 \sum_{i=1}^{n} Q_i} \times 100\%$$

根据目前的注入压力及注水指示曲线计算实注量 $Q_实$ 与配注量 $Q_配$ 的差值 ΔQ。

$$\Delta Q = Q_实 - Q_配$$

若 $\Delta Q = 0$,说明正好完成配注任务;若 $\Delta Q < 0$,说明该油层欠注,要加强注水;若 $\Delta Q > 0$,说明该油层超注,要控制注水。

通过对比不同时间内所测得的注水指示曲线的特征及斜率变化,既可以分析地层吸水能力的变化,又可以判断井下配水工具的工作状况。

(三) 注水指示曲线的形状

图4-2为分层测试时可能遇到的几种指示曲线的形状。

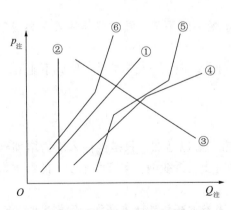

图4-2 几种指示曲线的形状

1. 直线形指示曲线

1) 曲线①为直线递增式(直线式)

(1) 曲线特点:地层吸水量与注入压力

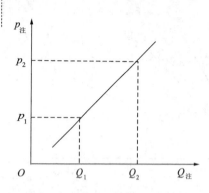

图4-3 由指示曲线求吸水指数

成正比,即当注入压力不断增大,注水量也不断增加。

(2) 产生原因:①该曲线反映出地层比较均质,渗透率均匀,地层吸水量与注入压力成正比。由注水指示曲线上任取两点(注入压力 p_1、p_2 及相对应的注入量 Q_1、Q_2),用下式可计算出地层的吸水指数,如图4-3所示。

$$I_w = \frac{Q_2 - Q_1}{p_2 - p_1}$$

式中 I_w——吸水指数,m³/(MPa·d);

p_1,p_2——1、2两点的注入压力,MPa;

Q_1,Q_2——1、2两点的注入量,m³/d。

由上式可以看出,直线斜率的倒数即为吸水指数。指示曲线为直线,说明在某一压力范围内地层吸水指数不变,反映地层吸水能力不变。但用指示曲线计算吸水指数时,应采用地层真实指示曲线进行计算。

②测试时压力范围小,只反映某一压力的吸水能力变化。测试时要求测出最大注水压差。

2) 曲线②为垂直式指示曲线

(1) 曲线特点:注入压力不断增大而注水量保持不变,指示曲线垂直于横坐标。

(2) 产生原因:①油层渗透性很差或粘度高,虽然泵压增加,只用来克服油层阻力,但注水量并没有增加。②仪表失灵或测试有误差。③井下管柱有问题,如水嘴堵死等。④有较好的吸水能力,但水嘴直径过小。

3) 曲线③为递减式指示曲线

(1) 曲线特点:注入压力不断增大而注水量不断下降,注水量与注入压力成反比。

(2) 产生原因:仪表、设备等有问题,这种曲线属于不正常曲线,因此不能用。

2. 折线型指示曲线

1) 曲线④为折线式指示曲线

(1) 曲线特点:①随着注入压力增加,注水量也增加,只是当注入压力增加到某一点时,吸水指数突然增大,出现拐点,使曲线呈折线型。②有两个以上的吸水指数,即地层吸水能力是变化的。

(2) 产生原因:①各层渗透率变化较大。②表示在注入压力高到一定程度时,有新油层开始吸水。③注入压力超过地层破裂压力,岩石的结构被破坏,油层产生微小裂缝或使原裂缝增大,渗透率增高,使油层吸水量增加。因此,这种曲线属于正常曲线。

2) 曲线⑤为曲拐式指示曲线

(1) 曲线特点:①随着注入压力增加,注水量也增加,曲线出现多个拐点,使曲线呈曲拐型。②有三个以上的吸水指数,即吸水能力是变化的。

(2) 产生原因:仪器设备有问题,这种曲线属于不正常曲线,因此不能用。

3) 曲线⑥为上翘式指示曲线

(1) 曲线特点:表示注入压力与注水量开始呈正比例关系,但当注入压力增加到某一值时,吸水量突然下降,出现拐点,使曲线呈一反折线。

(2) 产生原因:①仪器设备有问题。②油层非均质性严重,油层条件差,连通性不好或不连通时,注入水不易扩散,使油层压力逐渐升高,注入量逐渐减少。

综上所述,递增式直线和折线是常见的,它反映了井下和油层的客观情况。而垂直式、曲拐式、递减式则是受仪器设备的影响,不能反映井下及油层的客观情况。

3. 水嘴直径过小曲线

当注水量很大而配水嘴直径很小时,在水嘴喉部以后可能产生气穴现象,出现如图4-4所示的曲线。直线 AB 就是出现气穴现象的结果。试验结果表明,在一定的嘴前压力下,当嘴前与嘴后的压差满足 $\Delta p > \Delta p_{cr}$ 时,注水量 Q 将保持为常数,其值等于 Q_{cr},其中 Δp_{cr}、Q_{cr} 可通过试验测出。这一特性可运用于液流的流量自动控制。在测试过程中遇到这种情况时,也可提供解释依据。

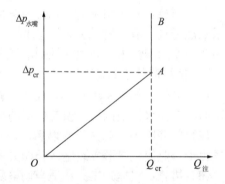

图4-4 嘴后有回压并出现气穴时的嘴损曲线

有气穴现象存在时,在嘴子的气穴部位将产生严重的"气蚀"斑痕。

(四) 注水井指示曲线的应用

如前所述,按实测井口压力绘制的实测指示曲线,不仅反映油层吸水情况,而且还与井下配水工具的工作状况有关。因此,通过对实测指示曲线的形状及斜率变化的分析,就可以掌握油层吸水能力的变化,分析井下配水工具的工作状况,作为分层配水、管好注水井的重要依据。

影响注水指示曲线的因素较复杂,主要有地层条件、地层吸水能力的变化,井下配水工具的工作状况,地面流程,设备、仪表准确度和资料整理误差等因素,在作指示曲线分析与对比时,应加以注意。

1. 用注水井指示曲线诊断地层吸水能力

正确的指示曲线能反映地层吸水能力的大小,因而通过对比不同时间内所测得的指示曲线,就可以了解地层吸水能力的变化。

1)指示曲线左移左转

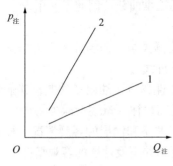

图4-5 指示曲线左移左转

(1)分析:如图4-5所示,指示曲线左移左转,斜率变大,吸水指数减小,层段指示曲线向压力轴偏移,说明地层的吸水能力下降了。曲线1为原来所测得的指示曲线,曲线2为后测得的指示曲线(以下各曲线相同)。

(2)解释原因:地层深部吸水能力变差,注入水不能向深部扩散;由于注入水的水质不合格或注水井作业及注水井管理操作不当引起的地层堵塞;水敏引起的。

(3)措施:轻微堵塞时采用酸洗来解除。严重堵塞时采取酸化解堵(无机物堵塞时采取酸处理,有机物堵塞时采取杀菌与酸处理联合进行);注入地层水、盐水、pH值为3~5的酸性水、表面活性剂溶液等。

2)指示曲线右移右转

(1)分析:如图4-6所示,指示曲线右移右转,斜率变小,吸水指数增大,层段指示曲线向注水量轴偏移,说明地层的吸水能力增强了。

(2)解释原因:油井见水以后,使阻力减小,引起吸水能力增大;有新的小层吸水或由于作业使地层形成裂缝;长期欠注使地层压力下降。

(3)措施:根据开发方案适当调整配注,满足注水要求。

3)指示曲线平行上移

(1)分析:如图4-7所示,指示曲线平行上移,斜率不变,吸水指数不变,说明地层的吸水能力没变。在相同的注入量下注入压力升高,说明由于长期注水使地层压力升高了。

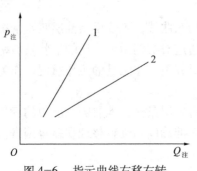

图4-6 指示曲线右移右转

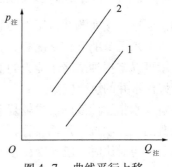

图4-7 曲线平行上移

(2) 解释原因：注水见效（注入水使地层压力升高）；注采比偏大。

(3) 措施：对地层采取增注措施（如压裂、酸化等）或增加采出方向；调整注水压力。

4) 指示曲线平行下移

(1) 分析：如图 4-8 所示，指示曲线平行下移，斜率不变，吸水指数不变，说明地层的吸水能力没变。在相同的注入量下注入压力下降，说明地层压力下降了。

(2) 解释原因：地层亏空，即注采比偏小，注入的水量小于采出的液量，从而导致地层压力下降；采取了增注措施，如压裂、酸化等。

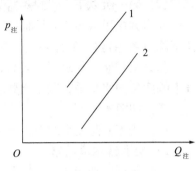

图 4-8　曲线平行下移

(3) 措施：调整注水压力。

以上四种曲线是最基本的变化情况，一般掌握了这四种曲线，再结合现场测试情况就可以进行分析。分析曲线应注意以下事项：

(1) 严格地讲，分析地层吸水能力的变化，必须用有效压力来绘制地层真实指示曲线。若用井口实测注入压力绘制的指示曲线，两次必须是同一管柱结构的情况下所测得的指示曲线，而且只能对比其吸水能力的相对变化。若管柱结构不同，只能把它们加以校正后用真实指示曲线进行分析。

(2) 由于井下工具工作状况的变化也会影响指示曲线。因此，用指示曲线对比来分析地层吸水能力时，应考虑井下工具工作状况的改变对指示曲线的影响，以免得出错误的解释。

2. 用注水井指示曲线诊断井下配水工具的工作状况

分层配注时，井下配水工具（封隔器、配水器、底部单流阀、管柱等）可能发生各种故障，所测得的曲线也会发生各种变化，因此，根据指示曲线的变化，就可以对井下配水工具的工作状况进行分析判断。

1) 封隔器失效

(1) 第一级封隔器失效的判断。

一般下水力压差式封隔器的注水井，要求油管内外需保持 0.5～0.7MPa 的压差，可通过注水过程中油、套压及注水量的变化来判断。

正注井如果出现油、套管压力平衡或套压随油压的变化而变化，并且注水量增加，则可判断为由于封隔器失效使上下串通，使吸水能力高的控制层段注水量增加。

①当封隔器以上有吸水层时：第一级封隔器失效后，控制层段的吸水量上升，导致全井吸水量上升，套压上升，油压下降，油套压接近平衡。

②当封隔器以上无吸水层时：第一级封隔器失效，将导致套压迅速上升，油压不变，使油套压平衡，注水量不变。

(2) 第一级以下各级封隔器失效的判断。

注水井中下入多级封隔器时，当第一级以下某一级封隔器不密封时，则表现为油压下降（或稳定），套压不变，注水量上升。究竟是哪一级封隔器失效，则必须通过分层测试来判断。封隔器失效后，如上层段渗透好，则与封隔器相邻的上层段指示曲线大幅度偏向水量轴，吸水指数增大；下层段指示曲线则偏向压力轴，吸水指数会有所降低，如图4-9所示。

(3) 措施：测吸水剖面进一步诊断；验串、封串。

2）配水器水嘴堵塞

(1) 分析：如图4-10所示，曲线左移，斜率变大，吸水指数减小，说明地层的吸水能力下降。

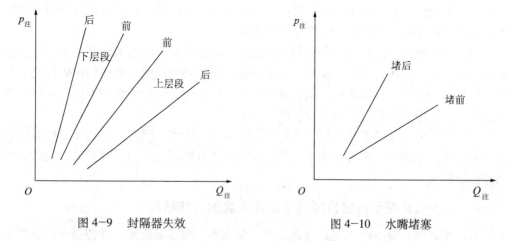

图4-9 封隔器失效　　　　　　图4-10 水嘴堵塞

(2) 解释原因：水嘴堵塞表现为注水压力不变或上升，全井注水量下降或注不进水，指示曲线向压力轴偏移或与横坐标垂直。

(3) 措施：进行反洗井解堵；拔水嘴解堵。

3）配水器水嘴孔眼被刺大

(1) 分析：如图4-11所示，水嘴孔眼被刺大不是突然形成的，而是逐渐被磨损所造成的，所以，曲线是逐渐变化的，在短时间内指示曲线变化不明显。历次所测曲线有逐渐向注水量轴方向偏移的变化过程，曲线斜率逐渐变小，吸水指数逐渐增大。

(2) 解释原因：水嘴孔眼被刺大后，吸水能力逐渐增强。

(3) 措施：下投捞器调节水嘴；捞出堵塞器，更换新水嘴。

4）配水器水嘴脱落

(1) 分析：如图4-12所示，配水器水嘴脱落后曲线右移，斜率变小，吸水指数增加。注水压力不变或有所下降,全井注水量突然增加,层段指示曲线明显向注水量轴方向偏移。

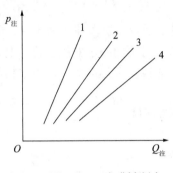

图 4-11 水嘴被刺大

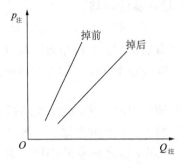

图 4-12 水嘴脱落

(2) 解释原因：水嘴脱落后,吸水能力增强。

(3) 措施：进行井下作业；捞出堵塞器,更换水嘴。

5) 底部单流阀不密封（球与球座不密封）

(1) 分析：如图 4-13 所示,底部单流阀不密封,使注入水从油管末端进入油套管环行空间,造成油、套管没有压差,封隔器失效,注水量显著上升,油套压平衡,指示曲线大幅度向注水量轴方向偏移。

(2) 解释原因：底部单流阀不密封,注水井注水量显著上升。

(3) 措施：进行井下作业,更换或装上底部单流阀。

6) 油管漏失或管柱脱节

(1) 分析：如图 4-14 所示,油管漏失严重或管柱脱节会使注入水从油管进入油套管环形空间,使油、套管没有压差,封隔器失效,相当于全井放大注水,层段注水量和全井注水量相差很小,使正常注水压力下降,注水量显著上升,油套压平衡,指示曲线大幅度向注水量轴方向偏移,全井指示曲线与分层指示曲线重合或平行接近。

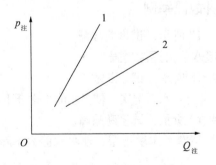

图 4-13 底部单流阀不密封

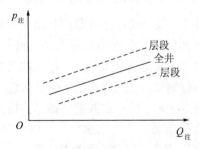

图 4-14 油管漏失或管柱脱节

(2) 解释原因：油管漏失或管柱脱节；底部单流阀不严或掉；全井封隔器失效。

(3) 措施：进行井下作业，对管柱进行检查；更换或装上底部单流阀。

7) 堵塞器滤网堵

(1) 分析：如图 4-15 所示，滤网堵时全井注水量及该层段注水量下降，但它与水嘴堵塞有所不同。滤网堵时曲线是逐渐变化，在短时间内指示曲线变化不明显，历次所测曲线有逐渐向压力轴方向偏移的变化过程，曲线斜率逐渐变大，吸水指数逐渐变小。

(2) 解释原因：堵塞器滤网堵后，吸水能力逐渐下降。

(3) 措施：反洗井解堵，无效捞出堵塞器解堵。

8) 两配水器之间管外串槽（套管外水泥串槽）

(1) 分析：如图 4-16 所示，两配水器之间管外串槽，使两层段注水量增加，大段串槽，全井封隔器失效。在指示曲线上两层段的注水指示曲线平行接近或重叠。

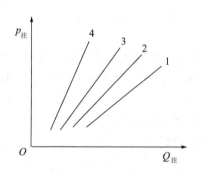
图 4-15 堵塞器滤网堵

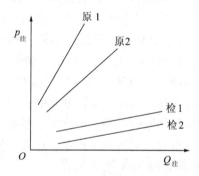
图 4-16 两配水器之间管外串槽

(2) 解释原因：两配水器之间管外串槽。

(3) 措施：用吸水剖面等资料进行综合分析，确定后先验串，再封串。

3．利用实测注水指示曲线诊断注水井故障举例

例 1：某分层注水井某层指示曲线如图 4-17 所示，试诊断故障。

解释结果：配水器水嘴孔眼被刺大后，吸水能力逐渐增强。

例 2：某笼统注水井全井指示曲线如图 4-18 所示，试诊断故障。

解释结果：注入水水质不合格引起的地层堵塞、水敏地层，使吸水能力逐渐下降。

例 3：某分层注水井全井指示曲线如图 4-19 所示，试诊断故障。

解释结果：注入水水质不合格引起的地层堵塞、水敏地层，使吸水能力下降；配水嘴堵塞，使全井注水量突然下降。

例 4：某分层注水井全井指示曲线如图 4-20 所示，试诊断故障。

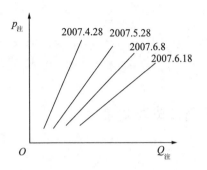

图 4-17　某分注井某层指示曲线

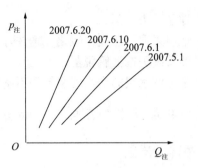

图 4-18　某笼统井全井指示曲线

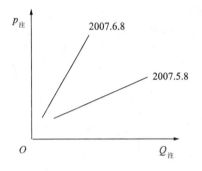

图 4-19　某分注井全井指示曲线

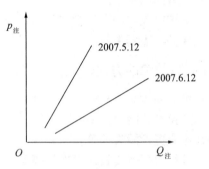

图 4-20　某分注井全井指示曲线

解释结果：有新的小层吸水、作业使地层形成裂缝或者是由于长期欠注，使地层压力下降所致；球与球座不密封、封隔器失效、配水器水嘴掉，使全井注水量突然上升。

四、利用问题假设法诊断注水井故障与故障处理

（一）注水井注水压力上升，注水量下降原因

(1) 水表卡或被堵。
(2) 井口流程的阀门闸板脱落。
(3) 配水嘴或滤网堵塞、射孔的孔眼堵塞。
(4) 地层压力上升。
(5) 注水层被脏物堵塞。

（二）注水井注水压力下降，注水量上升原因

(1) 封隔器失效。

(2) 地层压力下降。
(3) 地层采取了压裂、酸化、增注等措施。
(4) 油管漏失或油管脱落。
(5) 主力注水层的配水器密封圈不密封。

(三) 分层注水井在生产中油套压平衡故障与处理

1. 故障的原因

(1) 油管头窜水。
(2) 套管阀门不严。
(3) 保护封隔器以上油管漏失。
(4) 保护封隔器失效。

2. 处理故障的方法

(1) 更换油管头。
(2) 更换套管阀门。
(3) 作业更换漏失油管。
(4) 进行封隔器验封，更换封隔器。

(四) 注水井改注后油套压平衡、注水量增加故障与处理

1. 故障的原因

(1) 油管头密封圈刺坏不密封。
(2) 油管脱落或油管漏失严重。
(3) 封隔器失效。
(4) 节流器坏使封隔器不密封。
(5) 底部单流阀不严。

2. 处理故障的方法

(1) 抬开井口，检查油管头密封圈是否刺坏，如刺坏进行更换。
(2) 如不是油管头胶皮圈刺坏，应作业起出全井油管检查、处理。

(五) 注水井洗井不通故障与处理

1. 故障的原因

(1) 地面故障：地面管线堵塞或冻结、阀门损坏、倒错流程等。

(2) 井内故障：油管底部循环阀关闭、封隔器胶筒未收缩、井底砂面上升、砂堵进液孔等。

2．处理故障的方法

(1) 首先反复倒流程为地面放空式正反洗状态，分清故障原因，并进行处理。

(2) 在确认地面无误的前提下，再改入井内洗井。经反复核实仍洗不通时，可认为井内堵塞或管柱有问题，可报作业处理。

（六）注水井冻堵故障与处理

注水井冬季发生冻堵，轻则损坏仪表及设备，重则整条注水干线结冰堵死，使注水井被迫停注，对油田注水影响极大。

1．故障的原因

(1) 注水井吸水量过少，使管线内水流动缓慢，在寒冬发生冻结。

(2) 临时停水，使管线内水停止流动，发生冻结。

(3) 倒错流程，误关阀门，使注水管线或流程中长时间因无水流动而冻结。

(4) 注水干线及井口保温差，寒冬冻坏管线。

2．预防故障的方法

(1) 做好冬防保温工作。在入冬前对井口的仪表、管线与阀门等要包毛毡保温，对覆土不合要求的注水干线要增加覆土厚度。

(2) 对不吸水或吸水量很少的注水井，要在冬季停注或放溢流防冻。

(3) 冬季因注水站停泵而停水时，要放溢流。长期关井，要扫线。

3．处理故障的方法

处理注水井井口或配水间的冻结，做到早发现，早处理。对井口与配水间地面管线冻结，要用蒸气融开。

（七）配水间管汇穿孔，法兰刺水故障与处理

1．故障的现象

(1) 配水间注水管汇管线穿孔、刺水。

(2) 配水间总阀门法兰或卡箍处刺水。

(3) 注水压力下降。

2．处理故障的方法

(1) 关闭配水间（多井配水间）总来水阀门。
(2) 关闭配水间（多井配水间）内所有的注水井上流阀门。
(3) 打开分水器上的放空阀门，进行放空。
(4) 根据管线穿孔、刺水的部位进行维修。
(5) 待维修后，关闭放空阀门，倒好配水间流程，正常注水。

(八) 注水阀门、卡箍、计量仪表刺水故障与处理

1．故障的现象

(1) 配水间内单井注水干线、注水阀门、卡箍、计量仪表刺水。
(2) 单井注水压力下降。

2．处理故障的方法

(1) 关闭配水间（多井配水间）内该注水井分水管上的上流阀门。
(2) 关闭注水井油管、套管阀门。
(3) 打开分水管上的放空阀门，进行放空。
(4) 根据管线刺水的部位进行维修。
(5) 待维修后，关闭放空阀门、打开上流阀门、打开注水井油管、套管阀门，正常注水。

(九) 注水管线穿孔故障与处理

注水干线及注水井口地下管线穿孔，发生都较突然。穿孔时，高压水从管线中喷出，很快将地表覆土冲出大坑。由于穿孔，注水管网中相关联的注水井来水压力急剧下降。

1．故障的原因

(1) 注水干线腐蚀穿孔，特别是处于低洼地带的注水干线，外部腐蚀再加上管内腐蚀更易形成管线孔洞。
(2) 注水管线砂眼，如焊口砂眼、焊口腐蚀开焊等。
(3) 外力重压，特别当重型车辆压在注水干线时，易使管线的焊口断裂、喷水。

2．处理故障的方法

发生注水干线穿孔后，要抢关注水干线来水总阀门。同时，为防止井内的水倒流回干线，要关闭相关注水井配水间的来水总阀门。然后，组织人力挖开干线的穿孔

段，用气焊割去管线的腐蚀管，换上新管，焊牢。在焊接后，要对焊口及新换的管线进行防腐。

（十）在更换干式水表中，新水表换好，也换上新密封圈，但是出现渗漏故障与处理

1．故障的原因

(1) 上表法兰片时，用力不均使法兰片倾斜。
(2) 密封圈处有泥砂。

2．处理故障的方法

(1) 上表法兰片时，应对角平衡上紧螺栓。
(2) 密封圈处泥砂要擦干净。

（十一）在更换水井总阀门钢圈中，装上新钢圈后还出现渗漏故障与处理

1．故障的原因

(1) 法兰上偏。
(2) 钢圈处有泥砂。

2．处理故障的方法

(1) 上法兰时，应对角平衡上紧螺栓。
(2) 钢圈处泥砂要擦干净。

（十二）分层注水井下管柱常见故障与处理

分层注水井下管柱常见故障与处理方法见表4-2。

（十三）高压干式水表常见故障与处理

高压干式水表常见故障与处理方法见表4-3。

（十四）弹簧管式压力表常见故障与处理

弹簧管式压力表常见故障与处理方法见表4-4。

（十五）注水井巡回检查

注水井巡回检查内容见表4-5。

表4-2 分层注水井下管柱常见故障与处理方法汇总表

故障类型	故障形式	主要现象和判断方法	处理方法
封隔器失效	胶筒变形、破裂或胶筒没有涨开、密封不严	油、套压平衡，注水量上升，注水压力不变而注水量上升，封隔的两层段注水指示曲线相似，偏移停注的井有套压且套压随油压改变而改变	验窜、封窜
配水器失效	1. 水嘴或配水滤网堵塞； 2. 水嘴孔眼被刺大； 3. 水嘴脱落	1. 注水量逐渐下降，直至注不进水，注水指示曲线向压力轴偏移； 2. 注水量逐渐上升，注水指示曲线向注水轴偏移； 3. 注水量突然上升，注水指示曲线向注水轴偏移	1. 反洗井解堵；拔水嘴解堵； 2. 下投捞器调节水嘴，捞出堵塞器，更换新水嘴； 3. 捞出堵塞器，更换水嘴
管柱失效	1. 管柱脱落； 2. 螺纹或管柱裂缝漏失； 3. 管柱末端球座不密封	1. 全井注水量猛增，层段注水指示曲线与全井注水指示曲线相似； 2. 层段注水指示曲线与水嘴脱落时相似，注水量突然上升，层段注水指示曲线向注水轴偏移； 3. 注水量上升，油压下降，套压上升，层段注水指示曲线向注水轴偏移；管柱失效还会使压差式封隔器的胶筒密封不严或失效	1. 进行井下作业，对管柱进行检查； 2. 进行井下作业，对管柱进行检查； 3. 进行井下作业，更换底部单流阀
其他	套管外层窜槽	全井注水量上升，窜槽的两层段注水指示曲线相似，不易区别，可通过同位素测井等手段测吸水剖面来判断	验窜、封窜

表 4—3 高压干式水表常见故障与处理方法汇总表

故障现象	原因	处理方法
表面发黑，不清洁	1. 水与管线的化学作用； 2. 水与水表胶木壳的化学作用； 3. 水与胶皮垫子的化学作用	用肥皂水、牙膏擦或清水加盐酸可清除污垢
水表停走	1. 下顶尖磨损，翼轮碰底； 2. 衬套严重磨损，翼轮碰翼轮盒壁； 3. 脏物卡住翼轮或齿轮及磁铁	1. 更换下顶尖； 2. 更换衬套； 3. 拆洗水表，去除脏物
时走时停	1. 衬套松脱； 2. 齿轮磨损或齿轮折断	1. 更换衬套并压紧； 2. 更换损坏的齿轮
水表走快	1. 调节孔堵塞； 2. 顶尖磨损，翼轮位置降低	1. 拆洗水表，去除脏物； 2. 更换顶尖，重新调整
水表走慢	1. 顶尖磨损； 2. 滤水网堵死； 3. 轴或衬套磨损	1. 更换顶尖； 2. 拆洗滤水网； 3. 更换轴或衬套
表倒转	1. 无单流阀； 2. 单流阀失灵	1. 安装单流阀； 2. 检修单流阀
表心损坏	1. 投产前表内未注满水，被水冲击坏； 2. 操作不平稳，被水冲击坏； 3. 水中机械碎屑打坏叶轮	1. 投产前将表内注满水； 2. 操作要平稳，慢开阀门； 3. 清洗叶轮盒内杂质
表玻璃破裂	1. 机械损伤； 2. 冻裂	1. 更换有机玻璃，加盖保护； 2. 更换有机玻璃，注意防冻

表4—4 弹簧管式压力表常见故障与处理方法汇总表

故障现象	原因	处理方法
指针升降不均匀	1. 弹簧管伸展不规则； 2. 连杆调节螺钉位置不当； 3. 针轴弯； 4. 刻度盘刻度不准确； 5. 刻度盘和中心齿轮不同心	1. 更换弹簧管； 2. 调整调节螺钉； 3. 校正或更换针轴； 4. 更换刻度盘； 5. 调整到同一圆心
指针跳动	1. 弹簧管与连杆接合螺栓不灵活； 2. 扇形齿轮与针轴及夹板接合面不平； 3. 轮轴弯曲不同心； 4. 各连接部有摩擦； 5. 上、下夹板螺栓松动； 6. 游丝没有吃上劲，不起作用； 7. 齿轮轴的轴孔磨大； 8. 指针与中心轴吻合不牢； 9. 连杆孔磨大； 10. 销子磨小	1. 调整接合面； 2. 调整间隙平面，使其接触良好； 3. 校正或更换轮轴； 4. 调整间隙，清除脏物； 5. 上紧螺栓； 6. 放大或缩小游丝； 7. 用冲子铆一下轴孔或更换； 8. 用冲子铆指针孔； 9. 用冲子铆轴孔或更换销子； 10. 更换销子
指针不落零	1. 表头有堵塞物； 2. 针轴和扇形轮有阻力； 3. 受压前指针不落零； 4. 弹簧管伸长与齿轮距离长度没调好	1. 清理污物或更换； 2. 调整接合部间隙； 3. 把指针调到零位上； 4. 调整好连杆和扇形齿轮的距离
指针不能转动	1. 弹簧管有污物堵塞； 2. 压力表控制阀门没打开； 3. 弹簧管自由端与连杆螺栓掉或松动； 4. 中心齿轮扇形齿轮磨坏或脱离； 5. 中心齿轮与夹板无间隙，夹死； 6. 弹簧管有漏的地方； 7. 指针表面与玻璃有摩擦； 8. 指针表面与表盘有摩擦	1. 清除污物； 2. 打开阀门； 3. 配好上紧螺栓； 4. 更换齿轮，调整相互结合程度； 5. 调整间隙； 6. 补漏或更换弹簧管； 7. 消除摩擦； 8. 消除摩擦

表 4—5　注水井巡回检查表

序号	检查点	检查内容	解决方法	备注
1	井口	1. 检查井口各阀门开关是否符合要求，齐全可靠； 2. 检查井口设备流程有无渗、刺、冻现象，设备零部件有无缺失； 3. 检查计量仪表完好情况，检查井口压力情况	调整；更换；解冻；校对；紧固	查、摸、看
2	配水间	1. 检查来水总阀门有无渗漏现象，备用流程阀门是否处于正常状态； 2. 检查分水管汇有无渗漏现象，各阀门开关是否符合要求； 3. 检查计量仪表完好情况，检查配注的完成情况，检查泵压情况	调整；更换；校对；紧固	查、看
3	单井管线	检查该注水井的单井管线是否有穿孔漏水现象；管线覆土是否符合要求	维修；增加覆土厚度	查、看
4	井场	井场无油污、无积水、无杂草、无明火、无散失器材；必须有醒目的井号标志和安全警示标志	整改	看

（十六）注水用电动机常见故障与处理

1. 电动机运行时，轴瓦的温度过高

1) 故障的原因

(1) 润滑不良，润滑油含水、变质、杂质多，加油过多或缺油。
(2) 轴瓦残缺，轴承或轴瓦内有杂质。
(3) 带油环卡死。
(4) 轴瓦偏斜或轴弯曲变形。
(5) 轴承盖螺栓过紧、轴瓦与瓦面接触不良，发生摩擦。
(6) 电动机转子串动量过大，电动机安装不合格。

2) 处理故障的方法

(1) 补充、减少或更换润滑油，调整润滑油压力，疏通油路。

(2) 检查轴瓦重新研磨，清洗轴瓦，调整轴瓦间隙。
(3) 检查调整带油环。
(4) 检查调整轴承盖螺栓松紧、轴颈与轴瓦间隙。
(5) 检查轴弯曲度和轴承偏斜，及时修理调整。
(6) 重新调整转子轴串量和安装电动机。

2．电动机运行时温度过高

1) 故障的原因

(1) 电源电压过低或三相电压不平衡。
(2) 电动机缺相运行。
(3) 电动机超负荷运行。
(4) 周围环境温度高。
(5) 电动机冷却风道堵塞，冷却水循环不畅。
(6) 定子绕组短路或断路。
(7) 电动机接线错误。
(8) 轴承损坏，转子扫膛。

2) 处理故障的方法

(1) 调整电源三相电压，使之达到规定要求。
(2) 检查更换熔断器，紧固电源及电动机接线电缆头。
(3) 及时调整注水泵的排量，减少电动机负荷。
(4) 清除冷却风道灰尘、杂物和油垢。
(5) 检修更换定子绕组。
(6) 调整电动机接线方式。
(7) 检查更换电动机轴承。

3．运行中，电动机震动过大

1) 故障的原因

(1) 泵机组不同心。
(2) 联轴器紧固螺栓松动、减震胶圈磨损严重或破碎。
(3) 电动机转子失去平衡。
(4) 转子扫膛。
(5) 轴承损坏。
(6) 电动机地脚紧固螺栓松动或基础不牢。

2) 处理故障的方法

(1) 检查调整机泵同心度。

(2) 检查上紧联轴器紧固螺栓，更换损坏的减震胶圈。
(3) 检查校正电动机轴弯曲度和不平衡度，使之达到技术要求。
(4) 用塞尺测量电动机转子与定子之间的气隙间隙，并进行调整处理，使之符合技术规范。
(5) 检查更换损坏的电动机轴承。
(6) 加固机泵基础，紧固松动的地脚螺栓。

4．电动机在运行中，电流突然上升

1) 故障的原因

(1) 电源电压波动、周波下降。
(2) 调节泵的排量时，出口阀门开得过大，电动机超载运行。
(3) 泵体内口环或平衡盘磨损严重。
(4) 填料压得过紧或偏斜。
(5) 轴承损坏，出现过热抱轴现象。
(6) 电动机跑单相。

2) 处理故障的方法

(1) 与变电所取得联系，查找原因予以排除，并根据具体情况决定是否停机。
(2) 关小出口阀门，降低泵的排量。
(3) 用起子或专用工具测听泵内声音和平衡盘的运行情况，如有摩擦、扫膛等异常声响，应立即停机检查处理。
(4) 适当松开填料压盖调节螺钉，调整填料松紧度。
(5) 用起子或专用工具测听轴承声音，或用手背触摸轴承温度，如有异常现象，应立即停机检查处理。
(6) 如电动机有声音发闷、似乎带不动、转速下降等现象，应立即停机检查处理。

（十七）离心注水泵常见故障与处理

1．注水泵启动后泵压高，电流低故障与处理

1) 故障的原因

(1) 泵出口阀没打开或闸板脱落。
(2) 泵出口止回阀卡死。
(3) 注水干线回压过高。
(4) 泵压表、电流表指示失灵。

2) 处理故障的方法

注水泵启动后出现上述情况时，应立即逐一进行检查，及时进行调整和排除。

2. 启泵后，注水泵在运行中有异常响声故障与处理

1）故障的原因

（1）噪声很大，振动也加大，电动机电流下降且摆动，泵压表指针摆动也大并且下降，排量降低，这是气蚀现象。

（2）如果泵内传出无多大变化的"擦擦"摩擦声，各种运行参数正常，表明叶轮与导翼或中段等发生轻微的摩擦。

（3）泵内出现敲击声，泵的压力变化不大而电流增大或波动，这是由于启动未按操作进行，或是其他原因引起定子、转子间出现撞击或严重摩擦，致使口环、衬套脱落下来。

2）处理故障的方法

（1）泵出现气蚀现象时，可采取提高吸入压力和逐渐控制排量的措施，直到异常响声消失为止，情况严重时要立即停泵。

（2）泵内有轻微"擦擦"摩擦声时，该情况泵可以继续运行，响声在运行一段时间后自行消失。

（3）泵内出现敲击声时，应立即停机检查处理。

3．造成电动机或注水泵轴瓦向外窜油的原因

（1）进瓦润滑油压力过高，超过了规定值。

（2）上、下瓦紧固螺栓松动。

（3）轴承盖石棉垫片破裂或轴承盖螺栓没有拧紧。

（4）轴瓦接触不好，间隙过大或者过小。

（5）轴瓦损坏或部分损坏。

（6）回油不畅，有堵塞现象。

（7）挡油环密封不好。

4．注水泵启动后发热的原因

（1）整体发热，后部温度比前部略高。原因是：泵启动后出口阀门未打开，轴功率全部变成了热能的缘故。

（2）泵前段温度明显高于后段。原因是：启动前空气末排尽，启动时出口阀门开得过快或大罐水位过低，泵出现抽空汽化所致。

（3）泵体不热，平衡机构尾盖和平衡回水管发热。原因是：平衡机构失灵或未打开而造成平衡盘与平衡套发生严重研磨发热。

（4）密封圈处发热。原因是：密封圈末加好或压得过紧，或密封圈漏气发生干磨的原因所致。

5．注水泵密封圈发热的原因

（1）密封圈加得过紧或压盖压得过紧。

（2）密封圈冷却水不通。

（3）水封环未加或加的位置不对，密封圈堵塞了冷却水通道。

（4）密封圈压盖或水封环加偏，与轴套或背帽相摩擦。

6．注水泵密封圈刺出高压水故障与处理

1）故障的原因

（1）泵后段转子上的叶轮、档套、平衡盘、卸压套和轴套端面不平，磨损严重，造成不密封，使高压水窜入，且O形橡胶密封圈同时损坏，最后高压水从轴套中刺出。

（2）轴两端的反扣锁紧螺栓没有锁紧，或锁紧螺栓倒扣，轴向推力将轴上的部件密封面拉开，造成间隙窜渗。

（3）密封圈压得过紧，密封圈与轴套摩擦发热，使轴套膨胀变形拉伸或压缩轴上部件，冷却后轴套收缩，轴上部件间产生间隙窜渗。

（4）轴套表面磨损严重，密封圈质量差、规格不合适或加入方法不对。

2）处理故障的方法

（1）检修或更换转子上端面磨损的部件，更换损坏的O形橡胶密封圈。

（2）重新上紧或更换轴两端的反扣锁紧螺栓。

（3）更换表面磨损严重的轴套，选用符合技术要求的密封圈，按正确方法重新填加。

7．注水泵振动故障与处理

1）故障的原因

（1）机泵不同心或联轴器减振弹性胶圈损坏，连接螺栓松动。

（2）轴承轴瓦磨损严重，间隙过大。

（3）泵轴弯曲，转子与定子磨损。

（4）叶轮损坏或转子不平衡。

（5）平衡盘严重磨损，轴向推力过大。

（6）泵基础地脚螺栓松动。

（7）泵气蚀抽空。

（8）泵排量控制得过大或过小。

（9）电动机振动引起泵体振动。

2）处理故障的方法

（1）检查调整机泵同心度，更换联轴器减振弹性胶圈，紧固联轴器连接螺栓。

(2) 检修调整轴瓦间隙或更换新轴瓦。
(3) 检修校正弯曲的泵轴。
(4) 更换叶轮,进行转子的平衡试验并找平衡。
(5) 研磨平衡盘磨损面或更换新平衡盘。
(6) 紧固泵基础地脚螺栓。
(7) 控制好大罐液位,清除进口管线、过滤器及叶轮流道内的堵塞物,放净泵内的气体,消除气蚀抽空。
(8) 将泵控制在合理的工作点运行。
(9) 单独运行电动机,处理电动机振动。

8. 注水泵启泵后不出水或泵压过低故障与处理

1) 故障的原因

(1) 启泵后不出水,泵压很高,电流小,吸入压力正常。原因是:出口阀门未打开;出口阀门闸板脱落;排出管线冻结;管压超过泵的死点扬程。

(2) 启泵后不出水,泵压过低且泵压表指针波动。原因是:进口阀门未打开;进口阀门闸板脱落;进口过滤器或进口管线堵塞;大罐液位过低。

(3) 启泵后不出水,泵压过低且泵压表波动大,电流小,吸入压力正常,且伴随着泵体振动、噪声大。原因是:启泵前泵内气体未放净;密封圈漏气严重;启泵时,打开出口阀门过快而造成抽空和气蚀现象。

(4) 启泵后不出水,泵压过低,电流小,吸入压力正常。原因是:泵内各部件间隙过大、磨损严重,造成级间窜水。

2) 处理故障的方法

(1) 检查出口阀门开启度;打开出口阀门;修理或更换出口阀门;对排出管线解堵;减少同一注水干线管网的开泵台数,降低注水干线管网压力。

(2) 打开进口阀门;开大进口阀开启度;检修或更换进口阀门;清除进口管线及过滤器内的堵塞物;保持大罐液位。

(3) 停泵,重新放净泵内空气;调整密封圈松紧度或重加密封圈;启泵时,要缓慢打开出口阀门。

(4) 检修更换转子上的部件。

9. 注水泵泵轴窜量过大的原因

(1) 定子或转子级间积累误差过大,装上平衡盘之后,没有进行适当的调整就投入运行。这是由于叶轮、挡套的尺寸精度不高或转子的组装质量不好造成的,可以用缩短平衡盘前面长度或平衡套背面加垫子的办法来调整。

(2) 转子反扣背帽没有拧紧,在运行中松动倒扣,使平衡盘等部件向后滑动。

(3) 启泵时，平衡盘未打开，与平衡套相研磨，致使平衡盘严重磨损，窜量过大。

(4) 平衡盘或平衡套材质较差，磨损较快，使窜量变大，作适当调整即可。

10．避免或减轻泵气蚀的方法

(1) 加大吸入管线，特别是改造或更换泵的进口。

(2) 尽可能保持大罐水位，保证泵吸入压力有较大的正压。

(3) 在减小泵管压差的同时，不可把泵压控制得太低。

(4) 注意倒换泵之后的吸入压力。吸入压力过低时，不宜把排量控制得过大。

(5) 在运行中，发现不太严重的气蚀现象时，可以不停泵，采取提高大罐水位、缓慢提高泵压、降低泵的排量等措施，直到气蚀现象消失为止。

11．离心注水泵压力下降故障与处理

1) 故障的原因

(1) 大罐水位低，泵吸入压力不够。

(2) 口环与叶轮、挡环与衬套严重磨损，间隙过大。

(3) 进口管线及过滤器堵塞，进水量不足。

(4) 电源频率低，电动机转数不够。

(5) 泵压表指示不准或损坏。

(6) 注水干线管网严重漏失。

2) 处理故障的方法

(1) 调整来水量，提高大罐水位。

(2) 停泵检修注水泵，更换磨损严重的零部件，或调整其间隙。

(3) 清除进口管线和过滤器内的堵塞物。

(4) 与供电单位联系，查明原因，消除故障点，恢复正常供电。

(5) 校验更换泵压表。

(6) 组织巡线，及时堵漏，恢复正常注水。

12．注水泵停泵后机泵倒转故障与处理

1) 故障的原因

出口阀门及止回阀门关不严，使干线中的高压水返回，冲动泵的叶轮，造成机泵倒转。

2) 处理故障的方法

发现机泵出现倒转后，应立即关严干线，切断阀门，打开回流阀门；检修泵出口阀门和止回阀门。否则机泵长时间倒转，就会导致电动机烧毁，注水泵转子部件损坏。

13. 注水站紧急停电处理的方法

(1) 关闭泵的出口阀门，防止干线高压水回流使机泵反转烧毁电动机。如确认止回阀好用，可先做其他的工作。

(2) 关闭储水罐进口阀门，防止污水和清水系统窜通。

(3) 关闭润滑油阀门，防止润滑油系统内的油倒回地下油箱，造成跑油。

(4) 检查大罐水位，并做好停电和岗位运行记录。

(5) 及时向有关单位汇报，并与供电单位联系，了解停电原因。

(6) 认真检查泵机组，并做好来电启泵的准备工作。

五、分层注水井动态控制图的应用

水驱开发油田注够水注好水是搞好油田开发的前提，应用分层注水井动态控制图可以提高注水合格率，指导注水井动态分析，提高注水井的管理水平。

(一) 动态控制图基本原理

注水井分层吸水能力主要随分层的配注压力、分层的有效厚度、分层的有效渗透率的变化而变化，即

$$q = f(p_f, h, K)$$

$$p_f = p_t + p_H - p_{tf} - p_{df}$$

$$p_f = p_t + \frac{H\gamma}{100} - 3.1 \times 10^{-9} Hq^2 - \frac{0.207q^2}{d^4}$$

式中　　q——分层实际注水量，m^3/d；

　　　　p_f——分层配注有效压力，MPa；

　　　　h——分层有效厚度，m；

　　　　K——分层有效渗透率，μm^2；

　　　　p_t——井口油压，MPa；

　　　　p_H——静水柱压力，MPa；

　　　　p_{tf}——注水时管损，MPa；

　　　　p_{df}——注水时嘴损，MPa；

　　　　d——水嘴直径，mm；

　　　　H——配水器深度，m。

为反映注水井完成配注及井底压力情况，设

$$\eta = \frac{q}{q_o}; \quad p = \frac{p_f}{p_o}$$

式中 q_o——分层配注量，m³/d；

q——分层实际注水量，m³/d；

η——分层实际注水量与分层配注量之比值；

p——分层配注有效压力与破裂压力之比值；

p_o——破裂压力，MPa。

应用最小二乘法对注水井的资料进行回归分析，可得出如下形式的拟合曲线：

$$\eta = ap^2 + bp^2 + c$$

（二）动态控制图区域的划分及各区域的解释

以 η 为横坐标，p 为纵坐标，画出 $\eta-p$ 的上、下限曲线，并设定 η 正常区的范围为 80% ~ 120%，划分出 5 个区域，即正常区、欠注区、超注区、待改造区、待落实区，注水井全井动态控制图如图 4-21 所示，分层注水井动态控制图如图 4-22 所示。

（1）正常区：注水基本正常，即实

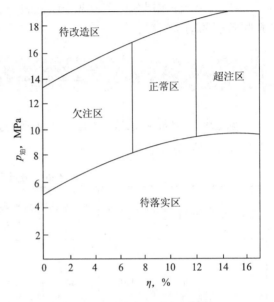

图 4-21 注水井全井动态控制图

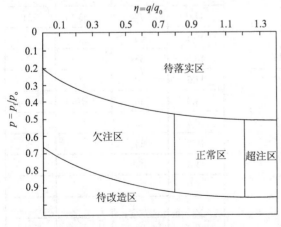

图 4-22 分层注水井动态控制图

际注入量与配注量的误差在 20% 以内。

（2）欠注区：没有完成配注任务，即实际注入量低于配注量的 80%，应采取改造油层、净化水质、安装磁增注器等措施。

（3）超注区：超额完成配注任务，即实际注入量大于配注量的 120%，应采取调小水嘴、控制注水量等措施。

（4）待改造区：注入压力较高，但注入量较低，应采取压裂、酸化、解堵等改造措施。

(5) 待落实区：注入压力低，而实际注入量却较高，情况反常，应核实资料。若核实资料无误，则可能是管线漏失或地层窜槽引起。

(三) 动态控制图的应用

(1) 对于注水层为单层或笼统注水井，用全井动态控制图即能反映注水井的真实情况。

(2) 对于注水层为两个或两个以上的分层注水井，则必须用分层注水控制图才能反映各层的动态情况。

第二节 案 例

例 4-1　某注水井分三个层段下两级封隔器注水，分层测试成果见表 4-6。试诊断该注水井故障并处理。

表 4-6　分层测试成果表

配注层段	层段性质	配注压力 MPa	配注水量 m^3/d	水嘴孔径 mm	测试压力 MPa	日注水量 m^3/d	计算结果	
							注水量差值，m^3/d	差值百分数，%
Ⅰ	加强	11.0	50	7.5	11.5	21	−33	−66
					11.0	17		
					10.5	13		
					10.0	9		
Ⅱ	限制	11.0	24	5.0	11.5	89	53	221
					11.0	77		
					10.5	65		
					10.0	53		
Ⅲ	接替	11.0	46	7.2	11.5	40	−10	−21.8
					11.0	36		
					10.5	32		
					10.0	28		
全井		11.0	120		11.5	150	10	106.3
					11.0	130		
					10.5	110		
					10.0	90		

1. 诊断过程

(1) 计算和绘制曲线。

①计算日注水量与配注水量差值及差值百分数。

Ⅰ层：17−50 = −33　　　　　　−33÷50×100% = −66%

Ⅱ层：77−24 = 53　　　　　　53÷24×100% = 221%

Ⅲ层：36−46 = −10　　　　　　−10÷46×100% = −21.8%

全井：130−120 = 10　　　　　10÷120×100% = −21.8%

②计算各层段在不同压力下的吸水百分数。

Ⅰ层：　　11.5MPa: 21÷150×100%=14%

　　　　　11.0MPa：17÷130×100%=13.1%

　　　　　10.5MPa：13÷110×100%=11.8%

　　　　　10.0MPa：9÷90×100%=10%

Ⅱ层：　　11.5MPa: 89÷150×100%=59.3%

　　　　　11.0MPa：77÷130×100%=59.2%

　　　　　10.5MPa：65÷110×100%=59.1%

　　　　　10.0MPa：53÷90×100%=58.9%

Ⅲ层：　　11.5MPa: 40÷150×100%=26.7%

　　　　　11.0MPa: 36÷130×100%=27.7%

　　　　　10.5MPa：32÷110×100%=29.1%

　　　　　10.0MPa：28÷90×100%=31.1%

③根据分层测试成果绘制注水指示曲线，如图4−23所示。

(2) 根据分层测试情况及计算结果，该分层注水井全井注水量完成了配注任务，但各层段注水情况存在问题。

①Ⅰ层虽为注水加强层，但日注水量远远低于配注水量，满足不了该层需要，该层欠注。

②Ⅱ层为注水限制层，但日注水量大大超过配注水量，该层超注。

③Ⅲ层为注水接替层，但日注水量低于配注水量，该层欠注。

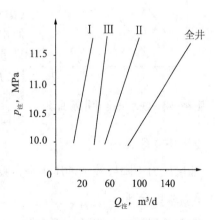

图4−23　注水井注井指示曲线

2. 诊断结果

Ⅰ层和Ⅲ层欠注，Ⅱ层超注。

3. 原因分析

Ⅰ层虽为注水加强层,但日注水量远远低于配注水量,满足不了该层需要,说明该层油层条件差,渗透率低。Ⅱ层为注水限制层,但日注水量大大超过配注水量,说明该层没有控制好注水量。Ⅲ层为注水接替层,日注水量低于配注水量,说明该层控制注水过大,应适当放大注水。

4. 处理措施

（1）Ⅰ层应尽快采取压裂、酸化等增注措施,增加注水量。
（2）Ⅱ层应采取堵水措施或调小配水嘴,控制注水量。
（3）Ⅲ层应稍放大配水嘴,增加注水量。

例 4—2 某分层注水井,在资料检查过程中发现,该注水井经过一段时间注水后,泵压比较稳定,油压有明显下降,而全井实注水量变化不大,分层注水合格率保持在100%。试诊断该注水井故障并处理。

1. 诊断过程

（1）从综合生产数据变化上看,该井泵压比较稳定,油压有明显下降,而全井实注水量基本保持不变,分层注水合格率保持在100%,说明可能是油层亏空、油井采取了增产措施（如压裂、酸化等）或配水嘴的孔眼被刺大。

（2）对该井进行全井和分层测试,将检测全井注水指示曲线与检测前全井注水指示曲线进行比较（图4-24）,发现指示曲线明显平行下移,斜率近似相等,吸水指数不变,说明两次指示曲线测试时,只是启动压力下降,注水量增加,即在相同的注水压力下注水量有较大幅度的增加。各层检测注水指示曲线与检测前注水指示曲线进行比较,发现两指示曲线重合,说明配水嘴的孔眼没有被刺大。

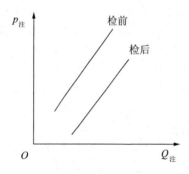

图 4-24 注水井全井指示曲线

2. 诊断结果

油层压力下降导致了油压下降,吸水指数不变。

3. 原因分析

引起油层压力下降的原因有很多,如没有注水井点,只采不注或注采比偏小,形成油层亏空；大幅度调低注水井配注量与实注水量,降低油层压力；油井采取增产措施,大幅度提高产液量,而注水量没有得到提高,能量补充不足。这样,随着开采时间的延长,油层压力就会逐渐下降,使注采压差增大,注水量增加。在配注水量不变的情况下,就需控制油压进行注水,以保持实注水量稳定。

4．处理措施

(1) 为保证采油井提液后能够稳产,应适当提高注水井配注水量,保持油层压力的稳定。

(2) 如果没有注水井点或注井点少,应选择适当的采油井转为注水井,以保证油层能量得到必要补充。

(3) 如果是高压地区、高压层段就应适当降低油层压力,防止套损井的发生。

例 4-3 某分层注水井,专业人员在资料检查过程中发现,该注水井随着注水时间的延续,泵压比较稳定,而油压却在逐渐上升,注水量基本没有变化,分层注水合格率保持在 100%。试诊断该注水井故障并处理。

1．诊断过程

(1) 该井随着注水时间的延续,泵压比较稳定,而油压却在逐渐上升,注水量基本没有变化,分层注水合格率保持在100%,可能是堵塞器滤网堵或油层压力升高。

(2) 对该井进行反洗井。洗井后,注水压力、注水量与上升后基本没有变化,说明堵塞器滤网没有堵塞。

(3) 对该井进行全井测试。将检测全井注水指示曲线与检测前全井注水指示曲线进行比较(图4-25),发现指示曲线平行上移,斜率近似相等,吸水指数不变,说明地层的吸水能力没变,只是启动压力上升,注水量减少,即在相同的注水压力下注水量有较大下降。

2．诊断结果

油层压力上升导致了油压上升,注水量不变。

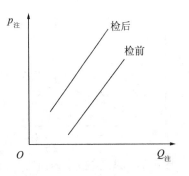

图 4-25　注水井全井指示曲线

3．原因分析

引起油层压力上升的原因有很多,但归纳起来只有两种——只注不采或注大于采。当注水补充的能量得不到释放,积累起来会使油层压力逐渐上升。油层压力上升会使注采压差减小,注水量逐渐下降。油层压力上升使注水井的启动压力、油压升高,要完成配注方案,就必须逐步提高井口注水压力,以保持注水量稳定。

应该注意,层段水嘴堵塞、油层压力上升都可以使注水井的油压升高,但两种升高反映在油压数据上有一定区别,层段水嘴堵塞使油压突然上升;油层压力上升使油压逐渐上升。

4. 处理措施

(1) 在采油井上采取提液措施,释放注水井的能量,防止油层憋高压。

(2) 由于油层物性差或油层堵塞,采油井无法提液时,应采取压裂、酸化等改造措施,保证采油井的提液要求。

(3) 如果采油井无法采取提液措施,应适当降低注水井的配注,以保证注采平衡,油层压力稳定。

例 4-4 某分层注水井,泵压稳定,油压稳定,注水量也保持相对稳定。注水稳定一定时间后,一次,采油工在检查、录取该井注水资料时发现泵压比较稳定,油压与上一天相比有较大幅度的上升,而注水量没有变化。连续核实三天录取的数据基本一样。试诊断该注水井故障并处理。

1. 诊断过程

(1) 该井泵压比较稳定,油压比以前有较大幅度的上升,而注水量没有变化,说明井下小层注水量出现了比较大的变化。

(2) 对该井进行反洗井。洗井后,注水压力、注水量与上升后的变化不大。

(3) 对该井进行检配测试,根据检配测试数据绘制各分层注水指示曲线,将检配指示曲线与检配前指示曲线进行比较(图 4-26),发现某层指示曲线明显左移,斜率变大,吸水指数减小,在相同的注入压力下注入量明显减少,说明该层的注水能力变差。

(4) 对于分层注水井,某层或全井表现为注水量下降或注不进水,应诊断为水嘴堵塞。

2. 诊断结果

某层水嘴的孔眼被堵塞。经捞堵塞器确认水嘴的孔眼被死油堵塞。

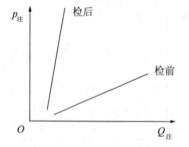

图 4-26 某层注井指示曲线

3. 原因分析

分层注水井各小层的注水量是按其水嘴大小进行分配的。在正常情况下,应该是注水压力稳定,全井及各小层的注水量不会出现大的变化。当井口油压突然升高,而全井注水量不变时,说明井下小层注水量出现了比较大的变化。这是因为注水压力上升,水嘴两端的压差增大,全井及各小层注水量必然要上升。如果是注水压力上升,而全井水量变化不大,这时井下小层的注水量就会出现较大变化,有的层注水量升高,有的层注水量减少甚至不吸水,这种情况只有小层水嘴发生堵塞才会出现。

注水管线及井下分层注水管柱在长期使用中由于腐蚀、结垢或注入水水质不合格等，杂质随注入水进入井下，使分层注水井经常发生水嘴堵塞现象。尤其在分层测试时，由于仪器或工具在井筒中上下运动，管壁上的附着物被刮下随注入水经过水嘴进入油层，更加剧了水嘴堵塞。出现堵塞后，有的经过洗井即可解决，有的洗井也不能完全恢复正常。分层注水井井下水嘴发生堵塞现象，在资料显示上不完全相同。有的井是油压上升，注水量相对稳定；有的井是油压上升，注水量下降。

4．处理措施

（1）首先对注水井进行洗井，解除水嘴堵塞。

（2）如果洗井不能解除堵塞问题，应重新进行检配、拔堵塞器、检查水嘴，重新投入堵塞器。

例 4-5 某笼统注水井，专业人员在资料检查过程中发现，该注水井随着注水时间的延续，泵压比较稳定，油压却在逐渐上升，而全井注水量稍有下降。试诊断该注水井故障并处理。

1．诊断过程

（1）从生产数据变化上看，该井泵压比较稳定，油压逐渐上升，而注水量不但不升反而稍有下降。对于笼统注水井，这种现象说明可能油层发生堵塞。

（2）对该井进行全井测试，将检测全井注水指示曲线与检测前全井注水指示曲线进行比较（图4-27），发现指示曲线明显左移，斜率变大，吸水指数减小；该井的启动压力升高，在相同的注入压力下注入量明显减少，说明地层的吸水能力下降。

（3）从历次所测注水指示曲线上看，曲线有逐渐向压力轴方向偏移的变化过程，说明吸水能力逐渐下降。

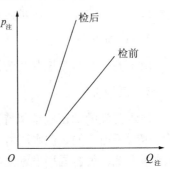

图 4-27 注井指示曲线

2．诊断结果

油层发生堵塞使注水压力上升，注水量下降，油层的吸水能力降低。

3．原因分析

在注水过程中，如果注入水水质不合格，即固体悬浮物、含油量、细菌等指标超标都会堵塞油层孔隙，降低油层的渗透率；注入水中一些化学物质超标会加速设备和管道的腐蚀，腐蚀产物会堵塞油层孔隙；注入水在管线内产生的垢（如 $CaCO_3$、$BaSO_4$ 等）也会堵塞油层孔隙，降低油层的渗透率。如果在注水过程中，注入大量的超标水，就会造成井筒附近的油层孔隙堵塞，使注水井的启动压力升高，注水压力升高，注水量减少，吸水能力下降，影响水驱油效果。

4．处理措施

当注水井出现注水压力升高或注水量下降时，首先进行水质化验，检查水质是否合格。然后对注水井进行反洗井，将油层表面堵塞物冲洗出来，提高油层吸水能力，恢复注水井正常注水。如果反洗井无效，应采取压裂、酸化等增注措施来提高注水井的吸水能力。

例 4-6 某区块在高压注水期间，某一口注水井在提高注水压力后，配注、实注水量都有大幅度的提高。但生产一段时间后，注水井油压却无故下降，配注、实注水量仍保持不变。由于该井地处居民区，无法进行分层测试、作业调整等工作，所以井下注水状况一直不清。试诊断该注水井故障并处理。

1．诊断过程

（1）该井在提高注水压力后，实注水量也得到大幅度的提高，说明提高注水压力后，确实使一些相对较差油层发挥了作用。

（2）该井生产一段时间后，油压无故下降。当油压大幅度下降后，实际注水量却始终保持不降，还能较好地完成配注，说明井下管柱、井身结构、油层出现问题。

（3）由于缺乏资料，该井出现问题后，对周围井进行调查，发现周围井出现成片套管损坏，说明该井可能是套管损坏，引起油压无故下降。

2．诊断结果

由于高压注水使该井套管损坏。根据施工作业检查，确认该井是套管错断。

3．原因分析

注水开发的油田应该保持区块与区块之间、井与井之间、层段与层段之间的地层压力相对平衡。如果注水压力不均衡，会造成地层压力失衡，使有的井、区块压力高，有的压力低，就容易引发地层滑动，造成套管发生变形、破裂、错断而损坏，尤其是注水井在高出破裂压力许多的情况下注水，更易使套管损坏。当注水井的套管损坏后，注水压力就会大幅度下降，而注入量不会降低；同时注入水会在油层中乱窜，起不到水驱油的作用，还会引发其他井的损坏。因此，注水井应该保持在相对均衡的压力下进行注水，注水压力应在注水井破裂压力以下。

4．处理措施

（1）发现注水井注水异常，即注水压力大幅下降，注水量变化不大，应将注水量控制到最低限，防止套管损坏加剧。

（2）采油队技术人员应及时上现场核实资料，测试异常井的注水指示曲线，查看井是否出现异常。如果没有问题即可恢复正常注水；如果注水异常应关井，等待处理。

(3) 进行查套作业，查清套管损坏程度，为下一步措施提供依据。

例 4—7 某注水井由于地层条件相对较差，虽然采取过压裂、酸化等增注措施，在放大注水（油压等于泵压）的情况下仅能完成配注任务。一次，采油工在检查、录取该井注水资料时发现注水量大幅提高，超过配注要求，于是他将这一情况向队技术人员做了汇报。技术人员连续几天上井核实资料，并测试全井注水指示曲线，发现该井不但注水量增加，而且启动压力也比原来有所下降。试诊断该注水井故障并处理。

1. 诊断过程

(1) 从综合生产数据变化上看，放大注水即油压等于泵压后，注水量突然大幅度提高，超过该井的配注要求，连续几天上井核实资料，并将地面水表也进行校对，都没有发现问题。

(2) 对该井进行全井测试，将检测全井注水指示曲线与检测前全井注水指示曲线进行比较(图4—28)，发现指示曲线明显右移，斜率变小，吸水指数增大，两条曲线的形态明显发生变化。该井的启动压力下降，在相同注水压力下的注水量大幅增加，吸水能力增强，说明该井井下的吸水状况出现了较大的变化。

(3) 对该井进行同位素测试，结果发现该井

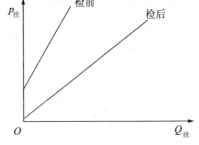

图4—28　注水井指示曲线

在没有采取增注措施的情况下，同位素测试显示出没有射孔的油层有注入量，说明该井有新增吸水层段。由于注水井有新增注水层段，增大了注入体积就会使启动压力下降，注水量增加。

2. 诊断结果

套管外窜槽或套管损坏。根据作业检查确认是套管外窜槽。

3. 原因分析

当井钻完下入套管后，要在油层套管和井壁的环行空间进行注水泥封固，防止各油层之间发生窜通。然后，再根据油田开发要求对需要开采或注水的层系进行射孔，从而保证相同井网的采油井、注水井开采的是相同层系，不干扰其他层系的开采。但是，当注水井采取压裂、酸化等增注措施及在正常注水时都会产生一定的振动，对套管外封固的水泥环产生一定破坏作用，使套管与油层之间的胶结产生裂缝。当产生裂缝后，注水井的注入水就会沿着裂缝窜入非开采油层，使生产层与非生产层之间出现窜槽。

该井的生产层由于地层条件差，虽然采取过增注措施，但注水状况一直不好。这

次注水量突然大幅度上升就是因套管外发生窜槽，使没有射孔的油层吸水，造成该井吸水状况出现较大变化。

4．处理措施

进行作业找窜、作业封窜。

例 4-8　某注水井是油水过渡带上的一口井，由于射开油层的厚度小、渗透率低，注水状况不好。在放大注水（油压等于泵压）的情况下一直完不成配注任务。一次，采油工在检查、录取该井注水资料时发现注水量突然上升，达到了配注方案的要求。试诊断该注水井故障并处理。

1．诊断过程

（1）从注水数据上看出，该井的注水状况不好，在放大注水（油压与泵压一样）的情况下一直完不成配注任务。但是，注水中注水量突然上升，达到了配注方案的要求，连续几天上井核实资料，并将地面水表也进行校对，都没有发现问题。

（2）对该井进行全井测试，将检测全井注水指示曲线与检测前全井注水指示曲线进行比较（图 4-29），发现指示曲线明显右移，斜率明显变小，吸水指数明显增大，两条曲线的形态明显发生变化。该井的启动压力下降，在相同注水压力下的注水量大幅增加，吸水能力增强，说明该井井下的吸水状况出现了较大的变化。

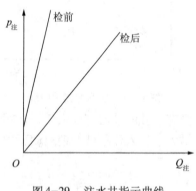

图 4-29　注水井指示曲线

（3）对该井进行同位素测试，结果发现该井在没有采取增注措施的情况下，同位素测试显示出没有射孔的井段有大量的水注入，说明该井有新增吸水层段。注水井有新增注水层段，增大了注入体积就会使启动压力下降，注水量增加。

2．诊断结果

套管外窜槽或套管损坏。根据作业检查确认是非油层部位套管破裂。

3．原因分析

当套管错断或破裂时，就相当于在不应该注水的部位开了一个洞，增大了注水剖面及厚度，使大量的水注入到非油层部位。所以，注水井注水量突然大幅增加，此时注入水不但起不到驱油作用，还会造成其他井的套管损坏。造成套管损坏的原因很多，如层间压力不均衡、区块间压差过大、地层中泥岩膨胀使应力过大、地层水的强烈腐蚀、固井质量差、频繁井下作业或选用工具不当等。

4．处理措施

(1) 发现注水异常应该立即核实资料，查明出现异常的部位、深度及原因。

(2) 如果是套管问题应关井，防止套损井的进一步扩大。

(3) 进行查套作业，查清套管损坏的深度、部位、性质，为下一步措施提供依据。

例 4—9 某分层注水井，注水状况比较好，注水合格率达到 100%。但在一次洗井后，注水量出现了较大幅度的增加。当发现注水量上升后，技术人员到现场核实资料，没有发现问题。试诊断该注水井故障并处理。

1．诊断过程

(1) 当发现注水量上升后，技术人员到现场核实资料，没有发现问题，并将地面水表也进行校对，也没有发现问题，说明录取的资料准确、计量仪表合格。

(2) 根据洗井后，注水量突然增加这一现象，初步诊断为该井井下注水管柱或井身结构有问题。

(3) 再次对资料进行对比，发现该井的套压与油压接近，而且油压上升套压也随之上升，说明是封隔器出现问题。

2．诊断结果

封隔器失效导致分层注水井注水量增加。

3．原因分析

分层注水井主要是用封隔器来封隔注水层段实现分层注水的。封隔注水层段所用封隔器通常采用压差式封隔器。该封隔器在正常情况下只要保证内外压差大于 0.7MPa 就可以使其密封。该井在洗井后，由于油压、套压接近平衡，封隔器内外压差小于 0.7MPa，使封隔器失效。封隔器失效即封隔器起不到封隔油层的作用，就相当于笼统注水，在相同注水压力下注水量就会大幅度增加。

4．处理措施

(1) 重新释放封隔器。提高油压或降低套压，保证油套压差大于 0.7MPa，再验证封隔器是否密封。

(2) 重新释放后封隔器仍然不密封，应作业更换封隔器。

例 4—10 某注水井，在资料检查中发现注水压力非常稳定，从月初到月底始终是一个数，不发生任何变化，而泵压、套压、注水量等数据虽然稳定，但还一定变化。试诊断该注水井故障并处理。

1．诊断过程

该井在一个月的注水期间内，泵压、套压、注水量等数据有一定变化是正常的；

而注水压力始终不变是不正常的（如果这类情况出现在一个月当中的几天内是有可能的），说明在注水压力资料录取上存在有一定问题。

2．诊断结果

录取注水压力资料不认真，不准确。

3．原因分析

注水井的压力不可能始终不变的。因为每天注水泵的起泵、停泵；注水井的开井、关井、洗井、冲洗干线，还有管线穿孔等，都会影响到注水井的泵压。而泵压的波动就会直接影响到注水井的注水压力、注水量的波动。所以，正常注水井的注水压力也是一个变化的数值。如果不变，说明在录取资料的某个环节上出现了问题。

4．处理措施

（1）按规定校对压力表。若压力表不准、损坏，应及时校正、更换。

（2）提高岗位员工的技术素质及责任心，发现问题及时处理。

例 4—11　在一次地质资料检查中，发现某笼统注水井的注水指示曲线资料出现反常。在相等注水压差下，注水量却相差的较大，有的压差注水量高，有的压差注水量低。测试时现场记录的具体数据见表4—7。试诊断该注水井故障并处理。

表 4—7　注水井测试现场记录表

时间	破裂压力 MPa	配注 m³/d	泵压 MPa	油压 MPa	瞬时水量 m³/min	注水量 m³/d
9：05	14.9	150	13.9	13.9	0.185	266
9：10				13.4	0.120	173
9：16				12.9	0.115	166
9：22				12.4	0.079	114
9：28				11.9	0.073	105
9：32				11.4	0.031	45

1．诊断过程

（1）从现场记录表中可以看出，该井的破裂压力为14.9MPa，配注为150m³/d，测指示曲线时泵压为13.9MPa。首先，放大注水，将油压放大到与泵压相同为13.9MPa，待稳定后测流量为266m³/d；然后，采用等差压降法开始逐点降压测试其他压力点的注水量。检查时发现，该井降压幅度为0.5MPa，但每降一个压力点流量下降的幅度却不一样。

(2)用所测试的数据绘制出的指示曲线如图4-30所示。从指示曲线可以看出,该井的注水指示曲线不呈线性关系,而是呈台阶状上升,是一条不合格的注水指示曲线。

2. 诊断结果

(1)测试注水指示曲线时稳定时间短,井口油压不稳。

(2)油压资料录取不准确。

3. 原因分析

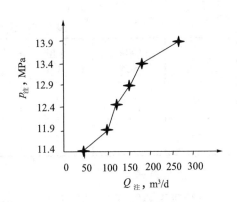

图4-30 注水井注井指示曲线

注水井在一定注水压力范围内(即在启动压力与破裂压力之间),注水量与注水压力一般呈线性关系,即每增加或降低一个等值压差,就增加或减少相对等量的注水量。在测试注水指示曲线时,由于各种原因的影响(如油压资料录取不准确、控制压力后稳定时间短等),测试出来的数据往往变化较大,不能准确地测试笼统注水井注水指示曲线,对其出现的变化就不能作出正确的判断。

应该注意,一条注水指示曲线只反映测试期间该井的注水状况。要想了解全部注水井的变化,就应该对曲线进行连续对比,这样才能根据曲线形状的变化判断出注水井的启动压力、吸水指数、地层压力等的变化。

4. 处理措施

(1)测试每一个压力点时,应等压力稳定后再录取流量数据,这样可以保证压力、流量的对应性。

(2)认真录取油压数据,保证资料的准确性。

例4-12 在冬季注水井现场检查中,检查人员发现某注水井现场录取套压时套压高于油压。而且在录取套压时,测压装置与下接头对接后压力值升至很高,过一会又慢慢降回来,等平衡时套压仍然高于油压,现场录取的具体数据见表4-8。试诊断该注水井故障并处理。

1. 诊断过程

用现场录取的数据与检查前一天报表数据对比看出,该井的泵压、油压、注水量与原来录取的资料基本相同,只是套压值偏差较大,出现套压高于油压的现象。在现场录取套压时,测压装置与下接头对接后压力值升至很高,过一会又慢慢降回来,等平衡时录取套压作为现场检查资料,从现场录取情况看便携式测压装置没有问题,因为录取泵压、油压是正常的。

表 4-8　注水井井口录取数据表

时间	破裂压力 MPa	泵压 MPa	油压 MPa	套压 MPa	配注 m³/d	注水量 m³/d
2月22日	15.0	14.5	14.1	13.8	85	52
现场检查		14.4	14.0	14.2	85	49

2．诊断结果

套管测压装置下接头有脏物，使柱塞向下移动阻力增大。检查套管测压装置发现缸套里面堵满污油，将其清洗后再录取套压，套压低于油压。

3．原因分析

注水井在正常注水情况下，不可能出现套压高于油压的现象。在利用套管测压装置录取套压时，测压装置经过下接头的柱塞，将井内的压力传导到压力表上。如果柱塞下面锈蚀、结垢或有死油等，就会使柱塞向下移动的摩擦阻力增大。当测压装置与下接头对接后，由于柱塞的阻力大而使压力迅速上升至最高，然后才会逐渐下降至柱塞两端的力达到平衡。由于这个摩擦阻力的存在，测出来的压力值往往要高于正常时的压力值，一般不会高出很多。

套压高于油压的现象，在个别注水井上普遍存在，上述的原因只是其中之一。还有很多因素影响，如控制注水使油压下降，而套压没有泄漏就会出现高于油压；地层部位有高压水层，压力通过套管螺纹处传导到套管内出现高于油压；冬季套管处被冻结等。

4．处理措施

(1) 发现问题，应检修、清洗测压装置的下接头，保证柱塞移动顺畅。

(2) 冬季应按时录取注水井套压资料，发现冻结要及时处理。

例 4-13　某注聚井，在注聚初期，采用 2500×10^4 相对分子质量的高分子聚合物溶液注入，配注量为 $85m^3/d$，配比为 1∶5，注入溶液浓度为 850mg/L。注聚初期，注入压力有所上升，但时间不长，注入压力即开始呈现下降趋势，以后趋稳并稍有上升。试诊断该注聚井故障并处理。

1．诊断过程

(1) 该井在注聚初期，开始油压有所上升，但时间不长，注入压力即开始呈现下降趋势，以后趋稳并稍有上升，但仍保持在较低水平，说明套管可能出现问题。

(2) 经过查套、找漏施工，没有发现套管有错断、破裂等损坏的问题。

2．诊断结果

（1）注入量小于采出量，地层压力下降，注入压力下降。

（2）地层条件好，渗透率高，注入参数与地层条件匹配不好。

3．原因分析

正常注聚井，注聚后注入压力是随注入时间的延长逐渐上升。在注聚的初期阶段，注入压力会快速上升，而不会出现下降。在注聚初期阶段，注入压力下降一般有两个原因：一是套管有错断、破裂等损坏情况，会造成注入压力下降；另一个是注入参数过低，与地质条件不匹配使注入压力下降。

从该井的生产情况看，作业查套没有问题，只能是注入参数小的问题。因为，在注聚的初期阶段，与注聚井连通的采油井采液量大，注入量低，能量补充不足，使注入压力下降；地层条件好，而注入溶液浓度低，使聚合物的吸附、捕集作用小，不能滞留在油层的孔隙中起到堵塞作用，注入的流体随渗透率高的部位流到采油井被采出形成流道，注入压力就不能得到有效地提高。

4．处理措施

（1）如果发现注聚井注入压力不升或下降应及时分析原因，查找问题。

（2）发现问题后应及时调整注入参数，确保注聚井的注入压力合理上升。

第五章 采油生产其他故障诊断与处理

故障 5-1 阀门刺垫子

1. 故障的原因
(1) 倒错流程，憋压刺垫子。
(2) 未按阀门先开后关原则操作。
(3) 干线下流阀门关闭或结蜡严重。

2. 处理故障的方法
(1) 严格按倒流程操作规程进行操作。
(2) 针对具体情况，可将事故管线在计量间先改放空，泄压后及时关井处理，更换垫子。

故障 5-2 分离器安全阀鸣叫或跑油

1. 故障的原因
(1) 分离器在量油时，气平衡阀门未开或闸板掉，量油后出油阀门未开或闸板掉。
(2) 同一条回油管线上增开了高产井。
(3) 单井回压高。
(4) 回油管线下段有阻或关闭。

2. 处理故障的方法
(1) 将分离器改走旁通，查找原因，针对具体情况处理。
(2) 量油时打开气平衡阀门，量油后打开出油阀门，维修或更换阀门。
(3) 杜绝在同一条回油管线上增开高产井。
(4) 降低单井回压。
(5) 回油管线解堵，打开阀门。

故障 5-3　量油时，出油阀门关闭很久，玻璃管液面不上升

1．故障的原因

(1) 油井不出油或油嘴堵。
(2) 玻璃管上、下流阀门或上、下端不通（堵塞或未开）。
(3) 出油阀门或分离器旁通阀门漏失严重。
(4) 分离器严重缺底水。
(5) 气平衡阀门未开或闸板掉。

2．处理故障的方法

(1) 查明油井不出油原因，解除油嘴堵塞。
(2) 玻璃管上、下流解堵。
(3) 维修或更换阀门。
(4) 分离器加底水。
(5) 打开气平衡阀门。

故障 5-4　测气时，检查流量计正常，但流量计无反映

1．故障的原因

(1) 测气阀门未打开，或导管两个控制阀门未打开。
(2) 导管被油或锈堵死。
(3) 流量计平衡阀门未关或高、低压阀门未打开。

2．处理故障的方法

(1) 打开测气阀门或导管阀门。
(2) 清洗导管解堵。
(3) 关平衡阀门或打开高、低压阀门。

故障 5-5　计量间量油不准

1．故障的原因

(1) 油嘴堵塞。
(2) 分离器旁通或出油阀门关不严。
(3) 玻璃管上、下流阀门堵塞。
(4) 分离器底水不够。

(5) 出油管线结蜡或堵塞。

2．处理故障的方法

(1) 解除油嘴、阀门、管线堵塞。

(2) 维修或更换阀门。

(3) 分离器加底水。

故障 5-6　压力容器爆炸故障与处理

1．故障的原因

(1) 安全阀失灵。

(2) 违章动火，油气泄露遇明火。

(3) 出口阀门失灵，憋压爆炸。

(4) 出口管线堵塞，压力过高憋压，油气泄露。

(5) 出油管线冻堵，分离器压力过高，泄露遇明火。

(6) 分离器底部排污砂堵。

(7) 压力容器自身缺陷。

2．预防措施

(1) 定期校验安全阀。

(2) 经常检查分离器各阀门，发现问题及时处理。

(3) 动火时必须按要求实施动火操作。

(4) 操作前确认各部阀门灵活好用。

(5) 冬季对分离器采取防冻堵措施。

(6) 分离器定期排污。

(7) 定期检测压力容器。

3．应急措施

(1) 如有人受伤立即送医院抢救，向上级汇报。

(2) 根据火情，初起火灾立即组织人员救火，或立即报火警。

(3) 火势减小允许进入现场时，关闭分离器进出口，关闭事故井与分离器相连接工艺流程，改走直通干线流程。

(4) 清理污染现场，恢复外貌。

故障 5-7　在进行分离器冲砂时，量油玻璃管爆裂故障与处理

1．故障的原因

分离器量油玻璃管上、下阀门不严憋压，导致量油玻璃管爆裂。

2．处理故障的方法

冲砂前应检查或更换阀门，换上新阀门并关严。

故障 5-8　在进行分离器量油时，量油玻璃管突然爆裂故障处理

(1) 先关闭分离器量油玻璃管下阀门，再关闭分离器量油玻璃管上阀门。
(2) 停止量油，将单井来油倒入汇管。
(3) 切断一切火源，打开前后门窗通风。
(4) 找出爆玻璃管原因并整改，重新装好玻璃管，处理好现场，恢复正常后方可开始量油。

故障 5-9　分离器突然刺、漏故障与处理

1．故障现象

分离器容器壳体，分离器上的进油口、出油口、排污口、出气口的管段及垫子突然发生刺漏油、气、水。

2．处理故障的方法

(1) 切断一切火源，打开前后门窗通风。
(2) 停止量油，将单井来油倒入汇管，关闭分离器进油阀门、出油阀门和平衡阀门。
(3) 将分离器排污阀门打开，放净分离器内压力。
(4) 查明分离器突然刺漏情况及原因，根据刺漏部位情况，向上级汇报并进行处理，恢复量油。

故障 5-10　分离器量油系统管线冻堵故障与处理

1．故障现象

分离器量油系统管线包括：量油汇管、分离器进油管线、分离器出油管线及分离器排污管线等，冻堵会使分离器量不了油或量油不正常。

2．处理故障的方法

(1) 检查流程，查明冻堵情况。

(2) 冻堵情况不严重时，可用高产液油井倒入分离器并打开出油阀门、气平衡阀门，使量油系统通畅。

(3) 冻堵情况比较严重时，须分段用热水、蒸汽预热解堵，禁止用明火烧。

(4) 恢复正常生产，开始进行量油。

故障 5-11　计量间跑油、跑气着火故障与处理

1. 故障现象

计量间因管线穿孔或垫子刺，跑油、跑气引起着火。

2. 处理故障的方法

(1) 根据火势倒好流程，隔离火源。

(2) 根据火势切断室内或室外电源。

(3) 控制火势并及时灭火，若火势较大无法扑灭，应立即报火警。如因油着火则不能水灭火，可用干粉灭火器等灭火。

(4) 根据火源、火势，若需停抽关井时，立即按规定紧急停抽关井。

(5) 扑灭火源，查明原因，处理事故，整改后恢复正常生产。

故障 5-12　油井单井来油管线穿孔故障与处理

1. 故障现象

油井单井来油管线穿孔，刺漏油气，单井量油产液量下降，井口回压下降。

2. 处理故障的方法

(1) 查明油井单井来油管线穿孔部位，切断一切火源。

(2) 能够采取打卡子措施时，打卡子直到不渗不漏。

(3) 若发生弯头焊口穿孔，不能打卡子，采取停抽关井（必要时采取井口拉油，可不停抽关井）。

(4) 关闭井口生产阀门和掺水阀门，关闭计量间单井来油阀门。

(5) 打开放空阀门，放空。

(6) 采取补漏措施或更换管线后，恢复正常生产。

故障 5-13　单井掺水管线穿孔故障与处理

1. 故障现象

单井掺水管线穿孔，刺漏污水，单井掺水压力下降。

2．处理故障的方法

(1) 查明单井掺水管线穿孔部位情况。

(2) 关闭计量间穿孔井的单井掺水阀门，关闭油井掺水阀门。

(3) 打开掺水管线放空阀门，放空。

(4) 采取补漏或打卡子措施，恢复正常生产。

故障 5-14　闸阀常见故障与处理

（一）闸板脱落故障

1．故障原因

(1) 结构缺陷。目前采油井站使用的闸阀中，有一些是下顶楔式双闸板阀。它在关闭时是利用顶楔把闸板撑开，使闸板紧压在阀座上而实现密封。开启时，在重力的作用下顶楔下落，使闸板与阀座松开。如果顶楔与闸板挤得太紧或顶楔磨损、锈蚀很严重，在开启阀门时顶楔不能自动下落，闸板仍紧压在阀座上，使阀门开启困难。若强行开启阀门，由于顶楔仍撑开着闸板，使两闸板底部有较大空隙，当顶楔受到振动或介质冲击时，会突然下坠，并通过两闸板之间的间隙落到阀底。由于失去了顶楔的作用，闸板也会与阀杆脱离，这就形成了掉闸板的事故。此外，在关闭阀门时如果用力过大，可能会把顶楔压碎，也会造成闸板脱落。

(2) 使用不当。下顶楔式双闸板阀只允许按阀杆垂直向上的方向安装在水平管上，但许多采油井站的双闸板阀却是水平装的。致使顶楔不是落向阀底而是落向阀体一侧，不仅使顶楔不能正常发挥作用，还会导致阀门关闭不严和启闭困难。有时因阀门泄漏严重，就盲目加大关闭力矩，很容易把顶楔压断或把阀底顶裂，也会造成闸板脱落。

2．预防措施

选用双闸板阀时应特别慎重，尽可能选用密封良好、启闭轻便、使用寿命长的平行式双闸板阀（平板阀）。

（二）外泄漏故障

闸阀的外泄漏现象较普遍，只是渗漏的程度不同。泄漏主要发生在填料函处，也有少数在法兰处或阀体上。

1．故障原因

(1) 质量低劣。填料函不标准，深度不够；阀杆表面粗糙，精度低；法兰面不平或有缺陷；阀体铸造差。

（2）使用不当。阀杆被磨损、锈蚀或弯曲，使填料与阀杆之间有较大的间隙；填料选用不当，装填不合要求，没有被压紧或填料老化；垫片老化或断裂，法兰螺栓没有拧紧；阀体被腐蚀穿孔。

2. 解决措施

阀门的外泄漏不仅造成原油损耗、污染环境、危害操作人员的身体健康，而且极易在局部形成爆炸性气体混合物，危及采油井站的安全，因此必须引起高度重视。减少外泄漏的措施有：

（1）改进阀门结构，消除外泄漏通道。阀门开启时，阀体内介质压力较大，此时最容易向外泄漏。若在阀杆上加工一个倒锥形密封面（称为倒密封），当阀门全开时，阀杆与阀盖之间实现密封，既避免介质外漏，还可以延长填料的使用寿命，而且能很方便地更换填料。

（2）正确使用阀门，加强对阀门的维护保养。经常对阀门进行检查，及时修复或更换被磨损、腐蚀或弯曲的阀杆，选用合适的填料并定期更换。

（三）内泄漏故障

1. 故障原因

1）结构方面

（1）闸阀的阀座通常是暴露在介质中，易受介质的冲蚀而损伤密封面。

（2）阀门启闭时，密封面因相对滑动而被磨损，还可能被杂质擦伤。

（3）闸板密封面的平面度、粗糙度和楔角的精度要求很高，若加工精度低，将导致闸板与阀座配合不紧密。

2）使用方面

（1）由于管道上没有安装过滤器或过滤器损坏，杂质进入管道，使阀门密封面被冲刷、擦伤。如果杂质沉积在阀底，特别是沉积在闸板卡槽内，将使闸板关闭不严。

（2）闸阀是不允许用来调节流量的。但在使用过程中常用闸阀节流，致使闸板密封面被冲蚀损伤。

（3）顶楔式双闸板阀只允许垂直安装（阀杆垂直向上），而在某些采油井站却没有按要求安装，致使阀门关闭不严。

2. 预防和解决措施

（1）选用性能和质量较好、密封面不易被介质冲蚀和擦伤的阀门，如平板阀。

(2) 改进工艺设计，尽量减少阀门用量。有些不常用的阀门可以拆除或用眼镜盲板替代。

(3) 正确使用阀门，加强对阀门的维护管理。管道工艺各进出口处尽可能设置过滤器，并定期清除过滤器中的杂物。

(4) 及时修复或更换泄漏的阀门。

（四）开启困难故障

采油井站经常出现闸阀开启困难的现象，强行开阀门，容易扭坏手轮、扭弯阀杆，甚至会造成闸板脱落。

1. 故障原因

楔式闸阀是靠闸板与阀座相互挤压实现密封的，因此在关闭时需要施加较大的力，开启时比较费劲，但通常不是很困难。造成阀门开启困难的主要原因有：

(1) 阀杆与阀体的散热条件不一样，它们材质也不相同，因此当温度变化时，阀杆的线膨胀量可能比阀座的线膨胀量大。由于阀杆上端受到阀盖的限制，阀杆只能向下膨胀。若阀门处于关闭状态，则会使闸板紧紧地楔入阀座间，导致阀门开启困难。

(2) 阀腔内的水冻结，造成阀门开启困难。

(3) 阀杆螺纹锈蚀造成阀门开启困难。

(4) 阀腔内介质受热膨胀，阀腔内压力增大使双闸板阀或弹性闸阀的闸板紧压在阀座上，使阀门开启困难。

2. 解决措施

当阀门难以开启时不应借助其他器械（如加力杆）强行开启，以免损坏阀门。应分析其原因，采用不同的方法解决：

(1) 若是因温度变化，导致闸板楔住，应先拧松阀盖螺母，然后用锤轻轻敲击阀底，并试探地转动手轮。如仍不能转动则用蒸汽、热水加热阀体底部，使阀体膨胀，即可开启。

(2) 若是因阀门冻结而造成开启困难，则可用热水浇淋阀体，使冰融化，即可开启。

(3) 若是因为螺纹被锈蚀，则可用汽油浸润阀杆螺纹和螺母，然后用棉纱擦除铁锈，再涂上润滑油，即可开启。

(4) 若因阀杆严重弯曲造成开启困难，则应停止使用。首先卸下阀盖取出阀杆，然后矫正或更换阀杆。

(5) 若因阀腔内压力太大造成开启困难，则可松开填料压盖，使阀腔内介质泄漏出来，待阀腔内压力降低后，即可开启。

（五）阀体断裂故障

1．故障原因

（1）断裂的铸铁阀大多数是从中间对称裂开，这主要是铸造质量低劣所造成的。

（2）由于铸铁具有脆性，抗拉强度低。当阀腔内的水结冰、体积膨胀时，将产生很大的内压力，而导致阀体被胀裂。

（3）管道随温度变化而伸缩，在管道的某些部位会出现应力集中，若铸铁阀处在这些部位，则可能导致阀体断裂。

（4）若阀门的密封性能较好，阀门处于关闭状态，并且阀腔存满了原油时，由于原油会随温度升高而膨胀，可能导致阀体被胀裂。

2．预防措施

（1）尽可能不选用铸铁阀。

（2）不要把铸铁阀安装在转角处，避开管道上应力集中的部位。管道上应设置温度补偿器以减小热应力。

（3）不要把阀门安装在管道的低洼处，以免阀腔内积水。冬季应对阀门采取保温措施。

（4）阀门安装前应进行密封试验，管道上的阀门应定期拆下来进行检查，并进行强度和密封性能试验。

故障 5-15　截止阀常见故障与处理

截止阀故障包括内泄漏和外泄漏，泄漏原因与闸阀的相似。电磁驱动的先导式截止阀存在问题如下。

（一）工作不可靠故障

在发出启闭阀门的指令后，有时电磁阀不能及时启闭，甚至不动作。

1．故障原因

（1）先导阀被杂质堵塞，使阀腔内介质不能流出，无法卸压，导致阀门不能开启。

（2）介质压力太低，致使阀门开启困难。

（3）控制电路出现故障。

2．预防和解决措施

（1）滤除介质中的杂质，保持介质的清洁。

(2) 保证阀门入口端有足够的压力。
(3) 排除控制电路的故障。

(二) 密封性能不佳故障

1．故障原因
(1) 先导阀关闭不严，导致主阀关闭不严。
(2) 橡胶膜片老化、破损，使主阀不能关闭。
(3) 压力太低，使主阀关闭不严。

2．预防和解决措施
(1) 修复泄漏的先导阀。
(2) 更换橡胶膜片。
(3) 保证阀门入口端有足够的压力。

故障 5-16　球阀常见故障与处理

(一) 密封性能欠佳故障

1．故障原因

球阀是靠球体与软质密封圈吻合而实现密封的，因此其密封性能应该是很好的。导致球阀密封性能不好的主要原因有：
(1) 密封圈被磨损、擦伤或老化、断裂。
(2) 介质不清洁、球体与密封圈接触面上夹有固体杂质导致密封面吻合不紧密。
(3) 浮动式球阀的阀体和球体因温度升高而膨胀，但因两者的膨胀量不同，而导致球体与阀座之间的间隙增大。
(4) 固定式球阀的阀弹簧疲劳或断裂，造成密封副之间的间隙增大。

2．预防和解决措施
(1) 严禁用球阀调节流量。因为在节流时，密封圈和球体容易被介质冲刷、磨损，导致密封副不能紧密吻合。而且还会出现"咬圈"现象，并损坏密封圈。
(2) 滤除介质中的杂质。
(3) 及时更换被磨损的密封圈。
(4) 及时调整两半阀体之间的间隙，使球体与密封圈之间能紧密吻合。
(5) 及时更换失效的阀座弹簧。

(二)启闭力矩大故障

1. 故障原因

球体和阀体随温度升高而膨胀,导致球体与密封圈接触面的比压增大,因而摩擦力增大,使启闭力矩随之增大。

2. 解决措施

经常调整两半阀体之间的间隙,使密封副之间始终保持适当的比压并保持启闭轻便,密封良好。

故障 5-17 止回阀常见故障与处理

(一)密封性能差故障

1. 故障原因

(1) 止回阀的阀瓣和阀座通常都是采用金属作为密封材料,金属与金属的密封副允许有一定的泄漏量。

(2) 止回阀是依靠阀瓣的重量、介质压力或弹簧弹力来保证密封的。当介质压力不大时,密封面接触不严密,导致泄漏。

(3) 当介质倒流时,阀瓣撞击阀座可能损坏密封面,降低密封性能。

2. 解决措施

(1) 把阀瓣或阀座的密封材料改为橡胶,以构成软密封,提高密封性能。

(2) 在止回阀中增加弹簧,借助弹簧弹力来提高密封比压,以达到良好的密封效果。

(二)动作失灵故障

1. 故障原因

(1) 升降式止回阀的导向筒和导向套筒被锈蚀或导向套筒上的泄压孔被堵塞,导致阀瓣不能自由地升降,造成止回阀动作失灵。

(2) 旋启式止回阀摇杆和摇杆销被锈蚀,使阀瓣旋转不灵活,造成止回阀动作失灵。

(3) 安装不合要求,造成阀瓣动作失灵。

2. 预防措施

(1) 定期检查,保证各部件的完好。

(2) 按设计要求安装止回阀。

故障 5-18　安全阀常见故障与处理

(一) 密封不严故障

1. 故障原因

(1) 弹簧松弛或断裂，使密封比压降低，造成密封面接触不良。
(2) 阀瓣和阀座密封面被磨损，密封面上夹有杂质，使密封面不能密合。
(3) 安全阀开启压力与设备工作压力太接近，以致密封比压太低，造成密封面接触不良。
(4) 阀门制造质量低，装配不当。

2. 预防和解决措施

(1) 更换弹簧。
(2) 修复或更换阀瓣和阀座密封面。
(3) 调整安全阀的开启压力，使其大于设备工作压力。
(4) 选择质量较好的阀门。

(二) 提前开启故障

1. 故障原因

(1) 开启压力没有调整准确，低于规定压力。
(2) 弹簧松弛或被腐蚀，导致开启压力下降。
(3) 随着温度的升高，弹簧的弹力将降低，而导致阀门提前开启。

2. 预防措施

(1) 重新调整开启压力，使其等于规定压力。
(2) 更换弹簧。
(3) 若介质温度较高，应换成带散热片的安全阀。

(三) 阀门不动作故障

1. 故障原因

(1) 开启压力没有调整，高于规定压力。
(2) 阀瓣被脏物粘住或阀门通道被堵塞。

(3) 阀门运动部件被卡死。

(4) 因气温太低，安全阀被冻结。

(5) 背压增大，使介质压力达到规定值时，阀门不能起跳。

2．预防和解决措施

(1) 重新调整开启压力。

(2) 清除阀瓣和阀座上的杂物。

(3) 对阀门采取保温和伴热措施。

(4) 检查阀门，排除卡阻现象。

(5) 防止背压增大。

参 考 文 献

[1] 万仁溥.采油工程手册（上册、下册）.北京：石油工业出版社，2000.

[2] 王鸿勋，张琪，等.采油工艺原理.北京：石油工业出版社，1990.

[3] 李文华.采油工程.北京：中国石化出版社，2004.

[4] 于云琦.采油工程.北京：石油工业出版社，2006.

[5] 邹艳霞.采油工艺技术.北京：石油工业出版社，2006.

[6] 周继德.抽油机井的泵况判断和故障处理.北京：石油工业出版社，2005.

[7] 石克禄.采油井、注入井生产问题百例分析.北京：石油工业出版社，2005.

[8] 大港油田分公司第一采油作业区站长协会.怎样当好采油站长.北京：石油工业出版社，2003.

[9] 李德友，于胜泓，等.采油工程安全手册.北京：石油工业出版社，2006.

[10] 高厚朴.采油生产实践指导书.北京：石油工业出版社，1995.

[11] 胡博仲.聚合物驱采油工程.北京：石油工业出版社，1997.

[12] 白广文.潜油电泵技术.北京：石油工业出版社，1993.

[13] 徐建宁，屈文涛.螺杆泵采输技术.北京：石油工业出版社，2006.

[14] 韩修廷，王秀玲，焦振强.螺杆泵采油原理及应用.北京：哈尔滨工业大学出版社，1998.

[15] 胡博仲.大庆油田机械采油配套技术.北京：石油工业出版社，1998.

[16] 齐振林.大庆外围低渗透油气田开采实用技术.北京：石油工业出版社，2002.

[17] 徐正顺，戴跃进，曹瑞成，等.机械采油技术研究与应用.北京：石油工业出版社，2000.

[18] 中国石油天然气总公司劳资局.采油工.北京：石油工业出版社，1995.

[19] 中国石油天然气集团公司人事服务中心.采油工.北京：石油工业出版社，2004.

[20] 中国石油天然气集团公司人事服务中心.注水泵工.北京：石油工业出版社，2004.